Christian Keidel

Entwicklung und Gestaltung eines Unternehmenscontrolling in mittelständischen Bauunternehmen

GABLER RESEARCH

Baubetriebswirtschaftslehre und Infrastrukturmanagement

Herausgegeben von Professor Dr.-Ing. Dipl.-Kfm. Dieter Jacob
Technische Universität Bergakademie Freiberg

Für internationales Zusammenwachsen und Wohlstand spielt gutes Infrastrukturmanagement eine zentrale Rolle. Erkenntnisse der baubetriebswirtschaftlichen Forschung können hierzu wichtige Beiträge leisten, die diese Schriftenreihe einem breiteren Publikum zugänglich machen will.

Christian Keidel

Entwicklung und Gestaltung eines Unternehmenscontrolling in mittelständischen Bauunternehmen

Unter Berücksichtigung von zwei empirischen Untersuchungen im zeitlichen Vergleich

Mit einem Geleitwort von
Prof. Dr.-Ing. Dipl.-Kfm. Dieter Jacob

RESEARCH

Bibliografische Information der Deutschen Nationalbibliothek
Die Deutsche Nationalbibliothek verzeichnet diese Publikation in der Deutschen Nationalbibliografie; detaillierte bibliografische Daten sind im Internet über <http://dnb.d-nb.de> abrufbar.

Dissertation TU Bergakademie Freiberg, 2008

1. Auflage 2009

Lektorat: Claudia Jeske | Stefanie Loyal

Gabler ist Teil der Fachverlagsgruppe Springer Science+Business Media.
www.gabler.de

Umschlaggestaltung: KünkelLopka Medienentwicklung, Heidelberg
Gedruckt auf säurefreiem und chlorfrei gebleichtem Papier
Printed in Germany

ISBN 978-3-8349-1789-8

Geleitwort

Der rasche Strukturwandel erfordert zunehmend ein leistungsfähiges Unternehmens-controlling, auch für unternehmergeführte mittelständische Bauunternehmen. Hier hatte sich die vorliegende Forschungsarbeit die Aufgabe gestellt, ein leistungsfähiges Controlling für eine eindeutig definierte Größenklasse von Unternehmen von 20 bis 99 Beschäftigten zu entwickeln.

Aufgrund der personengeprägten Ausrichtung in eigentümergeführten mittelständischen Bauunternehmen wird als theoretischer Bezugsrahmen die wertschöpfungsorientierte Controllingkonzeption nach Becker zugrunde gelegt. Der Wertschöpfungskreislauf konkretisiert sich danach in den operativen Führungsgrößen Erfolg und Liquidität sowie in der strategischen Führungsgröße Erfolgspotential.

Im operativen Unternehmenscontrolling kommt der richtigen Angebotskalkulation entscheidende Bedeutung zu. Dies betrifft nicht nur die eigentliche „Preisfindung", sondern auch die richtigen „Zahlungsmodalitäten", die die Liquidität determinieren. Im Rahmen der Strategie sind aus einer Vielzahl von strategischen Optionen die für das Unternehmen geeigneten zu formulieren und daraus die situationsadäquaten auszuwählen. Durch eine sinnvolle Verzahnung von operativem und strategischem Unternehmenscontrolling wird die Geschlossenheit des Wertschöpfungskreislaufes hergestellt.

Besonders wertvoll ist die Arbeit durch zwei empirische Untersuchungen im zeitlichen Vergleich (1998 und 2006). Es wurden dabei empirisch kontinuierliche Defizite beim Unternehmenscontrolling in der mittelständischen Bauwirtschaft festgestellt. Die Defizite haben im zeitlichen Vergleich nicht abgenommen, sondern eher noch zugenommen. Dies hängt mit der zunehmenden Tendenz zu Kleinbetriebsstrukturen zusammen, d.h. größere Unternehmen zerfallen nach einer Insolvenz in kleinere Einheiten.

Einige ausgewählte empirische Erkenntnisse seien erwähnt: Der zeitliche Rückstand in der Finanzbuchhaltung beträgt überwiegend vier bis acht Wochen. Mehr als die Hälfte der Betriebe benötigt für die Erstellung des Jahresabschlusses länger als sechs Monate. Daher fehlt auch die Basis für eine zeitnahe Kosten- und Leistungsrechnung. So überrascht nicht, dass über 80 % der Unternehmen Erfahrungs- und Schätzwerte als Datenbasis für ihre Kalkulation nennen. Die meisten Bauunternehmen verhalten sich wie Preisanpasser („Preise werden geschrieben", nicht kalkuliert), ohne die eigenen Kalkulationsspielräume überhaupt zu kennen. Vermutlich auch wegen der Malaise in der Finanzbuchhaltung hat sich der Einsatz von Finanzplänen für die Ermittlung der Zahlungsbereitschaft noch verringert.

Es wird klar, dass die Basisprobleme für das bestehende Controllingdefizit der Branche bereits in der Finanzbuchhaltung zu suchen sind. Die laufende Buchhaltung sollte daher vom Steuerberater in das Unternehmen zurückgeholt werden (Insourcing). Darauf aufbauend kann der Steuerberater selbstverständlich weiter die Bilanz erstellen und die Steuererklärungen vorbereiten. Als Voraussetzung bedarf es allerdings einer ausreichenden fachlichen Aus- und Weiterbildung der Baukaufleute, z.B. durch Fortbildung zum Baufachwirt. Denn eine vollakademische Ausbildung kommt für Betriebe in dieser wichtigen Größenklasse von 20 bis 99 Beschäftigten überwiegend nicht in Betracht. Die Arbeit gibt damit indirekt auch wertvolle grundsätzliche Anregungen für vordringliche bauwirtschaftliche Weiterbildungsnotwendigkeiten auf Verbandsebene.

Das Buch wendet sich damit sowohl an den Unternehmer als auch an Verbände, Unternehmensberatungen sowie Schüler und Studenten der bauwirtschaftlichen Studien- und Weiterbildungseinrichtungen. Es ist dieser exzellenten Arbeit wegen ihrer grundlegenden branchenmäßigen Bedeutung ein möglichst großer Verbreitungskreis zu wünschen.

Prof. Dr.-Ing. Dipl.-Kfm. Dieter Jacob

Vorwort

Mit der Entwicklung und Gestaltung eines Unternehmenscontrolling in mittelständischen Bauunternehmen habe ich mich seit dem Beginn meiner beruflichen Tätigkeit im familieneigenen, unternehmergeführten Bauunternehmen intensiv befasst.

Meine dabei in der Praxis erworbenen Kenntnisse konnte ich in die vorliegende Arbeit einfließen lassen, die im Dezember 2008 von der Fakultät für Wirtschaftswissenschaften der Technischen Universität Bergakademie Freiberg als Dissertation angenommen wurde.

Die Erstellung einer solchen Arbeit während meiner Tätigkeit im elterlichen Bauunternehmen ist durch die Unterstützung einiger Personen erheblich befördert worden, denen zu danken, mir an dieser Stelle ein besonderes Anliegen ist.

Allen voran gilt mein besonderer Dank meinem Doktorvater, Herrn Prof. Dr. Dieter Jacob, für das bei der Erstellung dieser Arbeit in mich gesetzte Vertrauen sowie für seine fachlich konstruktive und persönlich stets offene Betreuung. Danken möchte ich auch Frau Prof. Dr. Silvia Rogler und Herrn Prof. Dr. Karl Robl, die im Rahmen des Promotionsverfahrens das Zweit- bzw. Drittgutachten erstellt haben. Für die zügige Durchführung der formalen Abläufe darf ich mich bei Frau Prof. Margit Enke als Vorsitzende der Promotionskommission bedanken.

Ebenso danke ich den Mitarbeitern des Lehrstuhls für Allgemeine Betriebswirtschaftslehre, insbesondere Baubetriebslehre an der TU Bergakademie Freiberg und hier speziell bei Frau Jutta Krug für die vielfältige Unterstützung.

Dem Verband baugewerblicher Unternehmer Hessen e.V., insbesondere dem Geschäftsführer des Ressorts Betriebswirtschaft, Herrn Dipl.-Volkswirt Otto Kuhn und seiner Mitarbeiterin Frau Claudia Hirsch, danke ich für die Mitwirkung bei den Befragungen der Mitgliedsbetriebe des hessischen Baugewerbeverbands, ohne die die empirischen Untersuchungen dieser Arbeit nicht möglich gewesen wären.

Abschließend gilt mein besonderer Dank meinen Eltern Anneliese und Edgar sowie meinem Bruder Alexander; sie haben mir stets alle für die Erstellung dieser Arbeit notwendigen zeitlichen Freiräume verschafft und damit die Voraussetzung für ihre Realisierung geschaffen.

Christian Keidel

Inhaltsverzeichnis

Abbildungsverzeichnis

Tabellenverzeichnis

Abkürzungsverzeichnis

abs.	absolut
AG	Arbeitgeber
AgK	Allgemeine Geschäftskosten
AN	Arbeitnehmer
AOK	Allgemeine Ortskrankenkasse
Aufl.	Auflage
BAS	Bauarbeitsschlüssel
BGB	Bürgerliches Gesetzbuch
BKR	Baukontenrahmen
BRTV	Bundesrahmentarifvertrag für das Bauwesen
BWA	Betriebswirtschaftliche Auswertung
bzw.	beziehungsweise
ca.	zirka
d.h.	das heißt
DM	Deutsche Mark
EdT	Einzelkosten der Teilleistungen
EUR	Euro
e.V.	eingetragener Verein
f.	folgende
FEI	Financial Executive Institute
ff.	fortfolgende
GbR	Gesellschaft bürgerlichen Rechts
GdB	Gemeinkosten der Baustelle
GmbH	Gesellschaft mit beschränkter Haftung
G+V	Gewinn- und Verlustrechnung
HDBI	Hauptverband der Deutschen Bauindustrie e.V.
HGB	Handelsgesetzbuch
Hrsg.	Herausgeber
i.d.R.	in der Regel
IKR.	Industriekontenrahmen
inkl.	inklusive
Jg.	Jahrgang

kalk.	kalkulatorisch
KLR	Kosten- und Leistungsrechnung
Lkw	Lastkraftwagen
Mio.	Millionen
MKR	Musterkontenrahmen
MS	Microsoft
Nr.	Nummer
Pkt.	Punkt
Pos.	Position
S.	Seite
SGF	strategisches Geschäftsfeld
SKR	Standardkontenrahmen
SW	Schlechtwetter
TU	Technische Universität
u.a.	unter anderem / und andere
u.ä.	und ähnliches
ULAK	Urlaubs- und Lohnausgleichskasse der Bauwirtschaft
USt	Umsatzsteuer
usw.	und so weiter
VBU	Verband baugewerblicher Unternehmer Hessen e.V.
vgl.	vergleiche
VOB	Vergabe- und Vertragsordnung für Bauleistungen
WuG	Wagnis und Gewinn
z.B.	zum Beispiel
z.T.	zum Teil
ZDB	Zentralverband des Deutschen Baugewerbes e.V.
ZVK	Zusatzversorgungskasse des Baugewerbes

1. Einführung

1.1 Aufgabenstellung

Die deutsche Bauwirtschaft ist seit Jahren einem starken Strukturwandel unterworfen. Schnelle, sprunghafte Veränderungen der Nachfrage auf dem Baumarkt und ein stetig zunehmender regionaler und nationaler Wettbewerb unter den Bauunternehmen sind hierfür wesentliche Kennzeichen. Wurde dieser Strukturwandel zunächst von der hohen volkswirtschaftlichen Bautätigkeit in Folge der deutschen Wiedervereinigung noch überdeckt, so hat die Entwicklung der vergangenen Jahre diesen Strukturwandel freigelegt und verschärft.

Den Auswirkungen des gegenwärtigen und auch in Zukunft fortschreitenden Strukturwandels können sich die Bauunternehmen nicht entziehen. Deshalb hängt die mittelfristige Existenzerhaltung und langfristige Existenzsicherung der Bauunternehmen im verstärkten Maß von deren Fähigkeit ab, sich dem rasant beschleunigenden Wandel frühzeitig anpassen zu können. In den Bauunternehmen ist daher sicherzustellen, dass die Unternehmensführung zukunftsorientiert ausgerichtet ist. Hier kann insbesondere ein Unternehmenscontrolling Hilfestellung leisten, dessen Grundgedanke auf einer zukunftsorientierten Steuerung der Unternehmenstätigkeit beruht. Mit einer zukunftsorientierten Steuerung der Unternehmenstätigkeit wird hier eine Handlungsweise der Unternehmensführung bezeichnet, die sich über die aktuelle Situation des Unternehmens hinaus auf zukünftig erwartete Umweltsituationen erstreckt und die für diese erwartete Zukunft konkrete Gestaltungs- und Lenkungsmechanismen im Unternehmen in Gang setzt.

Gerade mittelständische Bauunternehmen sind in der vorbeschriebenen Situation gefordert, ein entsprechendes Unternehmenscontrolling einzuführen bzw. umzusetzen, da diese Unternehmensgruppe, die der Unternehmensgrößenklasse von 20 bis 99 Beschäftigten zugeordnet werden kann, durch den fortschreitenden Strukturwandel am stärksten betroffen ist. Dies spiegelt sich insbesondere im proportional am stärksten feststellbaren Rückgang der Anteile von Betrieben der vorbezeichneten Unternehmensgrößenklasse bezogen auf Gesamtzahl der Betriebe im deutschen aber auch im hessischen Bauhauptgewerbe wider, wie mit Abbildung 1-1 nachgewiesen.

Auf dem Gebiet des Unternehmenscontrolling haben aber gerade die mittelständischen Bauunternehmen einen feststellbaren Nachholbedarf. Zwar ist Unternehmenscontrolling in mittelständischen Bauunternehmen mittlerweile kein Fremdwort mehr, trotzdem ist der Umfang und die Professionalität seiner Anwendung oft nur in Ansätzen erkennbar. Vielfach ist dies sicherlich auf sachlich begründete Schwierigkeiten der Bauwirtschaft zurückzuführen, meist jedoch sind in den mittelständischen Bauunternehmen die notwendigen betriebswirtschaftlichen Führungsinstrumente für ein wirkungsvolles Unternehmenscontrolling nur lückenhaft anzutreffen. Ein Grund hierfür dürfte sein, dass in mittelständischen Bauunternehmen traditionell der Gesichtspunkt der technologischen Rationalität im Vordergrund steht.

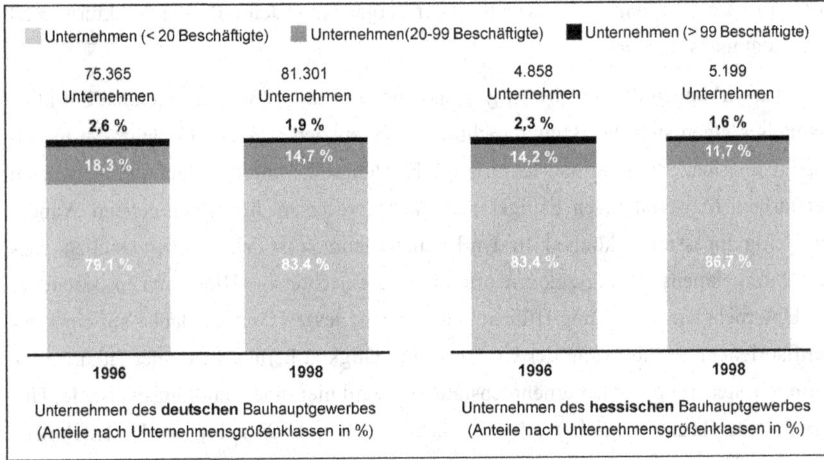

Abbildung 1-1: Anteile der Unternehmensgrößenklassen am Bauhauptgewerbe 1996 und 1998[1]

Für viele Führungskräfte in mittelständischen Bauunternehmen, die traditionell technisch orientiert ausgebildet sind, hat bei der Unternehmensführung die technische ein größeres Gewicht als die betriebswirtschaftliche Sichtweise. In diesem Zusammenhang muss aber auch darauf verwiesen werden, dass der Baubetriebswirtschaftslehre innerhalb der Betriebswirtschaftslehre nicht der Stellenwert eingeräumt wird, welcher der Bedeutung der Bauwirtschaft als einer der größten Wirtschaftszweige in Deutschland gerecht wird.

---

1 Vgl. Zentralverband des Deutschen Baugewerbes e.V. (Hrsg., 1997), S. 247, Zentralverband des deutschen Baugewerbes (Hrsg., 1999), S. 165 und Verband baugewerblicher Unternehmer Hessen e.V. (Hrsg., 2006), S. 1.

Vor diesem Hintergrund stellt sich die Aufgabe, ein theoriegeleitetes aber auch zugleich anwendungsbezogenes Unternehmenscontrolling in mittelständischen Bauunternehmen zu entwickeln und zu gestalten, das die brachenbedingten Einflüsse auf das Handeln von mittelständischen Bauunternehmen berücksichtigt und das Hilfestellung bei der Anpassung an zukünftige, sich anbahnende Entwicklungen auf den relevanten Märkten und im Unternehmen selbst leistet.

Zur Bearbeitung dieser Aufgabenstellung werden die Ergebnisse aus zwei eigenen empirischen Untersuchungen aus den Jahren 1998 und 2006 über den Verbreitungsgrad und den Entwicklungsstand des Unternehmenscontrolling in mittelständischen Bauunternehmen aus dem Bundesland Hessen herangezogen.

1.2 Gang der Arbeit

Ausgehend von der Aufgabenstellung der Entwicklung und Gestaltung eines Unternehmenscontrolling in mittelständischen Bauunternehmen, gliedert sich die vorliegende Arbeit in sechs Kapitel.

Im Kapitel 1 werden nach der Aufgabenstellung und der Beschreibung des Gangs der Arbeit der Aufbau und Ablauf der empirischen Erhebungen aus den Jahren 1998 und 2006 vorgestellt, die den Verbreitungsgrad und den Entwicklungsstand des Unternehmenscontrolling in mittelständischen Bauunternehmen anhand der Verbreitung der grundlegenden Führungsinstrumente des baubetrieblichen Rechnungswesens sowie der entscheidungsorientierten Führungsrechnungen untersuchen. Die inhaltliche Darstellung der Erhebungsergebnisse wird in der Arbeit überwiegend in integrativer Weise vorgenommen.

Im Anschluss wird in Kapitel 2 die untersuchungsrelevante Unternehmensgruppe - die mittelständischen Bauunternehmen - anhand quantitativer und qualitativer Abgrenzungsmerkmale begrifflich bestimmt und die wesentlichen branchenbedingten Einflüsse auf das Handeln von mittelständischen Bauunternehmen beschrieben. Zur Abrundung der Charakterisierung von mittelständischen Bauunternehmen, aber auch als Grundlage für die Festlegung des theoretischen Bezugsrahmen für das Unternehmenscontrolling in mittelständischen Bauunternehmen, wird aus den erhobenen Strukturdaten des Jahres 1998 ein typisches Erscheinungsbild mittelständischer Bauunternehmen als Erkenntnishilfe für die weiteren Ausführungen entworfen.

Als Basis für die Festlegung des theoretischen Bezugsrahmens für das Unternehmenscontrolling in mittelständischen Bauunternehmen werden zunächst die Aufgaben des Controlling innerhalb der Unternehmensführung bestimmt. Nach der Betrachtung verschiedener konzeptioneller Ansätze des Controlling wird die wertschöpfungsorientierte Controlling-Konzeption nach Becker als theoretischer Bezugsrahmen für das Unternehmenscontrolling in mittelständischen Bauunternehmen festgelegt und mit seinen Funktionen und Führungsgrößen vorgestellt.

In Kapitel 3 werden im Rahmen der Entwicklung und Gestaltung eines Unternehmenscontrolling in mittelständischen Bauunternehmen im Sinne der wertschöpfungsorientierten Controlling-Konzeption die Unternehmensrechnung, die Kosten- und Leistungsrechnung sowie die Finanzrechnung als Führungsinstrumente des baubetrieblichen Rechnungswesens vorgestellt und auf ihre Bedeutung, Verbreitung und Ausgestaltung in mittelständischen Bauunternehmen mittels der eigenen empirischen Untersuchung aus dem Jahr 1998 überprüft. Zudem werden entscheidungsorientierte Führungsrechnungen, wie Deckungsbeitrags-, Kennzahlen-, Vergleichsrechnung und Abweichungsanalyse vorgestellt. Hierbei wird der Schwerpunkt auf die Darstellung der Grundformen der Deckungsbeitragsrechnung sowie auf die zweckmäßige Kostenauflösung für die Deckungsbeitragsrechnung in mittelständischen Bauunternehmen gesetzt. Danach werden unter Berücksichtigung von eigenen empirischen Untersuchungsergebnissen die Kosten- und Leistungsrechung mit ihren Betsandteilen Kostenarten-, Kostenstellen-, Kostenträger-, Leistungs- und Ergebnisrechnung sowie die Finanzrechnung jeweils auf eine controlling-gerechte Ausgestaltung hin erörtert.

In Kapitel 4 werden im Sinne der wertschöpfungsorientierten Controlling-Konzeption der Gegenstand und die spezifischen Planungs-, Steuerungs- und Kontrollaufgaben des operativen als auch des strategischen Unternehmenscontrolling in mittelständischen Bauunternehmen festgelegt und ausgestaltet. Operatives und strategisches Unternehmenscontrolling in mittelständischen Bauunternehmen werden darauf miteinander verzahnt, um somit den „laufenden" Controllingbetrieb in Gang zu setzen.

Zum Abschluss der Arbeit wird in Kapitel 5 mittels einer eigenen empirischen Untersuchung aus dem Jahr 2006 der Verbreitungsgrad und Entwicklungstand des Unternehmenscontrolling in mittelständischen nochmals überprüft, indem insbesondere die Führungsinstrumente des baubetrieblichen Rechnungswesens auf ihre Bedeutung, Verbreitung und Ausgestaltung in mittelständischen Bauunternehmen untersucht werden. Die dabei gewonnenen Ergebnisse werden in einem zeitlichen Vergleich mit den

Ergebnissen aus dem Jahr 1998 abgeglichen, um festzustellen, ob sich seit dem Jahr 1998 die Einstellung zur Nutzung eines Unternehmenscontrolling in mittelständischen Bauunternehmen gewandelt hat.

In Kapitel 6 werden die Ergebnisse bezüglich der Aufgabenstellung zur Entwicklung und Gestaltung eines Unternehmenscontrolling in mittelständischen Bauunternehmen zusammengefasst.

1.3 Aufbau und Ablauf der empirischen Erhebungen

Die vorliegende Arbeit befasst sich mit der theoriegeleiteten aber auch zugleich mit der anwendungsbezogenen Entwicklung und Gestaltung eines Unternehmenscontrolling in mittelständischen Bauunternehmen. Eine Grundlage für die anwendungsbezogene Entwicklung und Gestaltung eines Unternehmenscontrolling in mittelständischen Bauunternehmen bilden zwei eigene empirische Untersuchungen aus den Jahren 1998 und 2006 bei mittelständischen Bauunternehmen aus dem Bundesland Hessen. Ziel dieser empirischen Untersuchungen war es, Erkenntnisse über die Bedeutung, die Verbreitung und die Ausgestaltung des Unternehmenscontrolling in mittelständischen Bauunternehmen zu gewinnen, da in vielen mittelständischen Bauunternehmen aufgrund der meist sehr technisch orientierten Unternehmensführung, ein beträchtliches Defizit in der Anwendung des Unternehmenscontrolling zu erwarten war.

Die mögliche Gesamtheit der zu untersuchenden Unternehmen bildeten jeweils alle Unternehmen, die dem deutschen Bauhauptgewerbe in den Jahren 1998 und/oder 2006 angehörten. Von diesen Unternehmen waren 1.780 Unternehmen im Jahr 1998 und 1.227 Unternehmen im Jahr 2006 Mitgliedsbetriebe des Verbandes baugewerblicher Unternehmer Hessen e.V. (VBU). Diese Unternehmen bilden im folgenden die Grundgesamtheit. Bezogen auf alle Unternehmen des hessischen Bauhauptgewerbes umfasst die Grundgesamtheit nach Anzahl der Betriebe im Jahr 1998 rund 34 % und im Jahr 2006 rund 21 % aller baugewerblichen Betriebe.

Aus den möglichen Erhebungsmethoden Befragung, Beobachtung, Inhaltsanalyse und Experiment wurde als geeignete Erhebungsmethode die postalische Befragung mittels eines standardisierten Fragebogens mit 41 vorformulierten und weitgehend geschlossenen Fragen und Antworten ausgewählt, um einen möglichst großen Kreis von mittelständischen Bauunternehmen zu erreichen. Damit sollte eine möglichst große Stichprobe im Bundesland Hessen gezogen werden. Dafür wurden Nachteile gegenüber den anderen Erhebungsmethoden, wie die nicht kontrollierbare Erhebungssituation und das Nichtverstehen bzw. die Nichtbeantwortung einzelner Fragen, in Kauf genommen.

Der Inhalt des Fragebogen wurde in vier Teile untergliedert. Während der erste Teil der Charakterisierung der befragten Bauunternehmen diente, enthielt der zweite Teil Fragen zum Begriff, zur Bedeutung und zur Verbreitung des Controlling in den befragten Unternehmen. Im dritten Teil wurden im wesentlichen Fragen zur Bauauftragsrechnung gestellt, während im vierten Teil des Fragebogens Fragen bezüglich der Unternehmensrechnung, der Baubetriebsrechnung sowie der Finanzrechung zu beantworten waren, um so festzustellen, auf welcher wertmäßigen Informationsbasis die befragten Bauunternehmen gesteuert werden. Der Fragebogen ist im Anhang abgedruckt.

Dieser neunseitige Fragebogen wurde vom VBU jeweils zusammen mit seinen monatlichen Mitteilungsschreiben an 1.780 Mitgliedsbetriebe im Monat April 1998 und an 1.227 Mitgliedsbetriebe im Monat Oktober 2006 verschickt, mit der Bitte die Fragebögen ausgefüllt innerhalb von drei Wochen an den VBU zurückzusenden. Den befragten Bauunternehmen wurde Vertraulichkeit und Anonymität zugesichert.

Der Rücklauf der Befragungen war bei beiden Erhebungen zufriedenstellend. In der ersten Erhebung im Jahr 1998 wurden von den 1.780 angeschrieben Mitgliedsbetrieben des VBU 142 Fragebögen ausgefüllt und zurückgeschickt, von denen jedoch 3 wegen ungenügender Angaben nicht auswertbar waren. Der Rücklauf von somit 139 tatsächlich auswertbaren Fragebögen entspricht einer Rücklaufquote von rund 8 % der Grundgesamtheit. Die Auswertung des Rücklaufes als relevanter Stichprobenumfang bildet die empirische Grundlage für die Kapitel 2 bis 4 dieser Arbeit. In der zweiten Erhebung im Jahr 2006 wurden von den 1.227 angeschriebenen Mitgliedsbetrieben des VBU 54 Fragebögen qualifiziert ausgefüllt und zurückgeschickt. Dieser Rücklauf entspricht einer Rücklaufquote von rund 4 % der Grundgesamtheit. Die Auswertung dieser Erhebung wird für den zeitlichen Vergleich mit den Ergebnissen der ersten Erhebung aus dem Jahr 1998 genutzt, um Abweichungen zu den Ergebnissen aus dem Jahr 1998 zu ermitteln.

Die Auswertung der vorliegenden empirischen Erhebungen erfolgte unter Zuhilfenahme des Tabellenkalkulationsprogramms MS Excel. Bei den Auswertungsergebnissen werden wahlweise die absolute und relative Häufigkeitsverteilung der Antworten oder der arithmetische Mittelwert angeführt. Eine zusammenfassende Darstellung der statistischen Auswertungen der empirischen Erhebungen 1998 und 2006 ist im Anhang abgebildet.

Abschließend ist anzumerken, dass die Repräsentativität bei dem vorliegenden Auswertungen nicht gewährleistet werden kann, da die Stichproben - also im vorliegenden Fall die Rückläufe aus den Jahren 1998 und 2006 - hinsichtlich des Erhebungskriteriums „Unternehmensgrößenklasse nach Beschäftigten" eine andere Struktur als die Grundgesamtheit aller im VBU organisierten Unternehmen aufweisen.[2] Im Vergleich zur Grundgesamtheit haben in den Stichproben die größeren Bauunternehmen tendenziell häufiger als die kleineren Bauunternehmen geantwortet. Ein Grund hierfür dürfte sein, dass die angeschriebenen kleineren Bauunternehmen in einer schriftlichen Befragung vermutlich eher eine Antwort verweigern, als vermeintliche Schwachstellen zu offenbaren. Es liegt also die Vermutung nahe, dass der Fragebogen überwiegend von größeren Betrieben ausgefüllt und zurückgeschickt wurde, deren Unternehmensführung sich mit Controlling bereits eingehender befasst hatte. Bei der Auswertung muss man somit von einer im Verhältnis zum Durchschnitt positiv abweichenden Beteiligung von Betrieben ausgehen (Positivauslese).

Unternehmen 1998	Unternehmen insgesamt		Unternehmensgrößenklassen nach Beschäftigten					
			< 20		20 - 99		> 99	
	abs.	in %	abs.	in %	abs.	in %	abs.	in %
Grundgesamtheit VBU Mitglieder	1.780	100,0	1.394	78,3	352	19,8	34	1,9
Stichprobe	139	100,0	60	43,2	67	48,2	12	8,6

Tabelle 1-1: Die Stichprobe im Vergleich zu ihrer Grundgesamtheit im Jahr 1998

Unternehmen 2006	Unternehmen insgesamt		Unternehmensgrößenklassen nach Beschäftigten					
			< 20		20 - 99		> 99	
	abs.	in %	abs.	in %	abs.	in %	abs.	in %
Grundgesamtheit VBU Mitglieder	1.227	100,0	1.018	83,0	180	14,7	29	2,4
Stichprobe	54	100,0	25	46,3	26	48,1	3	5,6

Tabelle 1-2: Die Stichprobe im Vergleich zu ihrer Grundgesamtheit im Jahr 2006

2 Die Voraussetzung für die Repräsentativität einer Stichprobe fasst Happel wie folgt zusammen: „Repräsentativität liegt nur dann vor, wenn die Stichprobe ein verkleinertes Abbild der Grundgesamtheit ist bzw. die Grundgesamtheit und die Stichprobe isomorph sind" (vgl. Happel, M.A. (2001), S. 84).

Dennoch erlauben die erhobenen Ergebnisse verallgemeinernde und auf die Grundgesamtheit aller im VBU organisierten Unternehmen und darüber hinaus auf die Gesamtheit der Unternehmen im deutschen Bauhauptgewerbe übertragbare Feststellungen.

2. Controlling als integrierte Aufgabe der Unternehmensführung in mittelständischen Bauunternehmen

Der Aufgabenstellung, ein Unternehmenscontrolling in mittelständischen Bauunternehmen zu entwickeln und zu gestalten, kann nicht nachgegangen werden, ohne vorher das dafür benötigte mittelstands- und baubranchenbezogene Problemverständnis geschärft sowie einen theoretischen Bezugsrahmen für ein wirksames Unternehmenscontrolling in mittelständischen Bauunternehmen erörtert zu haben.

Daher befasst sich das folgende Kapitel damit, mittelständische Bauunternehmen als Untersuchungsgegenstand begrifflich abzugrenzen, theoretische und konzeptionelle Grundlagen zum Controlling zu erörtern sowie die theoriegeleitete Zwecksetzung für eine Controllingkonzeption in mittelständischen Bauunternehmen vorzustellen.

2.1 Mittelständische Bauunternehmen als Untersuchungsgegenstand

Die Bauwirtschaft ist einer der größten Wirtschaftszweige in der Bundesrepublik Deutschland. Dieser Wirtschaftszweig erbringt Planungs- und Ausführungsleistungen aller Art, die der Errichtung von Bauwerken dienen. Die Bauwirtschaft wird allgemein in folgende fünf Bereiche gegliedert:

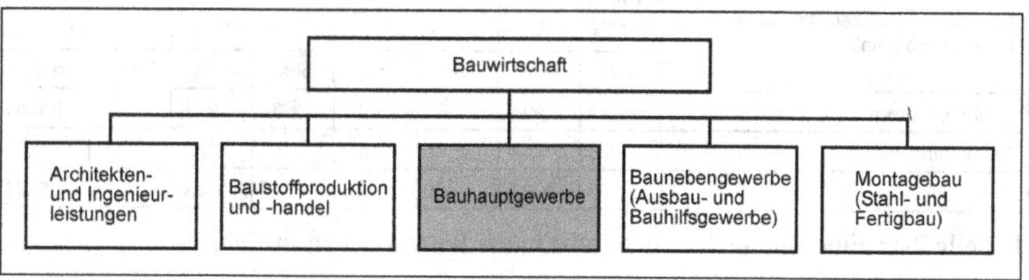

Abbildung 2-1: Gliederung der Bauwirtschaft[3]

Im baubetriebswirtschaftlichen Sinn zählen zur Bauwirtschaft nur die direkt am Bau beteiligten Unternehmen, das heißt die Unternehmen des Bauhaupt- und Baunebengewerbes.[4] Unter das Bauhauptgewerbe fallen die Unternehmen, die in den Bereichen Hoch- und Tiefbau, Spezialbau, Stuckateurgewerbe, Gipserei, Verputzerei, Zimmerei

---

3 In Anlehnung an die Gliederung von Brüssel, W. (2007), S. 70.

4 Vgl. Brüssel, W. (2007), S. 70.

sowie Dachdeckerei tätig sind.[5] Das Baunebengewerbe umfasst das Ausbaugewerbe und Bauhilfsgewerbe. Unter das Ausbaugewerbe fallen die Unternehmen, die u.a. Klempner-, Heizungs-, Lüftungs-, Maler-, Tapezier-, Tischler-, Plattenlege- und Bodenbelagsarbeiten sowie Sanitär- und Elektroinstallationen ausführen.[6] Zum Bauhilfsgewerbe zählen hingegen die Unternehmen, die als Spezialanbieter zur Erstellung der Baugewerke notwendige Werk- und Dienstleistungen erbringen, wie z.B. Fuhr- und Transportleistungen.[7]

Da in den, dem Baunebengewerbe zugeordneten Unternehmen in der Regel eine weniger komplexe Leistungserstellung vorzufinden ist, als in den Unternehmen, die dem Bauhauptgewerbe zugeordnet werden, ist die Betrachtung hier auf die Problemlagen der Unternehmen im Bauhauptgewerbe gerichtet, die in den Bereichen Hoch- und Tiefbau tätig sind.

Im Erhebungsergebnis bei den Mitgliedsunternehmen des Verbandes baugewerblicher Unternehmer Hessen e.V. haben sich zahlenmäßig die meisten der antwortenden Unternehmen (77 ≅ 90,6 %) in die Gruppe von Unternehmen des Bauhauptgewerbes eingeordnet. In den folgenden Ausführungen stehen daher die Termini „Bauwirtschaft" und „Baugewerbe" ausschließlich für das „Bauhauptgewerbe".

Wo ordnen Sie Ihren Baubetrieb in der Bauwirtschaft ein?	Unternehmen insgesamt		Unternehmensgrößenklassen nach Beschäftigten					
			< 20		20 - 99		> 99	
	abs.	in %	abs.	in %	abs.	in %	abs.	in %
Bauhauptgewerbe	77	90,6	31	86,1	37	92,5	9	100,0
Baunebengewerbe	8	9,4	5	13,9	3	7,5	0	0,0
Σ	85	100,0	36	100,0	40	100,0	9	100,0

Tabelle 2-1: Einordnung der Stichprobe in die Bauwirtschaft im Jahr 1998

Das deutsche Bauhauptgewerbe hat in 1998 mit seinen 81.301 Betrieben und 1.177.148 Beschäftigten eine kleinbetriebliche Ausprägung aufgewiesen.[8] Dies verdeutlicht Tabelle 2-2. Während etwa 68.000 Bauunternehmen weniger als 20 Mitarbeiter beschäftigten, arbeiteten in nur rund 1.500 Bauunternehmen mehr als 99 Be-

5 Vgl. Brüssel, W. (2007), S. 56.

6 Vgl. Brüssel, W. (2007), S. 42.

7 Vgl. Brüssel, W. (2007), S. 57.

8 Vgl. Zentralverband des deutschen Baugewerbes (Hrsg., 1999), S. 165.

schäftigte (1.515 ≅ 1,9 %). Diese kleinbetriebliche Ausprägung gilt auch für das hessische Bauhauptgewerbe. So beschäftigten im Jahr 1998 von den 5.199 Betrieben des hessischen Bauhauptgewerbes nur 81 Unternehmen mehr als 99 Mitarbeiter (81 ≅ 1,6 %).[9]

Bauhauptgewerbe 1998	Betriebe 1998				Beschäftigte 1998			
Unternehmensgrößeklasse nach Beschäftigten	Deutschland		Hessen		Deutschland		Hessen	
	abs.	in %	abs.	in %	abs.	in %	abs.	in %
< 20	67.804	83,4	4.508	86,7	420.436	35,8	26.136	39,2
20 - 99	11.982	14,7	610	11,7	460.788	39,1	23.343	34,9
> 99	1.515	1,9	81	1,6	295.924	25,1	17.331	25,9
Σ	81.301	100,0	5.199	100,0	1.177.148	100,0	66.810	100,0

Tabelle 2-2: Struktur im deutschen und hessischen Bauhauptgewerbe 1998[10]

Die kleinbetriebliche Ausprägung spiegelt sich auch in der eigenen empirischen Erhebung 1998 wider. So beschäftigen im Jahr 1997 von 139 Antwort gebenden Mitgliedsunternehmen nur 12 Betriebe mehr als hundert Mitarbeiter. Ingesamt ergab sich bei den antwortenden Unternehmen eine durchschnittliche Beschäftigtenanzahl von 40 Mitarbeitern, wobei die kleinste Beschäftigtenanzahl mit einem Mitarbeiter und größte Mitarbeiteranzahl mit 287 Beschäftigten angegeben werden. Tabelle 2-3 zeigt die Mitarbeiterstruktur in der Stichprobe.

Wie viele Mitarbeiter waren in 1997 in Ihrem Bauunternehmen insgesamt beschäftigt? Welche Beschäftigungsstruktur lag vor?	Unternehmen insgesamt		Unternehmensgrößenklassen nach Beschäftigten					
			< 20		20 - 99		> 99	
Antwort gebende Unternehmen	abs.	in %	abs.	in %	abs.	in %	abs.	in %
	139	100,0	60,0	43,2	67	48,2	12	8,6
Mitarbeiterverteilung	abs.	in %	abs.	in %	abs.	in %	abs.	in %
gewerbliche Mitarbeiter	4.714,0	86,0	516,5	82,0	2.414,5	86,2	1.783,0	87,0
technische Angestellte	399,5	7,3	51,5	8,2	195,0	7,0	153,0	7,5
kaufmännische Angestellte	367,5	6,7	62,0	9,8	191,5	6,8	114,0	5,6
Σ	5.481,0	100,0	630,0	100,0	2.801,0	100,0	2.050,0	100,0

Tabelle 2-3: Mitarbeiterstruktur in der Stichprobe 1998

9 Vgl. Verband baugewerblicher Unternehmer Hessen e.V. (Hrsg., 2006), S. 1

10 Vgl. Zentralverband des deutschen Baugewerbes (Hrsg., 1999), S. 165 und Verband baugewerblicher Unternehmer Hessen e.V. (Hrsg., 2006), S. 1 f.

Die Tabelle 1-1 zeigt, dass im Vergleich zur Grundgesamtheit die größeren Unternehmen prinzipiell häufiger als kleinere Unternehmen geantwortet haben. Gleichwohl kann festgehalten werden, dass 1997 fast zwei Drittel der in der Erhebung erfassten Beschäftigten (3.431 ≅ 62,6 %) in Betrieben mit weniger als 100 Mitarbeiter tätig waren, oder anders ausgedrückt, zusammengenommen waren in rund 91 % (127 ≅ 91,4 %) der antwortenden Unternehmen weniger als 100 Mitarbeiter beschäftigt. Folglich kann bei der Stichprobenanalyse nach dem Abgrenzungsmerkmal der Unternehmensgrößenklassen nach Beschäftigten von einem zahlenmäßigen Übergewicht der kleinen und mittelständischen Bauunternehmen gesprochen werden.

Entsprechend verdeutlicht auch das Stichprobenergebnis bezogen auf Umsatzgrößenklassen den verhältnismäßig hohen Stellenwert der Klein- und Mittelbetriebe im hessischen Baugewerbe: Die meisten Unternehmen (82 ≅ 59,4 %) weisen einen Jahresumsatz von unter 5 Mio. DM auf. Rund 18 % der Bauunternehmen (25 ≅ 18,1 %) liegen mit ihrem Umsatz zwischen 5 und 10 Mio. DM, während ca. 15 % (20 ≅ 14,5 %) in die Größenklasse 10 - 20 Mio. DM und lediglich 8 % der antwortenden Bauunternehmen (11 ≅ 7,9 %) der Klasse über 20 Mio. DM einzuordnen sind.

Wie hoch war der Gesamtumsatz (netto) in 1997?	Unternehmen insgesamt		Unternehmensgrößenklassen nach Beschäftigten					
			< 20		20 - 99		> 99	
1 DM = 0,51129 EUR	abs.	in %	abs.	in %	abs.	in %	abs.	in %
< 2 Mio. DM	42	30,4	41	69,5	1	1,5	0	0,0
2 Mio. DM < x < 5 Mio. DM	40	29,0	15	25,4	25	37,3	0	0,0
5 Mio. DM < x < 10 Mio. DM	25	18,1	1	1,7	24	35,8	0	0,0
10 Mio. DM < x < 20 Mio. DM	20	14,5	2	3,4	16	23,9	2	16,7
20 Mio. DM < x < 40 Mio. DM	9	6,5	0	0,0	1	1,5	8	66,7
> 40 Mio. DM	2	1,4	0	0,0	0	0,0	2	16,7
Σ	138	100,0	59	100,0	67	100,0	12	100,0

Tabelle 2-4: Umsatzstruktur in der Stichprobe 1998

Die aufgezeigte kleinbetriebliche Ausprägung im deutschen und hessischen Baugewerbe als auch in der vorliegenden Stichprobe 1998 ist daher Ausgangspunkt für eine grundlegende Begriffsbestimmung von mittelständischen Bauunternehmen und für die Beschreibung von baubranchenspezifischen Einflüssen auf das Handeln von mittelständischen Bauunternehmen. Denn wie in den weiteren Ausführungen aufgezeigt werden wird, ergeben sich aufgrund dieser Einflüsse oft Probleme im Bereich der baubetrieblichen Unternehmensführung, die sich ihrerseits auf die Zwecksetzung und Ausgestaltung des Unternehmenscontrolling in den mittelständischen Bauunternehmen auswirken.

2.1.1 Begriffsbestimmung mittelständisches Bauunternehmen

In der betriebswirtschaftlichen Literatur gibt es keine generell anerkannte, einheitliche Abgrenzung in Bezug auf den Begriff „mittelständisches Unternehmen".[11] Dies ist auch darauf zurückzuführen, dass mittelständische Unternehmen in allen Wirtschaftsbereichen vertreten sind. So kann beispielsweise ein Einzelhandelsunternehmen aufgrund seiner Umsatzstärke als mittelständisches Unternehmen erscheinen, während ein Großhandelsunternehmen mit gleichem Umsatz als kleines Unternehmen einzustufen ist. Daher sind für jede Branche unter Berücksichtigung branchenabhängiger Strukturunterschiede gesondert die charakteristischen Unternehmensgrößenklassen festzulegen,[12] damit Unternehmen in sich entsprechenden Unternehmensgrößenklassen aber mit verschiedener Branchenzugehörigkeit als „gleichgroß" angesehen werden können.[13]

Im Zusammenhang mit der in der vorliegenden Arbeit angewandten empirischen Vorgehensweise bieten sich zur zweckmäßigen Bestimmung von typischen Unternehmensgrößenklassen im Baugewerbe zunächst quantitative Abgrenzungskriterien an. Aus der großen Anzahl der in der betriebswirtschaftlichen Literatur vorgeschlagenen quantitativen Abgrenzungskriterien erweisen sich hier besonders die Beschäftigtenzahl und der Jahresumsatz aus Gründen der effizienten Erhebungsmöglichkeit, des Erhebungsaufwands sowie der Erhebungsgenauigkeit als besonders brauchbare und aussagefähige quantitative Abgrenzungskriterien.

Vor dem Hintergrund der in den Tabelle 2-3 und 2-4 vorgestellten Branchen- und Stichprobenstrukturdaten, erscheint es sinnvoll, für die weiteren Ausführungen folgende Unternehmensgrößenklassen als typisch für das Bauhauptgewerbe abzuleiten:

---

11 In diesem Zusammenhang sei auf die Ausführungen von Gantzel verwiesen, der bereits 1962 über 190 Definitionsansätze für den Begriff „mittelständisches Unternehmen" nachweisen konnte (vgl. Gantzel, K. J. (1962), S. 293 ff.).

12 Unter einer Branche wird hier eine Gruppe von Unternehmen verstanden, die ähnliche Produkte herstellen oder ähnliche Dienstleistungen anbieten, die sich gegenseitig fast ersetzen können (vgl. Porter, M.E. (1999), S. 35).

Bezeichnung	Beschäftigte		Jahresumsatz (Mio. EUR)
Handwerksbetrieb	< 10	und / oder	< 1
kleines Bauunternehmen	10 - 19	und / oder	1 < 2,5
mittelständisches Bauunternehmen	20 - 99	und / oder	2,5 - 10
großes (Eigentümer-) Bauunternehmen	> 99	und / oder	> 10

Tabelle 2-5: Hergeleitete Unternehmensgrößenklassen im Bauhauptgewerbe

Allerdings kann die Ableitung dieser typischen Unternehmensgrößenklassen im Baugewerbe nur einen Bestimmungsrahmen darstellen, da die Beschäftigtenzahl wegen unterschiedlicher Kapitalintensitäten innerhalb des Bauhauptgewerbes oder der Jahresumsatz wegen verschiedenartiger Produktivitäten und Wertschöpfungsstrukturen der Bauunternehmen nur bedingt aussagefähig sind. Deshalb sind zur Begriffsbestimmung von mittelständischen Bauunternehmen ergänzend qualitative Abgrenzungskriterien heranzuziehen. Im Bereich der qualitativen Abgrenzungskriterien dienen hier die rechtliche und wirtschaftliche Selbständigkeit, die personengeprägte Unternehmensstruktur sowie die Überschaubarkeit der Organisationsstruktur.

Die rechtliche und wirtschaftliche Selbständigkeit umschreibt den Sachverhalt, dass der Unternehmer ein selbständiger Eigentümerunternehmer ist, der Kapital und Leitung in seiner Hand vereinigt sowie Risiko und Verantwortung trägt und dessen Existenzgrundlage und Einkommensquelle entscheidend durch den wirtschaftlichen Erfolg seines Unternehmens bestimmt werden.[14]

Die personengeprägte Unternehmensstruktur zeigt sich in der persönlichen Mitwirkung des Eigentümerunternehmers, der die Geschäftsführung und Mitarbeit im Unternehmen als dauerhafte Lebensaufgabe ansieht und der die Struktur und die Wirtschaftsweise des Unternehmens bis ins Detail bestimmt.[15]

Die Überschaubarkeit der Organisationsstruktur ist mit einem geringen Formalisierungsgrad verbunden, der weniger zwingend festgelegte Hierarchien erfordert und eine weitgehende Flexibilität ermöglicht.[16] Die Organisationsstruktur in mittelständischen

---

13 In diesem Zusammenhang spricht Pfohl von der Relativität der Betriebsgröße (vgl. Pfohl, H. C. (2006), S. 10).

14 Vgl. Kosmider, A. (1994), S. 32.

15 Vgl. Kosmider, A. (1994), S. 32.

16 Vgl. Kosmider, A. (1994), S. 32.

Unternehmen entspricht also einer personalgeprägten Betriebsgemeinschaft, in der zwischenmenschlichen Beziehungen eher durch persönliche Kenntnis und ständige Fühlungnahme bestimmt werden.[17] Entsprechend können von der Unternehmensführung Aufgaben schnell an Mitarbeiter weitergegeben werden, was die besondere Flexibilität mittelständischer Unternehmen zulässt.

In der vorliegenden Arbeit wird zur Begriffsbestimmung mittelständischer Bauunternehmen ein kombinierter Erklärungsansatz - bestehend aus den vorbeschriebenen quantitativen und qualitativen Abgrenzungskriterien - zugrunde gelegt, der die in Tabelle 2-5 hergeleiteten Unternehmensgrößenklassen „Handwerksbetrieb", „kleines Bauunternehmen", „mittelständisches Bauunternehmen" und „großes (Eigentümer-) Bauunternehmen" wie folgt beschreibt:

Nur wenige Menschen sind in der Lage mehr als zehn Mitarbeiter in direkter Mitarbeit zu führen. In diesem Sinn wird ein Bauunternehmen mit bis zu neun Beschäftigten, einem vor Ort und produktiv selbständig tätigen Eigentümerunternehmer und/oder einem Jahresumsatz bis 1 Mio. EUR als Handwerksbetrieb eingestuft. Dagegen wird ein Bauunternehmen ab 10 bis 19 Beschäftigten und/oder einem Jahresumsatz von 1 bis zu 2,5 Mio. EUR sowie einem Eigentümerunternehmer, der nicht mehr vor Ort produktiv tätig sein kann, aber weitgehend alleine die technische und kaufmännische Leitung der Unternehmung inne hat, als kleines Bauunternehmen bezeichnet.

Ab einer Anzahl von 20 bis 99 Beschäftigten und/oder einem Jahresumsatz von 2,5 bis 10 Mio. EUR ist von einem mittelständischen Bauunternehmen auszugehen, da insbesondere bei dieser Beschäftigtenanzahl eine Unternehmensführung auf Grundlage lediglich informaler Verständigung nicht mehr gewährleistet ist, d.h. der Eigentümerunternehmer ist zur Leitung des betrieblichen Geschehens auf technische und/oder kaufmännische Unterstützung einer Verwaltung angewiesen. Gleichwohl bleibt der direkte Kontakt zwischen Eigentümerunternehmer und gewerblichen Mitarbeitern erhalten, so dass sich das mittelständische Bauunternehmen durch eine Unmittelbarkeit vieler Vorgänge die detaillierte Mitwirkung des Eigentümerunternehmers sowie eine gewisse Überschaubarkeit der Organisation bewahrt.

Ab einer Beschäftigtenzahl über 99 Mitarbeitern und/oder einem Jahresumsatz von mehr als 10 Mio. EUR kann nicht mehr von einem mittelständischen Bauunternehmen

---

17 Vgl. Mugler, J. (1998), S. 23.

ausgegangen werden, da bei dieser Unternehmensgrößenklasse der direkte Kontakt zwischen dem Eigentümerunternehmer und den gewerblichen Mitarbeitern nur noch gelegentlich stattfinden kann und somit die unmittelbare detaillierte Mitwirkung am Betriebsgeschehen für den Eigentümerunternehmer nur bedingt gegeben ist. Aus Gründen einer sonst drohenden zeitlichen Überlastung ist der Eigentümerunternehmer dazu gezwungen, fast alle Führungsaufgaben zu delegieren und sich vorrangig auf bestimmte Aufgabenfelder, wie beispielsweise auf die Auftragsakquisition, zu konzentrieren. Kennzeichen für ein solch großes (Eigentümer-) Bauunternehmen ist somit die persönliche Distanz zwischen Eigentümerunternehmer und gewerblichen Mitarbeitern.

Obgleich die hier angeführte Begriffsbestimmung von mittelständischen Bauunternehmen keinen Anspruch auf Allgemeingültigkeit erheben kann, kann man mit Hilfe dieser Begriffsbestimmung für ein konkretes Bauunternehmen leichter beurteilen, ob es eher dem typischen Handwerksbetrieb, kleinen Bauunternehmen, mittelständischen Bauunternehmen oder eher dem typischen großen (Eigentümer-) Bauunternehmen zuzuordnen ist.

Handwerksbetrieb		**Kleines Bauunternehmen**	
Beschäftigtenanzahl	: von 1 bis 9	Beschäftigtenanzahl	: von 10 bis 19
Jahresumsatz	: bis 1 Mio. EUR	Jahresumsatz	: von 1 bis 2,5 Mio. EUR
Wirtschaftliche und rechtliche Selbständigkeit	: ■ ■ ■ ■ ■	Wirtschaftliche und rechtliche Selbständigkeit	: ■ ■ ■ ■ ■
Personengeprägte Unternehmensstruktur	: ■ ■ ■ ■ ■	Personengeprägte Unternehmensstruktur	: ■ ■ ■ ■ □
Überschaubarkeit der Organisationsstruktur	: ■ ■ ■ ■ ■	Überschaubarkeit der Organisationsstruktur	: ■ ■ ■ ■ ■
Mittelständisches Bauunternehmen		**Großes (Eigentümer-) Bauunternehmen**	
Beschäftigtenanzahl	: von 20 bis 99	Beschäftigtenanzahl	: 99 und mehr
Jahresumsatz	: von 2,5 bis 10 Mio. EUR	Jahresumsatz	: 10 Mio. EUR und mehr
Wirtschaftliche und rechtliche Selbständigkeit	: ■ ■ ■ ■ ■	Wirtschaftliche und rechtliche Selbständigkeit	: ■ ■ ■ ■ ■
Personengeprägte Unternehmensstruktur	: ■ ■ ■ ■ □	Personengeprägte Unternehmensstruktur	: ■ ■ ■ □ □
Überschaubarkeit der Organisationsstruktur	: ■ ■ ■ ■ □	Überschaubarkeit der Organisationsstruktur	: ■ ■ □ □ □

■ ■ ■ ■ ■ sehr hoch ■ ■ ■ □ □ mittel □ □ □ □ □ sehr gering

Abbildung 2-2: Darstellung einer branchenbezogenen Klassifizierung von mittelständischen Bauunternehmen

2.1.2 Einflüsse auf das Handeln von mittelständischen Bauunternehmen

Mit der vorstehend beschriebenen und begründeten Begriffsbestimmung erfolgte die Abgrenzung von mittelständischen Bauunternehmen als Untersuchungsgegenstand. Zur Abrundung der grundlegenden Charakterisierung von mittelständischen Bauunternehmen, aber auch als Grundlage für die weiteren Schwerpunktsetzungen dieser Arbeit sind zusätzlich noch typisch branchenbedingte Zusammenhänge und Besonderheiten zu berücksichtigen, die das Handeln der mittelständischen Bauunternehmen erheblich beeinflussen.

Diese branchenbedingten Zusammenhänge und Besonderheiten werden im Hinblick auf die weiteren Ausführungen in absatz-, produktions-, beschaffungs- und finanzierungsbedingte Einflüsse gegliedert, um an geeigneter Stelle jeweils die Zwecksetzung des Unternehmenscontrolling in mittelständischen Bauunternehmen aufzeigen zu können.

2.1.2.1 Absatzbedingte Einflüsse

Die gebräuchliche Beschreibung des Marktes als ökonomischer Ort des Tausches, an dem sich durch Zusammentreffen von Angebot und Nachfrage die Preise herausbilden, trifft für den Baumarkt nur bedingt zu. Zwar wird der Baumarkt ebenso durch Angebot und Nachfrage geregelt, jedoch ist die Preisbildung am Baumarkt mit der auf den Sachgütermärkten (Handel mit Produktions- und Konsumgütern) nicht vergleichbar,[18] da in aller Regel die Nachfrage nach einem individuell beschaffenen Bauwerk unter Festlegung von Ort, Zeit, Qualität sowie den restlichen rechtlichen Vertragsinhalten vor dem Preisangebot für das nachgefragte Bauwerk steht.

Da es auf dem Baumarkt bis auf wenige Ausnahmen kaum Angebote für fertige Bauwerke und Marktpreise im Sinne eines Sachgütermarktes gibt, sucht der Bauherr im Rahmen eines Ausschreibungs- und Vergabeverfahrens - das im wesentlichen in den Bestimmungen der Vergabe- und Vertragsordnung für Bauleistungen (VOB) geregelt wird - ein geeignetes Bauunternehmen für sein nachgefragtes Bauwerk, indem er einen Wettbewerb auf der Anbieterseite stattfinden lässt.[19] Dabei erhält in der Regel das

18 Vgl. Rebmann, A. (2001), S. 11.

19 Die Vergabe- und Vertragsordnung für Bauleistungen (VOB) soll die werkvertraglichen Regelungen der §§ 631 ff. BGB durch entsprechende bauspezifische und praxisbezogene Regelungen ergänzen, da die werkvertraglichen Regelungen der §§ 631 ff. BGB den Interessen der Baube-

Bauunternehmen mit dem niedrigsten Preisangebot den Zuschlag,[20] da die anderen Wettbewerbsbedingungen, wie Ort, Zeit, Qualität und die übrigen Vertragsinhalte für das nachgefragte Bauwerk, in der Regel mehr oder weniger genau vorgegeben sind.

Dieser Preiswettbewerb unter den Bauunternehmen findet immer vor der Produktion statt.[21] Das beinhaltet ein Kalkulationsrisiko, da einerseits dem Wettbewerb auf dem Baumarkt und andererseits dem Gebot der Wirtschaftlichkeit Rechnung getragen werden muss, obwohl die Produktionsbedingungen gegebenenfalls nur unvollständig oder gar nicht bekannt sind. Zudem wird das Kalkulationsrisiko auch durch die fehlende Preisorientierung am Baumarkt begründet, da den bietenden Bauunternehmen ein Preisvergleich, der sogenannte Preisspiegel, frühestens bei der Submission (Angebotsverlesung) vorgestellt wird, also zu einem Zeitpunkt, zu dem die Preisangebote verbindlich geworden sind.

Aufgrund der bereits beschriebenen kleinbetrieblichen Ausprägung des Baugewerbes und der allgemeinen Abhängigkeit, auf den Zuschlag für Bauaufträge warten zu müssen, ohne jedoch in der Regel vorab maßgeblich auf den Inhalt der Bauleistung Einfluss nehmen zu können, halten die meisten Unternehmen im Baugewerbe lediglich ihre personellen und sachlichen Kapazitäten für „erwartete" Bauaufträge bereit, um jederzeit den Wünschen der nachfragenden Bauherren folgen zu können. Daher muss das Baugewerbe als Bereitstellungsgewerbe mit wenig Verhandlungsmacht gegenüber den Nachfragern charakterisiert werden.[22] Nur wenige Unternehmen im Baugewerbe, insbesondere solche, die hochspezialisierte Bauleistungen wie beispielsweise Betonsanierung, Altlastensanierung u.ä. anbieten, verfügen fallweise über mehr Verhandlungsmacht gegenüber den nachfragenden Bauherren.

---

teiligten und den Bauabläufen nur bedingt gerecht werden. Die VOB ist untergliedert in Teil A, B und C. Teil A beinhaltet die allgemeinen Bestimmungen für die Vergabe von Bauleistungen. Teil B umfasst die allgemeinen Vertragsbedingungen für die Ausführung von Bauleistungen und Teil C enthält allgemeine technische Vertragsbedingungen für Bauleistungen (vgl. Brüssel, W. (2007), S. 283 ff.).

20 Die VOB versteht unter Zuschlag die rechtverbindliche Annahme des Angebotes.

21 Vgl. Robl, K. (1985), S. 2.

22 Vgl. Marhold, K. (2001), S. 2.

Wie verteilte sich Ihr Gesamtumsatz 1997 ca. auf die einzelnen Auftraggeber?	Unternehmen insgesamt		Unternehmensgrößenklassen nach Beschäftigten					
			< 20		20 - 99		> 99	
Antwort gebende Unternehmen	abs.	in %	abs.	in %	abs.	in %	abs.	in %
	138	100,0	60	43,5	66	47,8	12	8,7
Verteilung	in %		in %		in %		in %	
Öffentliche Hand		36,6		20,6		33,8		52,7
Industrie & Wirtschaft		23,6		57,0		26,3		6,0
Gewerblicher Wohnungsbau		12,6		9,1		16,2		7,7
Privater Wohnungsbau		27,1		13,0		23,7		33,7
Σ		99,9		99,7		100,0		100,1

Tabelle 2-6: Auftraggeberabhängigkeit in der Stichprobe 1998

Vor dem Hintergrund der Auftraggeberabhängigkeit zeigen die Erhebungsergebnisse nach der Aufteilung des Umsatzes auf die Auftraggebergruppen, dass die öffentlichen Auftraggeber mit durchschnittlich 34 % die größte Nachfragergruppe bei den antwortenden mittelständischen Bauunternehmen darstellt. Die zweitgrößte Gruppe mit rund 26 % bilden die Auftraggeber aus Industrie und Wirtschaft. Den dritten Rang mit etwa 24 % nimmt die Gruppe der privaten Auftraggeber ein. Der geringste Umsatzanteil mit durchschnittlich 16 % entfiel auf die Auftraggebergruppe des gewerblichen Wohnungsbaus. Nur zwei der antwortenden mittelständischen Bauunternehmen ($2 \cong 3{,}3$ %) gaben an, ausschließlich für eine Auftraggebergruppe tätig zu sein.

Die hier nur in einem knappen Überblick darstellbare Auftraggeberabhängigkeit verdeutlicht, dass mit Ausnahme des Auftragsvolumens aus den Industrie- und Wirtschaftsunternehmen, die ihr Bauinvestitionsverhalten überwiegend von langfristigen Absatzerwartungen abhängig machen, rund 73 % der Bauproduktion in den antwortenden Unternehmen entweder von der staatlichen Haushaltslage oder zumindest von der staatlichen Einflussnahme auf das Investitionsverhalten der privaten und gewerblichen Nachfrager im Wohnungsbau abhängig ist.

Diese Doppelfunktion der öffentlichen Hand als Auftraggeber einerseits und als marktbeeinflussender Hoheitsträger andererseits bewirkt, dass eine Verstetigung der Bauproduktion in den mittelständischen Bauunternehmen nicht erreicht werden kann, da ein Regierungswechsel in der Regel eine Überarbeitung der Investitionshaushalte und staatlich aufgelegten Bauprogramme nach sich zieht. Die beschriebenen absatzbedingten Einflüsse stellen die mittelständischen Bauunternehmen vor erhebliche Anpassungsprobleme hinsichtlich ihrer bereitgestellten personellen und sachlichen Kapazitäten.

2.1.2.2 Produktionsbedingte Einflüsse

Die vorausgegangenen Ausführungen zeigen, dass die meisten Bauunternehmen weder Art und Umfang ihrer Bauproduktion noch den Fertigungszeitraum selbst bestimmen, sondern lediglich ihre personellen und sachlichen Kapazitäten auf Bestellung einsetzen können. Das gilt im Prinzip auch für den Sondervorschlag. Die notwendige Anpassung der Bauproduktion an die kundenindividuellen Bestellungen begründet die Einzelfertigung als das für das Baugewerbe charakteristische Fertigungsverfahren. Die Einzelfertigung beschreibt ein Fertigungsverfahren, bei dem jedes Produkt trotz gleichartiger Fertigungsmethoden nur einmal hergestellt wird.[23]

Die Einzelfertigung im Baugewerbe erfolgt in Form der Baustellenfertigung. Bei dieser Fertigungsart ist der Arbeitsgegenstand, das Bauwerk, ortsgebunden, und Arbeitskräfte, Betriebsmittel und Baustoffe müssen an den jeweiligen Bauort, die Baustelle, befördert werden.[24] Entsprechend sind Bauunternehmen durch eine mehr oder weniger große Zahl von wechselnden Bauorten gekennzeichnet, was mit der Bezeichnung der „wandernden Werkstätten der Bauunternehmer unter freiem Himmel“ umschrieben werden kann.[25]

Wie groß ist der durchschnittliche Wirkungskreis Ihres Bauunternehmens?	Unternehmen insgesamt		Unternehmensgrößenklassen nach Beschäftigten					
			< 20		20 - 99		> 99	
	abs.	in %	abs.	in %	abs.	in %	abs.	in %
< 25 km	28	20,3	21	35,0	7	10,6	0	0,0
25 km < x < 50 km	67	48,6	26	43,3	36	54,5	5	41,7
50 km < x < 75 km	17	12,3	6	10,0	9	13,6	2	16,7
75 km < x < 100 km	10	7,2	2	3,3	8	12,1	0	0,0
> 100 km	16	11,6	5	8,3	6	9,1	5	41,7
Σ	138	100,0	60	91,7	66	100,0	12	100,0

Tabelle 2-7: Durchschnittlicher Wirkungskreis in der Stichprobe im Jahr 1998

Infolge der wechselnden Bauorte und den damit verbundenen An- und Abfahrten der Arbeitskräfte, den erforderlichen Maschinen- und Baustofftransporten sowie der erschwerten Kontrolle der Bauausführung beschränken sich die Bauorte der meisten mit-

23 Vgl. Brüssel, W. (2007), S. 102.

24 Vgl. Wöhe, G. (2005), S. 407.

25 Vgl. Diederichs, C. J. (2005), S. 40.

telständischen Bauunternehmen auf einen regionalen Wirkungskreis um ihren Firmenstandort.[26] Dies bestätigt auch das in Tabelle 2-7 dargestellte Erhebungsergebnis, nach dem rund 91 % der Antwort gebenden mittelständischen Bauunternehmen (60 ≅ 90,9 %) ihren räumlich Wirkungskreis auf maximal 100 km begrenzen.

Die produktionsbedingten Einflüsse auf das Handeln von Bauunternehmen lassen sich zusammenfassend mit dem Begriff der „standortgebundenen, prototypischen Einzelfertigung" beschreiben.[27] Die folgende Abbildung stellt die Eigenschaften der Bauproduktion gegenüber dem verarbeitenden Gewerbe nochmals heraus:

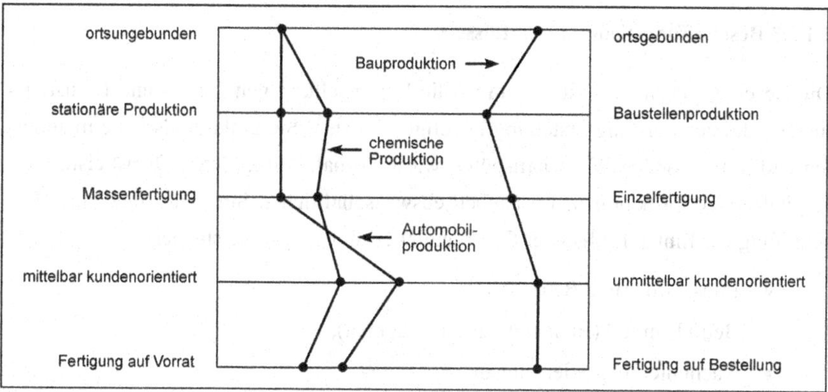

Abbildung 2-3: Eigenschafts-Profilvergleich[28]

Mit der „standortgebundenen, prototypischen Einzelfertigung" sind auch wirtschaftliche Risiken verbunden. So bestehen für Bauunternehmen kaum Möglichkeiten zur Produktion auf Lager, mit der Folge, dass durch fehlende Anschlussaufträge immer wieder ein „Auftragsloch" entstehen kann. An die Stelle des Lagerhaltungsrisikos tritt somit im Bauhauptgewerbe ein Auftragsrisiko. Unter dem Auftragsrisiko wird hier das Auslastungsproblem der Bauunternehmen verstanden.[29] Gelingt es den Bauunternehmen nicht, die personellen und sachlichen Kapazitäten auszulasten, weil Aufträge fehlen, führt dies in der Regel zu Verlusten und Liquiditätsengpässen.

---

26 Vgl. Robl, K. (1985), S. 3.

27 Vgl. Gehri, C. (1991), S. 11.

28 Quelle: Haller, C. (1993), S. 54.

29 Vgl. Schulte, K.W. / Väth, A. (1996), S. 487.

Dem Risiko mangelnder Aufträge stehen die Verluste und Liquiditätsengpässe durch das Ausführungsrisiko gegenüber. Das Ausführungsrisiko besteht darin, dass während der Bauausführung nicht vorhersehbare Schwierigkeiten auftreten können,[30] wie beispielsweise schlechte Witterungsbedingungen, unvorhergesehene Bodenverhältnisse, Änderungswünsche des Bauherrn während der Bauzeit, Diebstahl oder Vandalismus an Geräten oder Material, mangelhafte Projektleitung u.ä..[31] Auftrags- und Ausführungsrisiko schließen sich jedoch nicht aus, so herrscht bei schlechter Konjunktur in aller Regel Auftragsmangel, mit der Folge, dass Aufträge zu unzureichenden Preisen hereingenommen werden müssen.

2.1.2.3 Beschaffungsbedingte Einflüsse

Die Beschaffung im weitesten Sinn ist die Bereitstellung von Gütern und Dienstleistungen, die zur Leistungserstellung benötigt werden.[32] Sie umfasst also alle materiellen und immateriellen Wirtschaftsgüter, wie Personal, Anlagegüter, Dienstleistungen, Kapital und Informationen. Im baubetriebswirtschaftlichen Sinn wird hier unter Beschaffung der Einkauf folgender Güter und Dienstleistungen verstanden:

- Bau-, Hilfs- und Betriebsstoffe,
- Betriebsmittel (Baugeräte, Baumaschinen),
- Nachunternehmerleistungen.

Aufgrund der „standortgebunden prototypische Einzelfertigung" ist in den meisten mittelständischen Bauunternehmen die kurzfristige Problemlösung im Einkauf oft an der Tagesordnung; allerdings verhindert dies häufig die Ausnutzung von Einkaufsmacht, da auf eine Bündelung des Einkaufsbedarfs von verschiedenen Bauprojekten verzichtet wird. Auch entsprechen oftmals die Terminvorgaben in der Bedarfsmeldung von der Baustelle nicht der späteren Realität bei der Ausführung. Entsprechend wird das Preisgefüge aus der Kalkulation öfters durch den Einkauf überschritten.

---

30 Vgl. Diekmann, C. (1987), S. 43.

31 Eine tabellarische Übersicht über Bauausführungsrisiken findet man bei Jacob, D. / Winter, C. / Stuhr, C. (2002), S. 301-303.

32 Vgl. Hedfeld, K. P. (1998), S. VIII/3.

2.1.2.4 Finanzierungsbedingte Einflüsse

Nachdem das Bauwerk ausgeschrieben, die Preisangebote eingegangenen und geprüft wurden, vergibt der Bauherr den Bauauftrag an ein Bauunternehmen und schließt einen Bauvertrag ab. Der Bauvertrag ist ein privatrechtlicher Werkvertrag und verpflichtet ein Bauunternehmen nach den werkvertraglichen Regelungen nach §§ 631 ff. BGB zur erfolgreichen Herstellung des versprochenen Bauwerkes und den Bauherren zur Entrichtung der vereinbarten Vergütung nach vorheriger Abnahme.

Da aber die werkvertraglichen Regelungen nach §§ 631 ff. BGB den Erfordernissen von Bauabläufen nur bedingt gerecht werden, werden in der Regel aus der VOB der Teil B „Allgemeine Vertragsbedingungen für die Ausführung von Bauleistungen" und Teil C „Allgemeine Technische Vertragsbedingungen für Bauleistungen" zum Gegenstand eines Bauvertrages gemacht.

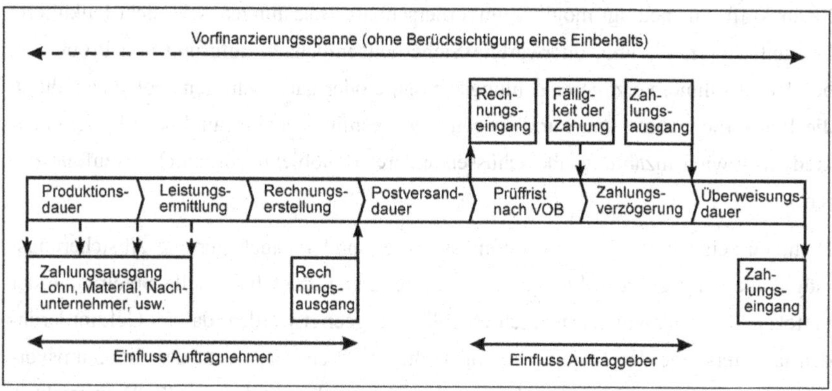

Abbildung 2-4: Die Vorfinanzierungsspanne bei der Bauausführung[33]

Bezüglich der finanzierungsbedingten Einflüsse auf das Handeln der Bauunternehmen wird zwar durch die Vereinbarung von § 16 VOB / Teil B die nach Werkvertragsrecht geltende Vorleistungs- bzw. Vorfinanzierungspflicht der Bauunternehmen durch den Anspruch auf eine kurzfristige Erstattungen der angefallenen Baukosten in Form von Abschlagszahlungen abgemildert;[34] gleichwohl müssen die Bauunternehmen erhebli-

---

33 In Anlehnung an Heß, A. / Zacher, M. (1997), S. 14.

34 Entgegen der weit verbreiteten Meinung im Bauhauptgewerbe sehen die werkvertraglichen Regelungen nach § 631 ff. BGB einen Vergütungsanspruch auf Abschlagszahlungen nicht vor. Der

che Außenstände über eine zeitliche Spanne während der gesamten Bauzeit vorfinanzieren. Die Außenstandszeit wird hier als Vorfinanzierungsspanne in Abbildung 2-4 dargestellt.

Die Vorfinanzierungsspanne umfasst hauptsächlich die zeitliche Spanne, die zwischen Rechnungsausgang und Zahlungseingang liegt. Außerdem werden in der Regel die einzelnen Abschlagszahlungen durch den Bauherrn um einen bauvertraglich festgelegten Prozentsatz der Rechnungssumme gekürzt, um die Ausführung des beauftragten Bauwerks und die Erfüllung der Gewährleistung durch das Bauunternehmen sicherzustellen.[35]

Mit der Vorfinanzierungsspanne ist ein Liquiditätsrisiko für mittelständische Bauunternehmen verbunden, da den in großen Umfang streng termingebundenen Auszahlungen praktisch nur terminelastische Einzahlungen gegenüberstehen;[36] zudem ist es vielen mittelständischen Bauunternehmen, aufgrund enger Gewinnmargen und geringer Finanzkraft, nur bedingt möglich, unvorhersehbare Belastungen, wie nicht kalkulierte Produktionsveränderung, unerwartete Sicherheitseinbehalte aufgrund von Problemen bei der Abnahme, verzögerte Zahlungseingänge oder gar Bauherreninsolvenzen durch die Inanspruchnahme von kurzfristigen Betriebsmittelkrediten und/oder Lieferantenkrediten sowie Einzahlungsüberschüssen anderer Bauobjekte zusätzlich vorzufinanzieren.

Nicht nur eine lange Vorfinanzierungsspanne, sondern auch geringe Absicherungsmöglichkeiten eigener Zahlungsansprüche bewirken, dass finanzielle Spielräume der mittelständischen Bauunternehmen erheblich eingeengt werden, da den Geldforderungen fast stets eine dingliche Sicherung fehlt. Das Sicherungsrecht des Eigentumsvorbehaltes scheidet für Bauunternehmen meistens aus, da sich das erstellte Bauprojekt in der Regel nicht auf eigenem, sondern auf dem Grund und Boden des Auftraggebers

---

§ 641 BGB schreibt vor, dass die Vergütung generell nach einer erfolgreichen Erstellung der Vertragsleistung und einer damit verbundenen Abnahme zu entrichten ist.

35 Nach § 17 der VOB / Teil B werden bei Abschlagzahlungen bis zu 10 % und bei Schlusszahlung bis zu 5 % von der Rechnungssumme einbehalten, wobei der Schlusszahlungseinbehalt dem Bauherrn bis zum Ablauf der Gewährleistungsfrist von zwei Jahren (VOB) bzw. fünf Jahren (BGB) zur Durchsetzung von etwaigen Gewährleistungsansprüchen dient. In der Regel wird dieser Schlusszahlungseinbehalt jedoch durch eine Sicherheitsleistung in Form einer Bankbürgschaft als Gewährleistungsbürgschaft durch das Bauunternehmen vorzeitig abgelöst.

36 Vgl. Diekmann, C. (1987), S. 45.

befindet und somit privatrechtlich sofort in dessen Eigentum (§§ 946 bis 949 BGB) übergeht.[37]

Daher können mittelständische Bauunternehmen weder gelieferte Gegenstände zurückfordern, um sie gegebenenfalls anderweitig zu verwenden, noch können sie mit der Drohung einer solchen Rückforderung ihrem Zahlungsverlangen Nachdruck verleihen. Auch die Bestellung von rechtlich möglichen Bauhandwerksicherungshypotheken führt in der Regel nicht zur werthaltigen Absicherungen eigener Zahlungsansprüche, da die vorrangigen Grundbuchrangstellen meist für die Finanzierung der Bauwerke bereits vergeben sind.

Insoweit wird das Handeln der mittelständischen Bauunternehmen nicht nur durch absatz-, produktions- und beschaffungsbedingte Zusammenhänge und Besonderheiten beeinflusst, sondern kann auch im ungewöhnlichen Maße von der Zahlungsfähigkeit und Zahlungswilligkeit einzelner Bauherren abhängen, zumal sich das Bauvolumen der mittelständischen Bauunternehmen häufig auf relativ wenige Bauaufträge verteilt.

2.1.3 Erscheinungsbild mittelständischer Bauunternehmen

Im Bemühen für die Arbeit die branchenbedingten Einflüsse auf das Handeln mittelständischer Bauunternehmen herauszuarbeiten, ist es auch erforderlich die Betrachtung auf die spezifische Führungsorganisation in diesen Unternehmen zu erweitern.

In der Regel handelt es sich bei den mittelständischen Bauunternehmen um Familienbetriebe, deren Führungsorganisation wenig mit einer klassischen Betriebsorganisation mit klar geregelter Arbeitsteilung und eindeutigen Organisations- und Delegationsprinzipien gemein hat. Der Bauunternehmer ist in dieser „Zuruforganisation" oberste Instanz und erledigt meist die unternehmensbezogenen Führungsaufgaben der technischen und kaufmännischen Leitung in Personalunion. Diese Alleinverantwortung ergibt sich zum einen aus seinem Eigentum am Bauunternehmen und zum anderen größtenteils aus der höchsten Fachkompetenz bezüglich der Leistungserstellung seines Betriebes.

In den mittelständischen Bauunternehmen erledigt der Bauunternehmer neben unternehmensbezogenen Führungsaufgaben häufig auch auftragsbezogene Führungsaufgaben, wie Auftragsakquisition, Angebotskalkulation, Aufmaß und Abrechnung von

37 Vgl. Rheindorf, M. (1991), S. 17.

Bauleistungen sowie die direkte bzw. indirekte Leitung und Überwachung der Baustellen. Die Vielzahl dieser auftragsbezogenen Führungsaufgaben und die Neigung des Bauunternehmers, der traditionell technisch orientiert ausgebildet ist,[38] anstehende Probleme nur mehr unter auftragsbezogenen Gesichtspunkten zu betrachten, führt wechselseitig wiederum dazu, dass in vielen mittelständischen Bauunternehmen das unternehmensbezogene Führungsverhalten weitgehend auf Erfahrung, Intuition und Improvisation basiert und deren betriebswirtschaftliches Vorgehen vergleichsweise als relativ unsystematisch bezeichnet werden kann. Zudem steht in der Regel für den Verwaltungsbereich kaum Personal mit einer bauspezifischen Qualifikation im betriebswirtschaftlichen Bereich zur Verfügung, da die Betriebswirtschaftslehre die Entwicklung einer Branchenbetriebswirtschaftslehre für die Bauwirtschaft bisher stark vernachlässigt hat.

Abschließend wird zur besseren inhaltlichen Ausdeutung aus den erhobenen Strukturdaten ein typisches Erscheinungsbild mittelständischer Bauunternehmen entworfen, das den Charakter dieser Unternehmen wenigstens kurz skizzieren und für die weiteren Ausführungen als Erkenntnishilfe dienen soll. Das typische Erscheinungsbild mittelständische Bauunternehmen ist in Tabelle 2-8 dargestellt.

Die Beschäftigtenzahl, wie sie aus der Stichprobe 1998 gebildet werden kann, beträgt bei den antwortenden mittelständischen Unternehmen durchschnittlich 42 Mitarbeiter, wobei sich die Unternehmensführung in diesen Bauunternehmen jeweils aus drei technischen bzw. drei kaufmännischen Mitarbeitern zusammensetzt und mit 36 gewerblichen Mitarbeiter die überwiegende Zahl der Beschäftigten auf Baustellen im Wirkungskreis zwischen 25 und 50 km (36 ≅ 54,5 %) tätig sind.

Vermutlich durch die traditionelle Trennung von Planung und Ausführung im Bauwesen ist das Gros der mittelständischen Bauunternehmen gezwungen, für verschiedene Arten von Bauaufträgen seine personellen und sachlichen Kapazitäten bereitzustellen. So antworten rund 53 % (31 ≅ 52,5 %) der mittelständischen Bauunternehmen, dass sie in mehr als in einer Bausparte schwerpunktmäßig tätig sind. Davon geben über die Hälfte (17 ≅ 54,8 %) an, in zwei Bausparten zu arbeiten, wobei die Bereiche Hoch- und Tiefbau die Schwerpunkte (8 ≅ 41,8 %) bilden. Dagegen sind rund 48 % der mit-

38 Daran wird sich im Prinzip nicht viel ändern, weil im Baugewerbe kaum ein wirtschaftlicher Aspekt ohne bautechnisches Wissen und Erfahrungen beherrschbar ist.

telständischen Bauunternehmen (28 ≅ 47,5 %) ausschließlich in einer Bausparte mit dem Schwerpunkt Hochbau (22 ≅ 78,6 %) tätig.

Wesens- und Strukturmerkmale	Unternehmen insgesamt			Unternehmensgrößenklassen nach Beschäftigten								
				< 20			20 - 99			> 99		
Rechtsform	GmbH			GmbH			GmbH & Co.KG			GmbH & Co.KG		
	abs.	abs.	in %	abs.	abs.	in %	abs.	abs.	in %	abs.	abs.	in %
	139	54	38,8	60	28	46,7	67	25	37,3	12	7	58,3
Ø Anzahl Mitarbeiter	≅40			≅11			≅42			≅172		
davon Ø gewerbliche Mitarbeiter	≅34			≅ 9			≅36			≅149		
davon Ø technische Angestellte	≅ 3			≅ 1			≅ 3			≅ 13		
davon Ø kaufmänn. Angestellte	≅ 3			≅ 1			≅ 3			≅ 10		
Jahresumsatz (DM) 1 DM = 0,51129 EUR	< 5 Mio.			< 2 Mio.			2 ≤ x < 10 Mio.			20 ≤ x ≤ 40 Mio.		
	abs.	abs.	in %	abs.	abs.	in %	abs.	abs.	in %	abs.	abs.	in %
	138	82	59,4	59	41	69,5	67	49	73,3	12	8	66,7
Verteilung Jahresumsatz												
Ø auf öffentliche Hand	36,6 %			20,6 %			33,8 %			52,7 %		
Ø auf privater Wohnungsbau	23,6 %			57,0 %			26,3 %			6,0 %		
Ø auf gewerblicher Wohnungsbau	12,6 %			9,1 %			16,2 %			7,7 %		
Ø auf Industrie & Wirtschaft	27,1 %			13,0 %			23,7 %			33,7 %		
Wirkungskreis	25 ≤ x ≤ 50 km			25 ≤ x ≤ 50 km			25 ≤ x ≤ 50 km			25 ≤ x ≤ 50 km		
	abs.	abs.	in %	abs.	abs.	in %	abs.	abs.	in %	abs.	abs.	in %
	138	67	48,6	60	26	43,3	66	36	54,5	12	5	41,7
Ø Angebotserfolgsquote	23,5 %			30,4 %			18,5 %			15,8 %		
Spartenanzahl	1			1			> 1			> 1		
	abs.	abs.	in %	abs.	abs.	in %	abs.	abs.	in %	abs.	abs.	in %
	122	72	59,0	53	41	77,4	59	31	52,5	10	7	70,0

Tabelle 2-8: Erscheinungsbild mittelständischer Bauunternehmen in der Stichprobe 1998

Der Jahresumsatz beträgt in fast drei Viertel (49 ≅ 73,1 %) der mittelständischen Bauunternehmen zwischen 2 und 10. Mio. DM und verteilt sich durchschnittlich auf öffentliche Auftraggeber mit 33,8 % und private Auftraggeber mit 26,3 % gefolgt von Wirtschaft & Industrie mit 23,7 % und dem gewerblichen Wohnungsbau mit 16,2 % Umsatzanteil.

Ferner erhält nach Angabe der antwortenden mittelständischen Bauunternehmen nicht einmal jedes fünfte (18,5 %) eingereichte Angebot den Zuschlag, was bei geringen Auftragsreichweiten (Auftragsrisiko) in der Regel dazu führt, dass eine Vielzahl von nicht selektierten Angeboten oft unter Zeitdruck erstellt werden muss, woraus sich zwangsläufig ein hohes Kalkulationsrisiko ergibt.

2.2 Controlling in mittelständischen Bauunternehmen

Die in den vorausgegangenen Ausführungen skizzierte personengeprägte Unternehmensstruktur führt in vielen mittelständischen Bauunternehmen häufig dazu, dass dort die betriebswirtschaftliche Unternehmensführung durch den Bauunternehmer mehr „mitläufig", manchmal nur „beiläufig" abgedeckt werden. In Zeiten eines sich rasant beschleunigenden Strukturwandels im Baugewerbe genügt es aber nicht mehr, mittelständische Bauunternehmen im Sinne einer bloßen Improvisation zu führen; Fingerspitzengefühl und Erfahrungswerte sind zwar für die Unternehmensführung im mittelständischen Bauunternehmen nach wie vor unerlässlich, doch sind sie weder für die mittelfristige Existenzerhaltung noch für die langfristige Existenzsicherung eines mittelständischen Bauunternehmens ausreichend.

Vielmehr ist es notwendig, das ausschließliche Vertrauen auf die eigenen Erfahrungen in den mittelständischen Bauunternehmen durch eine systematische, zukunftsorientierte Unternehmensführung zu ergänzen, um das frühzeitige Erkennen von Handlungsbedarf und das darauf abgeleitete Erarbeiten und Einleiten von existenzsichernden und existenzerhaltenden Maßnahmen sicherzustellen. Hier soll das Unternehmenscontrolling in mittelständischen Bauunternehmen, dessen Grundgedanke auf einer zukunftsorientierten Steuerung der Unternehmenstätigkeit beruht,[39] Hilfestellung leisten.

Zur Entwicklung eines theoriegeleiteten aber zugleich anwendungsbezogenen Unternehmenscontrolling in mittelständischen Bauunternehmen werden nachfolgend die empirischen Erhebungsergebnisse zum Stellenwert und Umsetzung des Controlling in mittelständischen Bauunternehmen aus dem Jahr 1998 vorgestellt, bevor Grundlagen zum Controlling betrachtet werden und die Zwecksetzung der Controlling-Konzeption in mittelständischen Bauunternehmen erläutert wird.

---

39 Vgl. Heitkamp, E. (1985), S. 3.

2.2.1 Stellenwert und Umsetzung des Controlling in mittelständischen Bauunternehmen

Kaum ein anderes betriebswirtschaftliches Thema ist gegenwärtig mehr im Gespräch als das Controlling. Dies hat zur Folge, dass eine sehr große Meinungsvielfalt darüber besteht, was Controlling beinhaltet, wo seine Führungsaufgaben liegen und ob Controlling überhaupt ein eigenes Aufgabengebiet innerhalb der Unternehmensführung ist. Preißler beschreibt diesen Umstand zutreffend: „Jeder hat seine eigenen Vorstellungen darüber, was Controlling bedeutet oder bedeuten sollte, doch jeder meint etwas anderes, wenn er von Controlling spricht."[40] Entsprechend verbinden und gewichten auch die Antwort gebenden mittelständischen Bauunternehmen Controlling mit unterschiedlichen Begrifflichkeiten, wie in Tabelle 2-9 dargestellt.

Was verbinden Sie mit dem Begriff Controlling?	Unternehmen insgesamt		Unternehmensgrößenklassen nach Beschäftigten					
			< 20		20 - 99		> 99	
Antwort gebende Unternehmen	abs.	in %	abs.	in %	abs.	in %	abs.	in %
	137	100,0	58	42,3	67	48,9	12	8,8
Nennungen	abs.	in %	abs.	in %	abs.	in %	abs.	in %
Planung	72	20,6	25	18,5	38	21,6	9	23,7
Kontrolle	98	28,1	39	28,9	50	28,4	9	23,7
Organisation	92	26,4	43	31,9	41	23,3	8	21,1
Leitung	42	12,0	12	8,9	24	13,6	6	15,8
Informationsversorgung	39	11,2	14	10,4	19	10,8	6	15,8
Sonstiges	6	1,7	2	1,5	4	2,3	0	0,0
Σ	349	100,0	135	100,0	176	100,0	38	100,0

Tabelle 2-9: Begriffsverständnis Controlling in der Stichprobe 1998

Überdies kann festgestellt werden, dass Controlling in den mittelständischen Bauunternehmen mittlerweile auch kein Fremdwort mehr ist. Die Mehrzahl (47 ≅ 70,2 %) der antwortenden mittelständischen Bauunternehmen geben an, einen mittleren bis sehr hohen Kenntnisstand im Hinblick auf das Themenfeld Controlling zu haben. Die diesbezüglichen Kenntnisse werden in den antwortenden mittelständischen Bauunternehmen überwiegend durch Fachzeitschriften (46 ≅ 38,3 %), Verbandsmitteilungen (41 ≅ 34,2 %) und durch die Teilnahme an Fort- und Ausbildungsmaßnahmen (22 ≅ 18,3 %) erworben.

---

40 Vgl. Preißler, P.R. (2007), S. 14.

Wie stufen Sie den Kenntnisstand zum Thema Controlling in Ihrem Baubetrieb ein?	Unternehmen insgesamt		Unternehmensgrößenklassen nach Beschäftigten					
			< 20		20 - 99		> 99	
	abs.	in %	abs.	in %	abs.	in %	abs.	in %
sehr gering	26	19,0	21	36,2	5	7,5	0	0,0
gering	28	20,4	9	15,5	15	22,4	4	33,3
mittel	60	43,8	23	39,7	33	49,3	4	33,3
hoch	19	13,9	5	8,6	11	16,4	3	25,0
sehr hoch	4	2,9	0	0,0	3	4,5	1	8,3
Σ	137	100,0	58	100,0	67	100,0	12	100,0

Tabelle 2-10: Kenntnisstand Controlling in der Stichprobe 1998

Dennoch wird die Bedeutung von Controlling offensichtlich unterschätzt. So räumen lediglich 34 % (23 ≅ 34,3 %) der mittelständischen Bauunternehmen Controlling eine hohe bis sehr hohe Bedeutung ein. Die Antworten deuten darauf hin, dass Controlling in den antwortenden mittelständischen Bauunternehmen durchaus „evident" ist, trotzdem nimmt sich der Umfang seiner Anwendung bei näherer Betrachtung vergleichsweise bescheiden aus.

Welche Bedeutung hat Controlling in Ihrem Bauunternehmen?	Unternehmen insgesamt		Unternehmensgrößenklassen nach Beschäftigten					
			< 20		20 - 99		> 99	
	abs.	in %	abs.	in %	abs.	in %	abs.	in %
sehr gering	22	16,2	17	29,8	5	7,5	0	0,0
gering	29	21,3	9	15,8	16	23,9	4	33,3
mittel	46	33,8	19	33,3	23	34,3	4	33,3
hoch	29	21,3	11	19,3	15	22,4	3	25,0
sehr hoch	10	7,4	1	1,8	8	11,9	1	8,3
Σ	136	100,0	57	100,0	67	100,0	12	100,0

Tabelle 2-11: Bedeutung Controlling in der Stichprobe 1998

Auf die Fragen, ob in den mittelständischen Bauunternehmen über die Einführung bzw. Umsetzung von Controlling diskutiert wird, antwortet fast jedes zweite der mittelständischen Bauunternehmen (27 ≅ 40,3 %) mit „Nein". Als Hauptgrund für den Nichteinsatz von Controlling wird in den mittelständischen Bauunternehmen das Argument (12 ≅ 40,0 %) angeführt, dass durch Controlling keine wesentlichen Vorteile für das Unternehmen zu erkennen sind. Ein Argument, das nicht sehr übzeugend wirkt, da das darin vermutete unternehmerische „Fingerspitzengefühl" eine allzu oft missbrauchte Ausrede ist. Im weiteren werden für den fehlenden Controllingeinsatz, die in Tabelle 2-12 dargestellten Gründe genannt.

Welche Gründe sprechen dafür, dass in Ihrem Baubetrieb die Einführung bzw. Umsetzung von Controlling abgelehnt wurde?	Unternehmen insgesamt		Unternehmensgrößenklassen nach Beschäftigten					
			< 20		20 - 99		> 99	
Antwort gebende Unternehmen	abs.	in %	abs.	in %	abs.	in %	abs.	in %
	73	100,0	42	57,5	27	37,0	4	5,5
Nennungen	abs.	in %	abs.	in %	abs.	in %	abs.	in %
fehlende fachl. Voraussetzungen	20	24,4	10	21,7	8	26,7	2	33,3
fehlende techn. Voraussetzungen	11	13,4	5	10,9	4	13,3	2	33,3
keine wesentlichen Vorteile	32	39,0	18	39,1	12	40,0	2	33,3
finanzielle Erwägungen	19	23,2	13	28,3	6	20,0	0	0,0
Σ	82	100,0	46	100,0	30	100,0	6	100,0

Tabelle 2-12: Gründe für den Nichteinsatz von Controlling in der Stichprobe 1998

Die rund 60 % der mittelständischen Bauunternehmen (40 ≅ 59,7 %), die einem Controllingeinsatz aufgeschlossen gegenüberstehen, nennen überwiegend den Kosten- und Leistungsdruck (38 ≅ 67,9 %) gefolgt vom Informationsdefizit (13 ≅ 23,2 %) und der tendenziell stagnierenden Nachfrage (4 ≅ 7,1 %) als Grund für ihr aktives Führungsverhalten. Die Ergebnisse zeigen insbesondere die Bedeutung des Wettbewerbs als außerbetriebliche Einflussgröße auf den Controllingeinsatz. Bei Betätigung in enger werdenden Märkten erkennen sie zunächst, dass ihre Konkurrenzfähigkeit unter dem steigenden Kostendruck zu leiden beginnt.

In Anbetracht der Tatsache, dass aber mehr als drei Viertel der antwortenden mittelständischen Bauunternehmen (53 ≅ 79,1 %) zuvor ihren Kenntnisstand in Bezug auf Controlling als sehr gering bis mittel einschätzen, liegt die Vermutung nahe, dass auch in den mittelständischen Bauunternehmen, die angeben, Controlling zu praktizieren, zu wenig controllingbezogene Kenntnisse vorhanden sind, um die Möglichkeiten einer zukunftsorientierten Steuerung der Unternehmenstätigkeit voll ausschöpfen.

Angesichts dieser Erhebungsergebnisse muss vermutet werden, dass in vielen mittelständischen Bauunternehmen weder die theoretischen Grundlagen noch die betriebswirtschaftlichen Führungsinstrumente und entscheidungsorientierten Führungsrechnungen für ein Unternehmenscontrolling ausreichend bekannt sind. Ausgehend von diesen Defiziten erscheint die Betrachtung von Grundlagen zum Controlling als unerlässlich.

2.2.2 Grundlagen zum Controlling

Zwar ist Controlling in der betriebswirtschaftlichen Theorie weitläufig als Führungshilfe innerhalb der Unternehmensführung anerkannt,[41] dennoch besteht keine einheitliche Auffassung über die Aufgabenzuweisung des Controlling innerhalb der Unternehmensführung. Dadurch gestaltet es sich für die Unternehmenspraxis oft schwierig, den Aufgabenbereich des Controlling zweckbezogen mit der Maßgabe zu bestimmen, wo Controlling als Führungshilfe innerhalb der Unternehmensführung anfängt und wo es aufhört.

Die nachfolgenden Ausführungen streben daher an, ausgehend von den Begriffsbestimmungen der Unternehmensführung und Unternehmensziele, die wahrzunehmenden Aufgaben des Controlling innerhalb der Unternehmensführung zu bestimmen, um danach maßgebliche konzeptionelle Ansätze des Controlling vorzustellen.

2.2.2.1 Unternehmensführung und Unternehmensziele

Für eine Aufgabenzuweisung des Controlling innerhalb der Unternehmensführung muss zunächst der Begriff der Unternehmensführung geklärt werden. Der Begriff der Unternehmensführung ist in der betriebswirtschaftlichen Theorie nicht allgemeingültig festgelegt. Vielmehr gibt es diesbezüglich eine Vielzahl unterschiedlicher Begriffsbestimmungen, die häufig dieselben Gegebenheiten mit unterschiedlichen Begriffen bzw. unterschiedliche Sachverhalte mit identischen Begriffen belegen. Um zu einer Begriffsbestimmung der Unternehmensführung für die vorliegende Arbeit zu gelangen, ist die Zerlegung des Begriffs Unternehmensführung in seine zwei begrifflichen Bestandteile „Unternehmen“ und „Führung“ hilfreich.

Zur Begriffsbestimmung von Unternehmen dient in der Betriebswirtschaftlehre der Systemansatz als eine methodische Strukturierungshilfe.[42] Unter einem System ist eine geordnete Gesamtheit von Elementen zu verstehen, „zwischen denen irgendwelche Beziehungen bestehen oder hergestellt werden können.“[43] Die Elemente eines Systems

---

41 Vgl. Küpper, H.U. / Weber, J. / Zünd, A. (1990), S. 282.

42 Der Systemansatz wurde erstmals durch Ulrich, der das Unternehmen als produktives soziales System auffasst, für die Betriebswirtschaftslehre mit dem Zweck der Komplexitätsreduktion nutzbar gemacht (vgl. Ulrich, H. (1970), S. 134).

43 Vgl. Ulrich, H. (1970), S. 105.

können selbst wiederum Systeme sein, sogenannte Teilsysteme. Der Systemansatz ist also dazu geeignet, einen komplexen Betrachtungsgegenstand wie das System „Unternehmen" in seine Bestandteile, also Teilsysteme, zu zerlegen, um deren Wechselbeziehungen beschreiben zu können.

Demnach kann ein Unternehmen, das hier als sozio-technisches System verstanden wird,[44] in ein Führungs- und Ausführungssystem unterteilt werden. Während das Führungssystem vorrangig für das Vorbereiten und Treffen von Entscheidungen verantwortlich ist, besteht die Aufgabe des Ausführungssystems in der Umsetzung der in dem Führungssystem getroffenen Entscheidungen.[45] Zugleich ist das System „Unternehmen" mit seinen Teilsystemen aber auch ein Teilsystem im umfassenderen System „Umwelt" und steht damit auch in veränderlichen Wechselbeziehungen zu den Mitbewerbern, den Kunden, den Lieferanten und dem Staat. Vor diesem Hintergrund kann ein Unternehmen als ein offenes, komplexes, dynamisches sozio-technisches System charakterisiert werden, dessen Elemente personelle und maschinelle Aktionsträger sind,[46] die zur Verwirklichung von Überschüssen bzw. Gewinnen und anderen Zielen Güter zur Fremdbedarfdeckung erstellen.[47]

Die Begriffsbestimmung von „Führung" kann in der Betriebswirtschaftslehre auf verschiedenen Betrachtungsebenen erfolgen. So lassen sich beispielsweise systembezogene, institutionale aber auch prozessuale Betrachtungsebenen unterscheiden. Die systembezogene Betrachtungsebene beschreibt Führung als Teilsystem des bereits beschriebenen offenen, komplexen, dynamischen sozio-technischen Systems „Unternehmen". Die institutionale Betrachtungsebene erfasst die Gesamtheit der Träger der Führungstätigkeiten.[48] Man unterscheidet hier entsprechend der organisatorischen Gliederung mehrere Führungsebenen, wie z.B. obere, mittlere und untere Führungsebene.[49] Auf der hier vorrangigen prozessualen Betrachtungsebene, vollzieht sich Führung als Tätigkeit in einem „Prozess der Willensbildung und -durchsetzung gegenüber anderen

---

44 Grochla definiert ein sozio-technisches System „als eine Menge von in Beziehung stehenden Menschen und Maschinen, die unter bestimmten Bedingungen nach festgelegten Regeln bestimmte Aufgaben erfüllen." (vgl. Grochla, E. (1978), S. 10).

45 Vgl. Becker, W. (1990), S. 299.

46 Vgl. Grochla, E. (1978), S. 10.

47 Vgl. Hahn, D. / Hungenberg, H. (2001), S. 10.

48 Vgl. Hahn, D. / Hungenberg, H. (2001), S. 28.

49 Vgl. Hahn, D. / Hungenberg, H. (2001), S. 29.

grundsätzlich weisungsgebundenen Personen unter Übernahme der hiermit verbundenen Verantwortung."[50] Dieser Prozess, der in Abbildung 2-5 dargestellt ist, kann als Problemlösungsprozess mit den Phasen Problemstellung, Alternativensuche, Beurteilung, Entscheidung, Realisation und Kontrolle gesehen werden.[51]

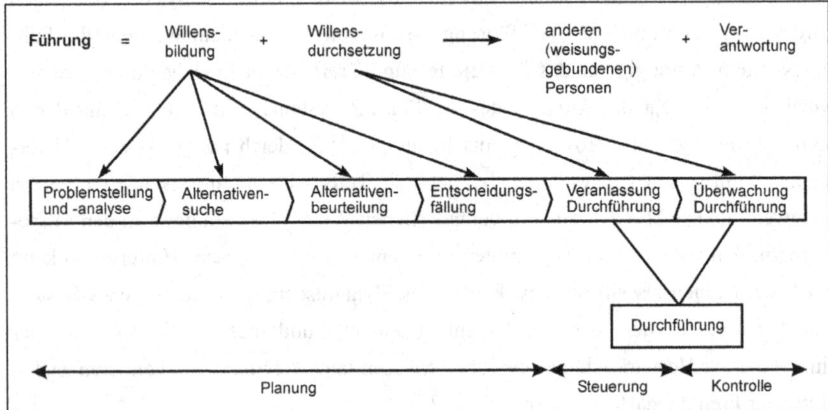

Abbildung 2-5: Führung als Prozess der Willensbildung und Willensdurchsetzung[52]

Demnach kann der stets zukunftsbezogene Willensbildungsprozess als Planung, der Willensdurchsetzungsprozess als Steuerung und Kontrolle ausgelegt werden.[53] Die Planung ist in diesem Sinne als Vorwegnahme zukünftigen Handelns durch Abwägen verschiedener Handlungsmöglichkeiten und die Entscheidung für den günstigsten Weg zur Zielerreichung zu verstehen. Entsprechend wird hier unter Planung „ein systematisches zukunftsbezogenes Durchdenken und Festlegen von Zielen, Maßnahmen, Mitteln und Wegen zur zukünftigen Zielereichung" verstanden.[54]

Die Steuerung umfasst die detaillierte Festlegung und Veranlassung der Durchführung der Entscheidungsergebnisse und dient zusammen mit der Durchführung der Realisa-

---

50 Vgl. Hahn, D. (1987), S. 15.

51 Vgl. Hahn, D. / Hungenberg, H. (2001), S. 32 ff.

52 In Anlehnung an Hahn, D. (1987), S.15.

53 Vgl. Hahn, D. / Hungenberg, H. (2001), S. 37.

54 Vgl. Wild, J. (1982), S. 13.

tion der Planung.[55] Die Kontrolle folgt der Durchführung und ist die notwendige Ergänzung der Planung, da Planung ohne Kontrolle sinnlos und Kontrolle ohne Planung nicht möglich ist.[56] Die Kontrolle beinhaltet im Kern das Vergleichen von Entscheidungs- und Durchführungsergebnissen mit anschließender Abweichungsanalyse, um im Abweichungsfalle die Durchführung von Korrekturmaßnahmen einleiten und längerfristig wirksame Lerneffekte für die Neuplanung nutzen zu können.[57] Die Kontrolle bildet so den Ausgangspunkt für die Neuplanung und damit für einen neu beginnenden Prozess der Willensbildung und Willensdurchsetzung.

Da dieser Prozess durch steuernde Vor- und kontrollierende Rückkopplungsbeziehungen gekennzeichnet ist, können Planung, Steuerung und Kontrolle durch ihr Zusammenwirken als Komponenten eines geschlossenen sich ständig wiederholenden Regelkreises gesehen werden.[58] Ein Regelkreis, ist ein aus der Kybernetik stammendes Modell, das einen Kreis beschreibt, in dem ein geschlossener Wirkungskreislauf, die Regelung, stattfindet.[59] Unter Regelung ist ein Vorgang zu verstehen, „bei dem eine zu regelnde Größe (Regelgröße) fortlaufend erfasst, mit einer anderen Größe, der Führungsgröße, verglichen und abhängig vom Ergebnis dieses Vergleichs im Sinne einer Angleichung an die Führungsgröße beeinflusst wird.“[60] Die Führungsgröße ist in diesem Zusammenhang als ein von der Unternehmensführung geforderter Sollzustand im Hinblick auf ein festgelegtes Ziel zu verstehen.[61]

Die begrifflichen Bestandteile „Unternehmen“ und „Führung“ zusammen betrachtet, umfasst die Unternehmensführung somit prinzipiell die Aufgabenfelder der zielgerichteten Gestaltung und Lenkung (Steuerung und Regelung) des offenen, komplexen, dynamischen, sozio-technischen Systems „Unternehmen“ sowohl unter technisch-wirtschaftlichen Sachaspekten als auch unter personellen Verhaltensaspekten.[62]

---

55 Vgl. Hahn, D. / Hungenberg, H. (2001), S. 47.

56 Vgl. Wild, J. (1982), S. 44.

57 Vgl. Hahn, D. / Hungenberg, H. (2001), S. 47 ff.

58 Vgl. Hahn, D. / Hungenberg, H. (2001), S. 50.

59 Vgl. Schiemenz, B. (1996), S. 712.

60 Vgl. Schiemenz, B. (1996), S. 712.

61 Vgl. Becker, W. (1990), S. 302.

62 Vgl. Becker, W. (1999), S. 2 und Wild, der Führung (oder Management) auch als „zielorientierte Gestaltung und Steuerung sozialer Systeme“ definiert. (vgl. Wild, J. (1982), S. 32).

Im Rahmen der so verstandenen Unternehmensführung ist die Festlegung von Zielen unentbehrlich, da ohne Ziele eine Planung, Steuerung und Kontrolle der Unternehmenstätigkeit nicht sinnvoll möglich ist. Als Ziele werden hier zukünftige erstrebte Zustände verstanden,[63] die durch entsprechend ausgerichtetes Handeln angestrebt werden und daher die zentralen Größen des Führungsprozesses darstellen.[64]

Das übergeordnete Ziel unternehmerischen Handelns besteht in der Erhaltung und Sicherung der Existenz von Unternehmen.[65] Aus diesem Oberziel lassen sich verschiedene Unterziele für das unternehmerische Handeln ableiten, die in Sach-, Wert- und Sozialziele eingeteilt werden können.[66] Die Sachziele bestimmen die am Markt angebotenen Leistungen eines Unternehmens. Die Wertziele treffen Aussagen über einen erwarteten Erfolg und die Liquidität der Unternehmung. Die Sozialziele betreffen schließlich die beschäftigten Mitarbeiter und die Gesellschaft.

Durch die Konkretisierung dieser Ziele werden Unternehmensziele festgelegt, die in Leistungs-, Finanz- und Erfolgsziele eingeteilt werden können:[67] Die Leistungsziele beziehen sich auf den Produktionsprozess in einem Unternehmen. Konkrete Leistungsziele sind z.B. Absatz-, Produktions- und Beschaffungsziele. Finanzziele beschäftigen sich mit dem finanziellen Bereich in einem Unternehmen. In diese Kategorie fallen insbesondere Liquiditäts-, Investitions- und Finanzierungsziele. Die Erfolgsziele drücken die gewünschte Wirtschaftlichkeit eines Unternehmens aus. Typische Erfolgziele sind beispielsweise Umsatz-, Wertschöpfungs-, Gewinn- und Rentabilitätsziele.[68]

---

63 Vgl. Hahn, D. / Hungenberg, H. (2001), S. 11.

64 Vgl. Wild, J. (1982), S. 52.

65 Vgl. Becker, W. (1996a), S. 32.

66 Vgl. Hahn, D. / Hungenberg, H. (2001), S. 18 f.

67 Vgl. Diemand, F. (2001), S. 23.

68 Einen Katalog möglicher Unternehmensziele für Bauunternehmen ist aufgeführt bei Diederichs, C.J. (1996a), S. 12.

2.2.2.2 Aufgaben des Controlling innerhalb der Unternehmensführung

Bei der Aufgabenzuweisung für das Controlling innerhalb der Unternehmensführung wird hier vom Begriff Controlling ausgegangen. Der Begriff Controlling kommt aus dem Englischen, wird aber im deutschen Sprachraum ohne Übersetzung verwendet. Die Ursache hierfür liegt wohl in den unterschiedlichen Bedeutungen, die sich aus dem englischen Verb „to control" ableiten lassen. In der deutschen Übersetzung wird das Verb „to control" mit den unterschiedlichen Bedeutungen „steuern", „regeln" „(nach)prüfen" und „kontrollieren" übersetzt. Da aber „steuern", „regeln" „(nach)prüfen" und „kontrollieren" ohne ein Festlegen von Zielen, Maßnahmen, Mitteln und Wegen zur zukünftigen Zielereichung nicht sinnvoll möglich sind, umfasst die deutsche Bedeutung des Controlling neben der Steuerung und der Kontrolle auch den Aufgabenbereich der Planung.

Somit wird deutlich, dass im deutschen Sprachgebrauch die einfache Gleichsetzung der Begrifflichkeiten „Controlling" und „Kontrolle", im Sinne einer laufenden Beobachtung oder Feststellung von Sachverhalten, falsch ist. Die Kontrolle ist lediglich eine Teilaufgabe des Controlling. Controlling geht damit über den Aufgabenbereich der Kontrolle hinaus und beinhaltet auch die Aufgabenbereiche Planung und Steuerung.[69] Allerdings obliegen die Planung, Steuerung und Kontrolle einschließlich ihrer Zielbestimmungen im wesentlichen Teil selbst der Unternehmensführung als Führungsaufgaben im Unternehmen. Folglich besteht die Aufgabe des Controlling in der Unterstützung der Unternehmensführung bei Planung, Steuerung und Kontrolle, in dem es die Bereitstellung von führungsrelevanten Fakten- und Methodenwissen unterstützt und durch adäquate Kommunikationsprozesse zu einer zielorientierten, koordinierten Verwendung dieses Wissens durch die Führungsverantwortlichen beiträgt.[70]

Abbildung 2-6 veranschaulicht diese Führungsunterstützung durch Controlling innerhalb der Unternehmensführung.

---

69 Vgl. Hahn, D. / Hungenberg, H. (2001), S. 265.

70 Vgl. Küpper, H.U. / Weber, J. / Zünd, A. (1990), S. 283.

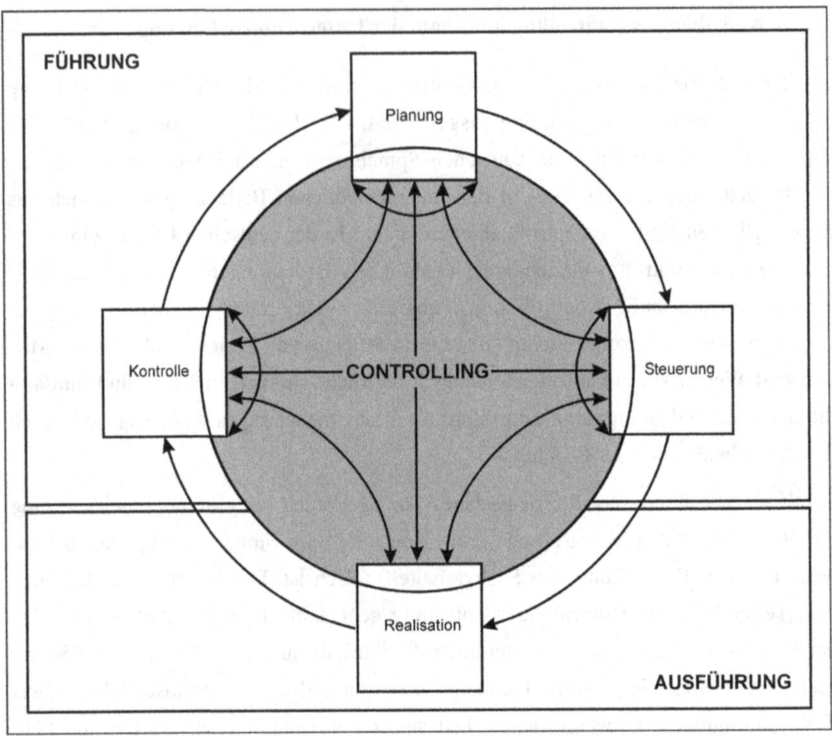

Abbildung 2-6: Führungsunterstützung durch Controlling[71]

Diese Aufgabenzuweisung für das Controlling innerhalb der Unternehmensführung wird noch deutlicher, wenn die Träger der Führungstätigkeiten in die Betrachtung miteinbezogen werden. Dies soll anhand des folgenden Beispiels erfolgen: Das Unternehmen ist ein Flugzeug, das den wirtschaftlichen Erfolg als Ziel ansteuert. Hierbei wird die Unternehmensführung einem Flugkapitän und der Controller einem Fluglotsen gleichgestellt. Wenn das Flugzeug nun ohne Fluglotsen den wirtschaftlichen Erfolg als Ziel ansteuert, fliegt es im Blindflug.[72] Die Aufgabe des Fluglotsen besteht also darin, Umwelteinflüsse und Kursabweichungen früh zu erkennen und dem Kapitän Kurskorrekturen vorzuschlagen, um den wirtschaftlichen Erfolg als Ziel zu erreichen.

71 In Anlehnung an Becker, W. (1999), S. 4.

72 Vgl. Jacob, D. (2000), S. 54.

Der Controller zeigt Abweichungen auf und schlägt der Unternehmensführung geeignete Maßnahmen zur Beseitigung der Abweichungsursachen vor. Die Unternehmensführung behält ihre Entscheidungskompetenz. Der Controller ist im Gegensatz zur Unternehmensführung keine Entscheidungsinstanz, er unterstützt lediglich die Entscheidungsfindung. Der Controller ist also so etwas wie ein unternehmensinterner Unternehmensberater.

Dementsprechend gliederte bereits 1962 das amerikanische Financial Executive Institute (FEI) die Aufgaben des Controllers in folgende sieben Bereiche:[73]

- Planung,
- Berichterstattung und Interpretation,
- Bewertung und Beratung,
- Steuerangelegenheiten,
- Berichterstattung an staatliche Stellen,
- Sicherung des Vermögens und
- Volkswirtschaftliche Untersuchungen.

In Anlehnung an diese auch als grundlegend zu bezeichnende Aufgabenzuweisung liegen in deutschen Unternehmen die Schwerpunkte der Controllertätigkeit deutlich bei den Aufgaben Planung, Berichterstattung und Interpretation sowie Bewertung und Beratung, während die übrigen Aufgaben in der Regel von anderen Stellen wahrgenommen werden.[74]

Werden die bisherigen Ausführungen zugrundegelegt, können dem Controlling innerhalb der Unternehmensführung nun Aufgaben zur Unterstützung von Planung, Steuerung und Kontrolle allgemein zugewiesen werden. Je nach Zwecksetzung des Controlling können aber Umfang und Inhalt der mit der Führungsunterstützung verbundenen Aufgaben deutlich voneinander abweichen. Um dies zu verdeutlichen werden nachfolgend maßgebliche konzeptionelle Ansätze des Controlling skizziert, die dem Controlling spezifische Aufgaben zur Führungsunterstützung zuweisen.

73 Vgl. Horváth, P. (2006), S. 25.

74 Vgl. Serfling, K. (1992), S. 23.

2.2.2.3 Konzeptionelle Ansätze des Controlling

Unter einer Controlling-Konzeption wird hier ein methodischer Ansatz verstanden, der Aussagen im Hinblick auf Ziele, Aufgaben sowie Instrumente des Controlling umfasst. Die zahlreichen Ansätze in der Literatur für eine Controlling-Konzeption lassen sich nach ihrer grundlegenden Zwecksetzung in zwei Hauptrichtungen aufteilen.

Die erste Hauptrichtung vertritt die Sicherung der Gewinnerzielung bei allen Handlungen und Entscheidungen im Unternehmen als grundlegende Zwecksetzung des Controlling.[75] Daher stellt bei einer gewinnzielorientierten Controlling-Konzeption das Erfolgsziel als Führungsgröße den Ausgangspunkt aller Überlegungen dar. So leiten beispielshalber Pfohl/Zettelmayer die Controllingaufgaben aus dem Erfolgsziel ab: „Das Erfolgziel stellt die Deduktionsbasis dar, aus der sich die controllingrelevanten Aufgaben ableiten lassen.“[76] Da aber das Erfolgziel als Führungsgröße eine rein quantitative, messbare monetäre Größe ist, wird in einer derartigen Controlling-Konzeption der Gegenstand des Controlling auf einen operativen-taktischen Aufgabenbereich beschränkt; sein Aufgabenbereich erstreckt sich nicht auf strategische Zielsetzungen. Insofern ist die Gewinnzielorientierung als grundlegende Zwecksetzung des Controlling kritisch zu sehen, da dieses Ziel in vielen Unternehmen schon bisher für die Planung, Steuerung und Kontrolle der Unternehmenstätigkeit bestimmend ist.

Die zweite Hauptrichtung sieht die grundlegende Zwecksetzung des Controlling in der Koordination der Unternehmensführung.[77] Ausgehend von der systemtheoretischen Betrachtung von Unternehmen entspricht die Unternehmensführung einem Führungssystem eines Unternehmens, das die Gesamtheit des Instrumentariums, der Regeln, Institutionen und Prozesse umfasst, mit denen Führungsaufgaben in einem sozialen System erfüllt werden.[78]

---

75 Vgl. Küpper, H.U. / Weber, J. (1995), S. 59.

76 Vgl. Pfohl, H.C. / Zettelmeyer, B. (1987), S. 149.

77 Vgl. Küpper, H.U. / Weber, J. (1995), S. 60.

78 Vgl. Wild, J. (1982), S. 32.

Als wichtigste Teilsysteme des Führungssystems sind zu nennen:[79]

- Wertsystem (allgemeine Führungsprinzipien),
- Zielsystem,
- Planungssystem,
- Organisationssystem,
- Kontrollsystem,
- Informationssystem,
- Personalführungssystem (Motivationskonzept und Anreizsystem).[80]

Durch diese Untergliederung bedarf das Führungssystem, welches das Ausführungssystem im Unternehmen koordiniert,[81] unter bestimmten Umständen selbst der Koordination um Ineffizienzen durch Schnittstellenprobleme zu verhindern.[82] In Bezug auf den Umfang der dabei einbezogenen Koordination der Unternehmensführung werden die informations-, die planungs- und kontroll- sowie die koordinationsorientierte Controlling-Konzeption als wichtige konzeptionelle Ansätze des Controlling unterschieden.[83]

Bei einer informationsorientierten Controlling-Konzeption besteht die grundlegende Zwecksetzung in der Koordination von Informationsbedarf, Informationserzeugung und Informationsbereitstellung.[84] So definiert beispielsweise Heigl: Controlling soll als „die Beschaffung, Aufbereitung und Prüfung von Informationen für deren Auswertung zur Steuerung der Betriebswirtschaft auf deren Ziele hin verstanden werden".[85] Somit besteht die Hauptaufgabe der informationsorientierten Controlling-Konzeption in der Entwicklung und Einführung z.B. einer entscheidungsorientierten Kosten- und

---

79 Vgl. Wild, J. (1982), S. 32 und Küpper, H.U. (2005), S. 29.

80 An dieser Stelle sei darauf hingewiesen, das es sich bei einer solchen Untergliederung des Führungssystems in einzelne Führungsteilsysteme um eine gedankliche Gliederung und nicht um eine organisatorische Ausgestaltung der Unternehmensführung handelt (vgl. Küpper, H.U. (2005), S. 36).

81 Während die das Ausführungssystem betreffende Koordination durch die Unternehmensführung als Primärkoordination (Koordination durch Führung) bezeichnet wird, wird die Koordination der Führungsteilsysteme innerhalb der Unternehmensführung mit Sekundärkoordination (Koordination der Führung) beschrieben. (vgl. Ossadnik, W. (1998), S. 18).

82 Vgl. Weber, J. (1992), S. 191.

83 Vgl. Küpper, H.U. / Weber, J. (1995), S. 60.

84 Vgl. Küpper, H.U. (2005), S. 25.

85 Vgl. Heigl, A. (1989), S. 3.

Leistungsrechnung, eines Berichtswesens und einer EDV-Unterstützung, um relevante Informationen für die Planung und Kontrolle ermitteln zu können. Die informationsorientierte Controlling-Konzeption wird daher als die notwendige Weiterentwicklung des traditionellen Rechnungswesens verstanden.[86]

Die planungs- und kontrollorientierte Controlling-Konzeption sieht die grundlegende Zwecksetzung des Controlling in der Koordination innerhalb und zwischen Planungs-, Kontroll- und Informationssystem.[87] So erklärt beispielsweise Horváth: „Controlling besteht in der ergebniszielorientierten Koordination von Planung und Kontrolle sowie Informationsversorgung.“[88] Die planungs- und kontrollorientierte Controlling-Konzeption bezieht damit die Koordinationsaufgabe der informationsorientierten Controlling-Konzeption mit ein und erweitert diese um die Koordinationsaufgabe innerhalb der Planung sowie ihre Abstimmung mit der Kontrolle.[89] Dabei gilt es zu berücksichtigen, dass die Planung und Kontrolle selbst nicht Aufgabe des Controlling ist, sondern lediglich die Koordination von Planungs- und Kontrollsystem sowie Informationsversorgungssystem. Diese Koordination trennt Horváth in eine systembildende und systemkoppelnde Koordination. Unter systembildender Koordination versteht er die „Schaffung einer Gebilde- und Prozessstruktur, die zur Abstimmung von Aufgaben beiträgt.”[90] Das Ergebnis der systembildenden Koordination sind z.B. die Organisation der Planungs- und Kontrollprozesse oder die Festlegung von Planungs- und Kontrollrichtlinien bis hin zur Gestaltung von Planungsformularen.[91] Dagegen soll die systemkoppelnde oder laufende Koordination unmittelbar eine Abstimmung in einer gegebenen Systemstruktur bewirken,[92] wobei Art und Umfang der systemkoppelnden Koordination wiederum davon abhängt, in welchem Maß Koordinationsprobleme bereits durch die systembildende Koordination gelöst wurden.[93] Als Beispiele für die

---

86 Vgl. Küpper, H.U. (2005), S. 26.

87 Vgl. Küpper, H.U. (2005), S. 26.

88 Vgl. Horváth, P. (2006), S. 132.

89 Vgl. Küpper, H.U. (2005), S. 26.

90 Vgl. Horváth, P. (2006), S. 108.

91 Vgl. Küpper, H.U. (2005), S. 26.

92 Vgl. Horváth, P. (2006), S. 110.

93 Vgl. Eschenbach, R. (1997), S. 105.

systemkoppelnde Koordination sind die Nutzung von Budgetierungs- oder Verrechnungspreissystemen zu nennen.[94]

Obgleich die planungs- und kontrollorientierte Controlling-Konzeption von einer anderen grundlegenden Zwecksetzung ausgeht, weist sie enge Beziehung zur einer gewinnzielorientierten Controlling-Konzeption auf.[95] Der Verschiedenheit liegt in der Betonung der Koordination als zentrale Zwecksetzung.[96] Im Gegensatz zu einer gewinnorientierten Controlling-Konzeption werden die Aufgaben des Controlling nicht auf einen operativen-taktischen Bereich beschränkt; die Koordination muss auch zwischen ihm und dem strategischen Aufgabenbereich erfolgen. Daher existiert in der planungs- und kontrollorientierten Controlling-Konzeption neben einem operativen auch ein strategisches Controlling.[97] Die Zielgröße des strategischen Controlling ist nach Horváth das Erfolgspotential.[98]

Deutlicher als bei einer informationsorientierten Controlling-Konzeption ist bei einem planungs- und kontrollorientierten Ansatz erkennbar, dass eine Koordination von mehreren Führungsteilsystemen erfolgt. Als zentraler Einwand gegen die planungs- und kontrollorientierte Controlling-Konzeption wird jedoch angeführt, dass die Koordinationsaufgabe auf einzelne Führungsteilsysteme beschränkt wird.[99] Daher geht die koordinationsorientierte Controlling-Konzeption von der Koordination des gesamten Führungssystems eines Unternehmens als grundlegende Zwecksetzung des Controlling aus.

Die koordinationsorientierte Controlling-Konzeption schließt demnach die Koordinationsaufgaben der informationsorientierten sowie der planungs- und kontrollorientierten Controlling-Konzeptionen ein und verfolgt darüber hinaus die Koordination aller Führungsteilsysteme des Führungssystems eines Unternehmens. So sieht beispielsweise Küpper die Koordination im Führungsgesamtsystem als eine grundlegende Zweckset-

---

94 Vgl. Eschenbach, R. (1997), S. 105.

95 Vgl. Küpper, H.U. (2005), S. 27.

96 Vgl. Küpper, H.U. (2005), S. 27.

97 Vgl. Horváth, P. (2006), S. 235.

98 Vgl. Horváth, P. (2006), S. 235, siehe weiterführend Kapitel 2.2.3.2 Führungsgrößen der Controlling-Konzeption.

99 Vgl. Weber, J. (1992), S. 191.

zung der koordinationsorientierten Controlling-Konzeption.[100] Den Inhalt der koordinationsorientierten Controlling-Konzeption von Küpper verdeutlicht Abbildung 2-7:

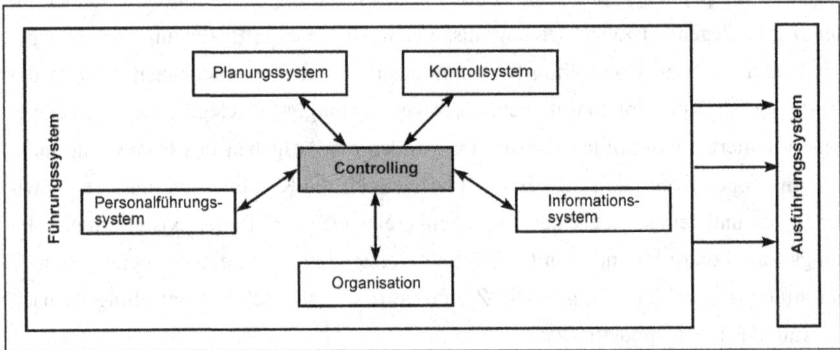

Abbildung 2-7: Controlling im Führungssystem der Unternehmung[101]

Neben dem Planungs-, Kontroll- und Informationssystem sind die Organisation und das Personalführungssystem Gegenstand der Koordination.[102] Durch seine grundlegende Zwecksetzung der Koordination der einzelnen Führungsteilsysteme wird das Controlling selbst zum Bestandteil des Führungsgesamtsystems. Ausgehend von der Koordination des Führungsgesamtsystems als grundlegende Zwecksetzung des Controlling, lassen sich z.B. nach Küpper die Anpassungs- und Innovationsfunktion, die Zielausrichtungsfunktion und die Servicefunktion als weitere Zwecksetzungen des Controlling ableiten.[103]

Inwieweit die koordinationsorientierte Controlling-Konzeption, welche die Koordination des gesamten Führungssystems in einem Unternehmen als grundlegende Zwecksetzung des Controlling beinhaltet, als theoretischer Bezugsrahmen auf mittelständische Bauunternehmen übertragbar ist, ist Gegenstand der nachfolgenden Ausführungen.

---

100 Vgl. Küpper, H.U. (2005), S. 32.

101 In Anlehnung an Küpper, H.U. (2005), S. 30.

102 In diesem Zusammenhang versteht Küpper das Zielsystem als Teil des Planungssystems; die Führungs- und Unternehmensgrundsätze ordnet er dem Personalführungssystem zu (vgl. Küpper H.U. (2005), S. 30).

103 Vgl. Küpper, H.U. (2005), S. 32

2.2.3 Zwecksetzung der Controlling-Konzeption in mittelständischen Bauunternehmen

Die Koordination als grundlegende Zwecksetzung des Controlling wird in der koordinationsorientierten Controlling-Konzeption mit der zunehmenden Arbeitsteilung und der inneren Komplexität des Führungsgesamtsystems im Unternehmen begründet, weil die Koordinationsaufgabe des Controlling „erst durch den systematischen Ausbau eines gegliederten Führungssystems entsteht und Gewicht erhält.“[104] Von dieser Bedingung kann aber in mittelständischen Bauunternehmen in der Regel nicht ausgegangen werden, wenn man das entworfene typische Erscheinungsbild mittelständischer Bauunternehmen aus Tabelle 2-8 hier mit berücksichtigt.

Die personengeprägte Unternehmensstruktur und die Überschaubarkeit der Organisationsstruktur in mittelständischen Bauunternehmen erfordert weniger zwingend festgelegte Formalstrukturen und bietet dadurch eine günstige Voraussetzung für eine weitgehend persönliche, informelle und individuumsbezogene Unternehmensführung in mittelständischen Bauunternehmen. Daraus folgt fast zwangsläufig, dass in vielen mittelständischen Bauunternehmen der Organisations- und Formalisierungsgrad der Unternehmensführung sehr gering und keine in mehrere Führungsteilsysteme untergliederte Unternehmensführung vorhanden ist. Eine koordinationsorientierte Controlling-Konzeption baut aber auf dem Vorhandensein eines formalisierten und komplexen Führungsgesamtsystems im Unternehmen auf. Entsprechend müsste ein koordinationsorientiertes Controlling im Rahmen seiner systembildenden Koordination insbesondere den Aufbau der Führungsbereiche wie Planungs-, Kontroll- und Informationssystem, Organisation sowie Personalführungssystem übernehmen, um anschließend im Rahmen der systemkoppelnden Koordination Abstimmungsprozesse zwischen diesen Führungsteilsystemen zu begleiten.

Demnach kann auf den ersten Blick eine koordinationsorientierte Controlling-Konzeption durch den notwendigen Aufbau solcher Führungsteilsysteme den theoretischen Bezugsrahmen für das Unternehmenscontrolling in mittelständischen Bauunternehmen bilden. Allerdings darf nicht übersehen werden, dass in mittelständischen Bauunternehmen, selbst nach erfolgreichem Aufbau solcher Führungsteilsysteme, die Unternehmensführung durch die geringe Zahl von beteiligten Führungskräften in aller Regel

---

104 Vgl. Küpper, H.U. (2005), S. 30.

keine so große Arbeitsteilung und Komplexität aufweist, dass die grundlegende Zwecksetzung des Controlling in mittelständischen Bauunternehmen mit dem Koordinationsbedarf innerhalb ihrer Unternehmensführung zu begründen ist.

Vielmehr wird hier – bei mittelstandsbezogener Betrachtung – die Auffassung vertreten, dass Controlling das Führungs- und Ausführungshandeln mittelständischer Bauunternehmen initialisierend anzustoßen und permanent zu begeleiten hat. Daher erscheint hier zur theoretischen Erklärung von Controlling in mittelständischen Bauunternehmen die Einbeziehung der Lokomotionsfunktion als grundlegende Zwecksetzung des Controlling eher zielführend zu sein, jedoch mit der Folge, dass sich aus der bisher als grundlegend bezeichneten Zwecksetzung, der Koordination, eine abgeleitete Zwecksetzung des Controlling ergibt.

Ausgehend von dieser Überlegung soll die wertschöpfungsorientierte Controlling-Konzeption nach Becker den theoretischen Bezugsrahmen für das Unternehmenscontrolling in mittelständischen Bauunternehmen bilden und als strukturiertes Vorverständnis dienen: „Controlling stellt sich als eine integrierte Aufgabe der Unternehmensführung dar, die im Dienste der Optimierung von Effektivität und Effizienz das initialisierende Anstoßen sowie das wertschöpfungsorientierte Ausrichten des Handelns von Betrieben sicherzustellen hat. Diese originäre Funktion des Controlling wird hier als Lokomotion bezeichnet. Die Wahrnehmung der originären Funktion der Lokomotion setzt insbesondere die begleitende Erfüllung der derivativen Funktionen der wechselseitigen Abstimmung (Integration, Koordination und Adaption) von Führung und Ausführung sowie der dementsprechenden Schaffung von Informationskongruenz innerhalb der Führung und Ausführung voraus. Die Wahrnehmung dieser derivativen Funktionen erfolgt vorrangig über wertorientierte Gestaltungs- und Lenkungsmechanismen.“[105]

Zur Vertiefung der hier ausgewählten Controlling-Konzeption werden in den folgenden Ausführungen die spezifischen Funktionen und Führungsgrößen der wertschöpfungsorientierten Controlling-Konzeption näher vorgestellt.

---

105 Vgl. Becker, W. (1999), S. 3.

2.2.3.1 Funktionen der Controlling-Konzeption

Die wertschöpfungsorientierte Controlling-Konzeption zählt die Lokomotions-, Abstimmungs- und Informationsfunktion als spezifische Controlling-Funktionen auf.

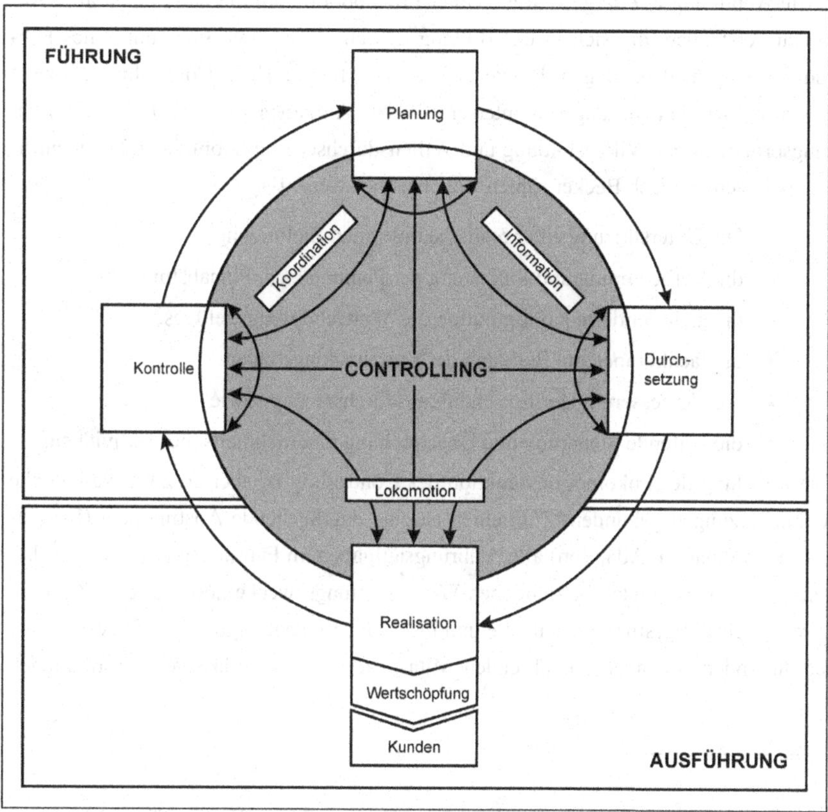

Abbildung 2-8: Stellung des Controlling in der Unternehmensführung[106]

Die originäre Controlling-Funktion der Lokomotion setzt am Konzept der Wertschöpfungskette an.[107] Das Konzept der Wertschöpfungskette betrachtet prinzipiell die Stufen des betrieblichen Leistungserstellungsprozess von der Beschaffung über die Pro-

---

106 Quelle: Becker, W. (1999), S. 4.

107 Vgl. Becker, W. (1996b), S. 273.

duktion bis hin zum Absatz.[108] Das Ergebnis dieses betrieblichen Leistungserstellungsprozesses stellt die Wertschöpfung eines Betriebes dar.[109] Als grundlegende Zwecksetzung obliegt dem Controlling innerhalb der Wertschöpfungskette die Lokomotion des unternehmerischen Handelns im Sinne des Wertschöpfungskreislaufes,[110] der in Abbildung 2-9 dargestellt ist. Unter Lokomotion wird die Gesamtheit aller Aktionen verstanden, die sich in der Bildung, Durchsetzung und Sicherung eines Führungswillens niederschlagen.[111] Die Lokomotionsfunktion des Controlling vollzieht sich also über die Erfüllung von unterschiedlichen Aufgaben, die sich als Teil des Führungsprozesses der Willensbildung und Willensdurchsetzung (Abbildung 2-5) identifizieren lassen.[112] Nach Becker zählen dazu beispielsweise:[113]

- Die Unterstützung einer realitätskonformen Zielbildung,
- die Verbesserung und Entlastung der Planung bzw. Planabstimmung,
- die zielorientierte Konfiguration des Wertschöpfungsgefüges,
- die fachkompetente Beratung der Entscheidungsträger,
- die Verbesserung der Entscheidungsdurchsetzung sowie
- die laufende Steuerung und Überwachung unternehmerischer Aktivitäten.

Die Erfüllung der Lokomotionsfunktion des Controlling ist aber an zwei wesentliche Voraussetzungen gebunden: Zum einen ist eine durchgehende Abstimmung (Integration, Koordination, Adaption) aller Führungsaufgaben im Führungsprozess auf das Erreichen der angestrebten betrieblichen Wertschöpfungszwecke notwendig.[114] Zum anderen ist eine abgestimmte, schnelle und insbesondere bedarfsgerechte Versorgung aller führenden wie auch ausführenden Mitarbeitern mit zuverlässigen Informationen

108 Das Konzept der Wertschöpfungskette dient zur systematischen Durchleuchtung eines Unternehmens; siehe weiterführend Kapitel 4.2.3.4 Unternehmensanalyse.

109 Die Wertschöpfung eines Betriebes errechnet sich aus der Summe aller vom Unternehmen erbrachten Leistungen abzüglich des wertmäßigen Verbrauchs der von außen bezogenen Vorprodukte und Dienstleistungen (vgl. Weber, H. (1998), S. 748). Im Baubetrieb sind das vor allem Material- und Fremdleistungskosten sowie alle Planungen und Dienstleistungen Dritter.

110 Vgl. Becker, W. (1996b), S. 273.

111 Vgl. Bleicher, K. (1993), S. 1277.

112 Vgl. Becker, W. / Benz, K. (1996), S. 19.

113 Vgl. Becker, W. (1999), S. 7.

114 Vgl. Becker, W. (1996b), S. 274.

über die betriebliche Wertschöpfung zu gewährleisten.[115] Die Sicherstellung dieser Voraussetzungen der Lokomotionsfunktion ist der Gegenstand der derivativen Controllingfunktionen, die Becker in eine Abstimmungs- und eine Informationsfunktion unterscheidet. Der Wahrnehmung dieser derivativen Funktionen erfolgt vorrangig über wertorientierte Gestaltungs- und Lenkungsmechanismen. Dabei handelt es sich um solche Methoden, in denen (monetär) bewertete Führungsgrößen dazu dienen die Strukturierung, Steuerung und Regelung des unternehmerischen Handelns im Sinne der Wertschöpfungszwecke zu gewährleisten.[116] Hierzu gehören z.B. Budgetierungssysteme, Zielvorgabe- und Kennzahlensysteme, Profit-Center-Systeme sowie Lenkungspreissysteme.[117]

Bei der Erfüllung der derivativen Abstimmungs- und Informationsfunktion in mittelständischen Bauunternehmen ist allerdings davon auszugehen, dass aufgrund der vergleichsweise geringen Anzahl von Beschäftigten in den mittelständischen Bauunternehmen nur eine personenorientierte Abstimmung mittels Weisungen üblich ist und in der Regel nur auf mündliche, sogenannte „weiche" Informationen zurückgegriffen werden kann. Daher hat das Unternehmenscontrolling in mittelständischen Bauunternehmen vor der Aufnahme des „laufenden" Controllingbetriebs im Sinne der wertschöpfungsorientierten Controlling-Konzeption zur Erfüllung der derivativen Abstimmungs- und Informationsfunktion zunächst folgende Voraussetzungen für die Wahrnehmung der originären Lokomotionsfunktion zu schaffen:

- das baubetriebliche Rechnungswesen als Informationsbasis controlling-gerecht auszurichten,
- die mit dem Prozess der Willensbildung und Willensdurchsetzung verbundenen Planungs-, Steuerungs- und Kontrollaufgaben controlling-gerecht auszugestalten.

Für die Wahrnehmung der mit den erläuterten Controlling-Funktionen der Lokomotion, Abstimmung sowie Schaffung von Informationskongruenz verbundenen Aufgaben kommt in mittelständischen Bauunternehmen aber eine ausschließliche Controllerstelle, allein schon aus Kostengründen, nicht in Betracht. Somit ist in mittelständischen Bauunternehmen eine nebenberufliche Controllingaufgabe für die verschiede-

---

115 Vgl. Becker, W. (1996b), S. 274.

116 Vgl. Becker, W. (1999), S. 8.

117 Vgl. Küpper, H.U. (1991), S.184 ff.

nen Führungsverantwortlichen, wie z.B. Unternehmer, Bauleiter, Buchhalter und Polier vorprogrammiert.

2.2.3.2 Führungsgrößen der Controlling-Konzeption

Die Führungsgrößen der wertschöpfungsorientierten Controlling-Konzeption dienen dem Controlling – im Sinne der Führungsunterstützung - als Zielgrößen für eine operative und strategische Unternehmensführung. Der Gegenstand der operativen Unternehmensführung kann beschrieben werden als „die auf die unmittelbare Erfolgserzielung ausgerichtete Unternehmensführung, wobei selbstverständlich die laufende Liquiditätssicherung eingeschlossen ist."[118] Der Gegenstand der strategischen Unternehmensführung besteht demgegenüber darin, „so früh wie möglich und so früh wie notwendig für die Erschaffung und Erhaltung der besten Voraussetzungen für anhaltende und weit in die Zukunft reichende Erfolgsmöglichkeiten, das heißt für Erfolgspotentiale zu sorgen."[119]

Entsprechend unterscheidet die wertschöpfungsorientierte Controlling-Konzeption zwischen operativen und strategischen Führungsgrößen, die im Kreislaufprozess der betrieblichen Wertschöpfung verbunden sind, wie in Abbildung 2-9 dargestellt. Als operative Führungsgrößen gelten Erfolg und Liquidität.[120] Erfolgspotentiale stellen strategische Führungsgrößen dar.[121]

Die Liquidität ist die Fähigkeit eines Unternehmens, allen seinen Zahlungsverpflichtungen termingerecht nachkommen zu können.[122] Ein Unternehmen ist illiquide, wenn die Ausgaben die Einnahmen zu einem bestimmten Zeitpunkt überschreiten und finanzielle Reserven nicht mehr in ausreichendem Maße oder zur rechten Zeit beschafft

---

118 Vgl. Gälweiler, A. (2005), S. 23.

119 Vgl. Gälweiler, A. (2005), S. 23.

120 Vgl. Becker, W. (1999), S. 6.

121 Vgl. Becker, W. (1999), S. 6. Becker bezieht sich auf das von Gälweiler entwickelte Konzept der strategischen Unternehmensführung. Dieses von Gälweiler entwickelte Konzept enthält in genialer Einfachheit alle wesentlichen Sachverhalte für die Orientierung und Steuerung der Unternehmenstätigkeit, indem es zwischen operativen und strategischen Führungsgrößen unterscheidet, aber gleichzeitig auch darauf hinweist, dass zwischen diesen Führungsgrößen äußerst enge Wechselwirkungen bestehen. Vergleiche hierzu die Ausführungen von Gälweiler, A. (2005).

122 Vgl. Wöhe, G. (2005), S. 651.

werden können,[123] wodurch die Existenz des Unternehmens gefährdet ist.[124] Infolgedessen ist die Aufrechterhaltung der Liquidität kurzfristig am wichtigsten.[125] Der Erfolg bzw. Gewinn ist die positive Differenz zwischen Erträgen und Aufwendungen bzw. Leistungen und Kosten.[126] Er ist die Voraussetzung, nicht jedoch die Sicherheit für ausreichende Liquidität.

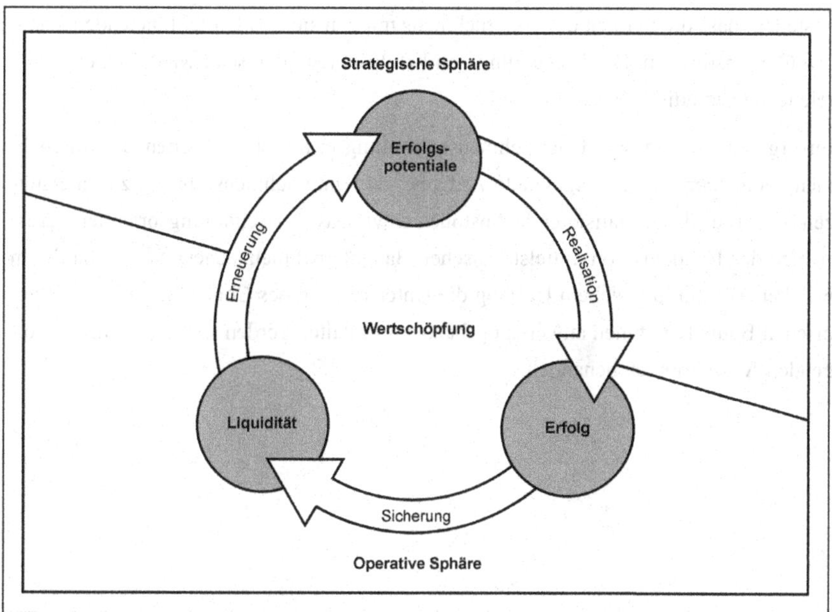

Abbildung 2-9: Kreislaufprozess der betrieblichen Wertschöpfung[127]

---

123 Vgl. Schulte, K.W. / Väth, A. (1996), S. 468.

124 Die von Gälweiler dargestellte Steuerung der Liquidität erfolgt über Einnahmen und Ausgaben (vgl. Gälweiler, A. (2005), S. 30).

125 Mit Einnahmen sind hier Einzahlungen, Forderungszunahmen sowie Schuldenabnahmen gemeint, mit Ausgaben Auszahlungen, Schuldenzunahmen sowie Forderungsabnahmen. Weitere Definitionen bezüglich Einnahmen und Ausgaben werden vorgestellt in Weber, H.K. / Rogler, S. (2004), S. 39 ff.

126 Die von Gälweiler dargestellte Steuerung des Erfolges kann sowohl über Erträge und Aufwendungen oder über Leistungen und Kosten erfolgen (vgl. Gälweiler, A. (2005, 30). Zur Abgrenzung von Erträge und Aufwendungen bzw. Leistungen und Kosten vergleiche Weber, H.K / Rogler, S. (2006), S. 26 ff.

127 In Anlehnung an Becker, W. (1999), S. 6.

Erfolgspotentiale üben auf den Erfolg eine vergleichbare Vorsteuerwirkung aus, wie der Erfolg auf die Liquidität. Sie sind eine notwendige aber nicht hinreichende Bedingung für den Erfolg. Unter einem Erfolgspotential versteht man „das gesamte Gefüge aller jeweils produkt- und marktspezifischen erfolgsrelevanten Voraussetzungen, die spätestens dann bestehen müssen, wenn es um die Erfolgsrealisierung geht.“[128] D.h. durch die Erneuerung von Erfolgspotentialen ist von der Unternehmensführung sicherzustellen, dass die Stärken des Unternehmens mit den sich im Umfeld bietenden Chancen übereinstimmen. Die Erneuerung von Erfolgspotentialen setzt wiederum eine ausreichende Liquidität voraus.

Im Ergebnis obliegt dem Unternehmenscontrolling in mittelständischen Bauunternehmen somit hier die theoriegeleitete Aufgabe, die Unternehmensführung zu unterstützen, indem es das initialisierende Anstoßen sowie das wertschöpfungsorientierte Ausrichten des Handelns von mittelständischen Bauunternehmen sicherzustellen hat.[129] In welcher Art und in welchem Umfang die Unterstützung des Controlling in mittelständischen Bauunternehmen anwendungsbezogen gestaltet werden kann, wird in den folgenden Ausführungen behandelt.

---

128 Vgl. Gälweiler, A. (2005), S. 26.

129 Vgl. Becker, W. (1999), S. 3.

3. Das baubetriebliche Rechnungswesen als Informationsbasis für das Unternehmenscontrolling in mittelständischen Bauunternehmen

Controlling wird im vorangegangen Kapitel als integrierte Aufgabe der Unternehmensführung mittelständischer Bauunternehmen vorgestellt, in dessen Mittelpunkt die permanente Lokomotion des unternehmerischen Handelns im Sinne eines Wertschöpfungskreislaufes steht. Die Wahrnehmung der Lokomotionsfunktion durch das Unternehmenscontrolling setzt aber voraus, dass in den mittelständischen Bauunternehmen eine hierfür geeignete Informationsbasis zur Verfügung steht, die sich auf Vergangenheit und Gegenwart bezieht und über bestimmte Sachverhalte informiert. Denn ohne die Kenntnis der vergangenen und der aktuellen betrieblichen Situation lässt sich auch in mittelständischen Bauunternehmen mit Hilfe des Unternehmenscontrolling eine zukunftsorientierte Unternehmensführung nicht umsetzen.

Die Forderung nach einer derartigen Informationsbasis für das Unternehmenscontrolling in mittelständischen Bauunternehmen ist vorrangig durch eine zweckbezogene Ausgestaltung der Führungsinstrumente des baubetrieblichen Rechnungswesens zu erfüllen. Hieraus erwächst für das Unternehmenscontrolling in mittelständischen Bauunternehmen die Aufgabe, die Führungsinstrumente des baubetrieblichen Rechnungswesens „controlling-gerecht" auszugestalten. Controlling-gerecht bedeutet hier, dass bei der Gestaltung des baubetrieblichen Rechnungswesens die Abstimmungs- und die Informationsfunktion im Sinne der wertschöpfungsorientierten Controlling-Konzeption erfüllt werden. Die Abstimmungsfunktion soll eine einheitliche Handlungsstruktur gewährleisten. Die Informationsfunktion soll die Deckung von Informationsbedarf, Informationsnachfrage und Informationsangebot unter Beachtung wirtschaftlicher Erwägungen bewirken.

Da aber die für das Unternehmenscontrolling notwendigen Führungsinstrumente des baubetrieblichen Rechnungswesens in vielen mittelständischen Bauunternehmen nur lückenhaft anzutreffen sind, sollen im folgenden Kapitel diese Führungsinstrumente und weiterführende entscheidungsorientierte Führungsrechnungen zunächst vorgestellt und auf ihre Verbreitung in mittelständischen Bauunternehmen hin untersucht werden, bevor Ansätze für eine controlling-gerechte Gestaltung des baubetrieblichen Rechnungswesens als Vorstufe eines wirkungsvollen Unternehmenscontrolling in mittelständischen Bauunternehmen vorgestellt werden.

3.1 Führungsinstrumente des baubetrieblichen Rechnungswesens

Erfolg und Liquidität sind als operative Führungsgrößen der wertschöpfungsorientierten Controlling-Konzeption abstrakte Zielgrößen, die nicht ohne weiteres erkennbar sind. Sie müssen aus einer Vielzahl von Geschäftsvorfällen abgeleitet werden. Zu diesem Zweck ist mit Hilfe des baubetrieblichen Rechnungswesens jeder Geschäftsvorfall, der eine Mengen- und Wertbewegung zum Inhalt hat, zu erfassen, zu verarbeiten und auszuwerten.[130] Im baubetrieblichen Rechnungswesen werden demnach Informationen festgehalten, die ein wertmäßiges Abbild des betrieblichen Handelns von Bauunternehmen geben. Je nach Adressat dieser Informationen unterscheidet man zwischen externen und internen Rechnungswesen im Bauunternehmen.[131]

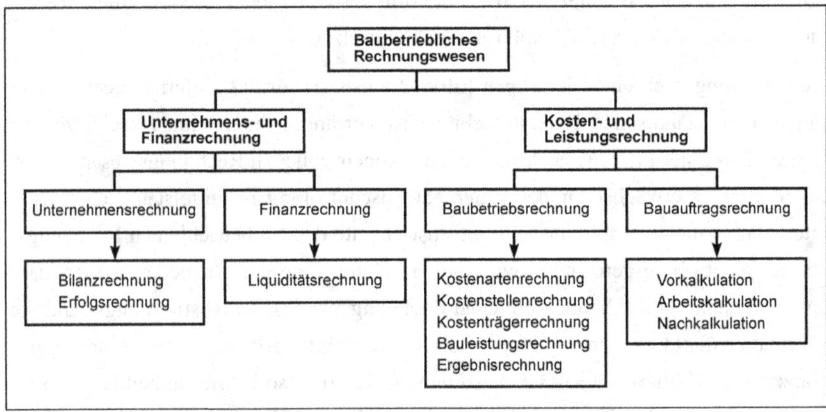

Abbildung 3-1: Das System des baubetrieblichen Rechnungswesens[132]

Zu den Aufgaben des externen Rechnungswesens im Bauunternehmen zählt in erster Linie die Rechenschaftslegung von Unternehmen gegenüber externen Adressaten, wie Kapitalgebern, Lieferanten, Kunden oder der interessierten Öffentlichkeit. Als vorrangige Aufgabe des internen Rechnungswesens ist dagegen die Bereitstellung von Informationen für die wirtschaftliche Steuerung des betrieblichen Handelns sowie für die

---

130 Vgl. Brüssel, W. (2007), S. 237.

131 Vgl. Hauptverband der Deutschen Bauindustrie e.V. / Zentralverband des Deutschen Baugewerbes e.V. (Hrsg., 2001), S. 13.

132 In Anlehnung an Brüssel, W. (2007), S. 237.

Preisermittlung zu nennen. Die Adressaten des internen Rechnungswesens im Bauunternehmen - in diesem Zusammenhang gleichbedeutend mit den Adressaten des Unternehmenscontrolling - sind die Führungskräfte des Unternehmens.

Aus der Verschiedenartigkeit der genannten Aufgaben lassen sich grundlegende Führungsinstrumente des baubetrieblichen Rechnungswesens unterscheiden, die Unternehmens- und Finanzrechnung einerseits und die Kosten- und Leistungsrechnung andererseits.[133] Gleichwohl stehen die grundlegenden Führungsinstrumente des baubetrieblichen Rechnungswesens in enger Verbindung zueinander, da sie weitgehend das gleiche Zahlenmaterial verarbeiten. Einen Überblick über die grundlegenden Führungsinstrumente des baubetrieblichen Rechnungswesens, deren Aufgaben nachstehend kurz erläutert werden, gewährt Abbildung 3-1.

3.1.1 Unternehmensrechnung

Die Unternehmensrechnung, die auch als Finanzbuchhaltung bezeichnet wird,[134] ist gesetzlich vorgeschrieben und stellt insofern einen weitgehend zwangsgeregelten Pflichtteil der Unternehmensführung in mittelständischen Bauunternehmen dar. Die Finanzbuchhaltung eines Unternehmens erfasst und verbucht alle innerhalb eines Geschäftsjahres auftretenden Geschäftsvorfälle. Nach Abschluss eines Geschäftsjahres muss ein stichtagsbezogener Jahresabschluss (§ 242 HGB) aufgestellt werden. Dort erfolgt der Ausweis des Zahlenmaterials aus der Finanzbuchhaltung in verdichteter Form in der gesetzlich vorgeschriebenen Bilanz (§ 266 HGB) und Gewinn- und Verlustrechnung (§ 275 HGB).

In der Bilanz eines Unternehmens werden Vermögen und Kapital eines Unternehmens zu einem Stichtag gegenübergestellt. Das Vermögen eines Unternehmens wird in der Bilanz auf der Aktivseite dargestellt, wobei die einzelnen Vermögensgegenstände nach der zeitlichen Verfügbarkeit in Anlage- oder Umlaufvermögen unterschieden werden (Mittelverwendung). Auf der Passivseite der Bilanz wird ausgewiesen, woher das Kapital zur Beschaffung der einzelnen Vermögensgegenstände kommt (Mittelherkunft). Diesbezügliche Kapitalquellen sind entweder die Eigentümer des Unternehmens, die Eigenkapital bereitstellen, oder beispielsweise Banken, die Fremdkapital in

---

133 Vgl. Brüssel, W. (2007), S. 237.

134 Vgl. Drees, G. / Paul, W. (2006), S. 17.

Form von Darlehen zur Verfügung stellen. Die Bilanz dient der Darstellung der Vermögenslage. Zur Finanzbuchhaltung gehört auch die Gewinn- und Verlustrechnung (G+V). Sie ist eine Gegenüberstellung von Aufwendungen und Erträgen, die auf eine bestimmte Abrechnungsperiode bezogen ist. Mit Hilfe der Gewinn- und Verlustrechnung kann der Erfolg eines Unternehmens und dessen Zustandekommen nach seinen Erfolgsquellen und Zusammensetzung dargestellt werden.

3.1.2 Kosten- und Leistungsrechnung

Die Kosten- und Leistungsrechnung dient der zahlenmäßigen Erfassung und Darstellung der Produktionstätigeit eines Bauunternehmens sowie der Findung und Bereitstellung von kostengerechten Preisen.[135] Die dabei durchzuführenden Rechnungen sind freiwillig und beruhen auf keinen gesetzlichen Vorschriften. Die Kosten- und Leistungsrechnung gliedert sich für Bauunternehmen in die Baubetriebsrechnung und die Bauauftragsrechnung, wie in Abbildung 3-2 dargestellt.

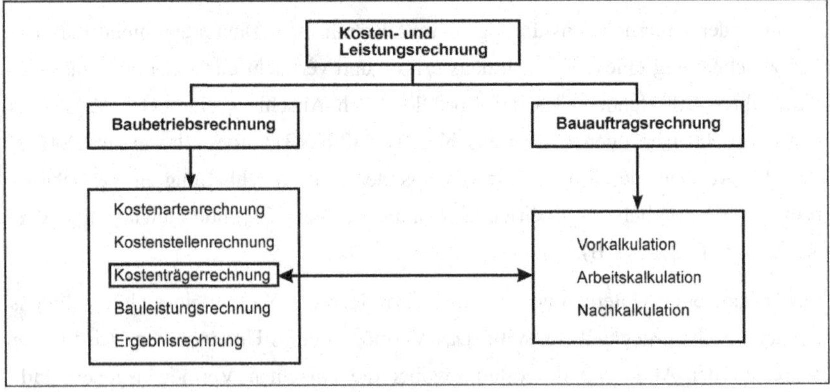

Abbildung 3-2: Kosten- und Leistungsrechnung in Bauunternehmen[136]

Die Baubetriebsrechnung ist das Führungsinstrument, das nach Abgrenzung der nicht produktionsbedingten Aufwendungen und Erträge alle die Aufwendungen und Erträge aus der Finanzbuchhaltung weiterverarbeitet, die Kosten und Leistungen darstellen.

135 Vgl. Hauptverband der Deutschen Bauindustrie e.V. / Zentralverband des Deutschen Baugewerbes e.V. (Hrsg., 2001), S. 14.

136 In Anlehnung an Keidel, C. / Kuhn, O. / Mohn, P. (2007), S. 23.

Gleichzeitig ergänzt dieses Führungsinstrument die aus der Finanzbuchhaltung eingegangenen Kosten und Leistungen durch zusätzliche Kosten und Leistungen, die für die Erfassung und Darstellung der Produktionstätigkeit eines Bauunternehmens zwingend erforderlich sind, wie z.B. kalkulatorische Kosten und/oder innerbetrieblich verrechnete Leistungen. Die Bauauftragsrechnung als Führungsinstrument beschäftigt sich dagegen mit der Findung und Bereitstellung von kostengerechten Preisen für die Durchführung von Baumaßnahmen.

3.1.2.1 Baubetriebsrechnung

Die Aufgabe der Baubetriebsrechnung ist die zahlenmäßige Erfassung und Darstellung der Produktionstätigeit eines Bauunternehmens. Innerhalb der Baubetriebsrechnung werden fünf Bestandteile unterschieden, die in Abbildung 3-3 dargestellt sind.

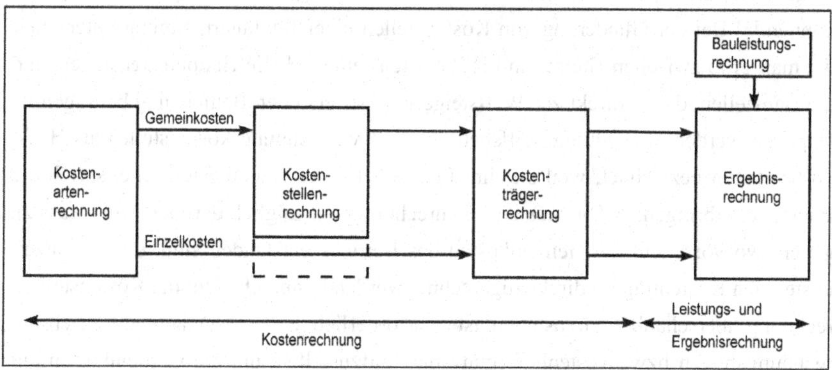

Abbildung 3-3: Bestandteile der Baubetriebrechnung[137]

Den Ausgangspunkt der Kostenrechnung bildet die Kostenartenrechnung. Unter dem Begriff Kostenart versteht man die Gliederung der im Betrieb anfallenden Kosten nach bestimmten sachlogischen Gesichtspunkten, wie z.B. Löhne, Gehälter, Sozialabgaben und Materialkosten.[138] Die alleinige Gliederung der Kosten nach Kostenarten ist jedoch für die praktische Handhabung der Kostenrechnung nicht ausreichend, weil die Anrechnung auf einzelne Bezugsobjekte nicht bei jeder Kostenart mit vertretbarem

137 Vgl. Keidel, C. / Kuhn, O. / Mohn, P. (2007), S. 25.

138 Vgl. Keil, W. / Martinsen, U. / u.a. (2004), S. 22.

Aufwand möglich ist. Die Kostenarten müssen daher zusätzlich in Einzelkosten und Gemeinkosten gegliedert werden. Einzelkosten sind die Kosten, die bestimmten Bezugobjekten eindeutig und somit direkt verursachungsgerecht zurechenbar sind.[139] Bei Gemeinkosten ist dies nicht der Fall, da sie für mehrere bzw. sogar sämtliche Bezugsobjekte entstehen. Daher können sie nur indirekt mit Hilfe von bestimmten Schlüsseln einzelnen Bezugsobjekten zugerechnet werden.[140] Werden die Begriffe Einzel- und Gemeinkosten ohne Zusatz verwendet, beziehen sie ich in der Regel auf Kostenträger als Bezugsobjekte. Die Kostenartenrechnung soll also darüber Aufschluss geben welche Kosten angefallen sind.[141]

An die Kostenartenrechnung schließt sich die Kostenstellenrechnung an, die der Verteilung der Gemeinkosten auf betriebliche Bereiche, den sogenannten Kostenstellen, dient.[142] Eine Kostenstelle ist ein abgegrenzter Bereich innerhalb eines Unternehmens, in dem Kosten verursacht und dem diese Kosten entsprechend zugerechnet werden können.[143] Bei der Gliederung von Kostenstellen einer Bauunternehmung unterscheidet man grob zwischen Haupt- und Hilfskostenstellen.[144] Die Hauptkostenstellen sind die Baustellen, da sie direkt zur Wertsteigerung der erstellen Bauleistung beitragen.[145] Dagegen werden Verwaltung, Hilfsbetriebe und Verrechnungskostenstellen als Hilfskostenstellen bezeichnet, weil sie ihre Leistung für die Hauptkostenstelle, sprich die Baustelle, erbringen.[146] Die Kostenstellenrechnung hat folglich darüber Aufschluss zu geben, wo vor allem die Gemeinkosten des Betriebs entstanden sind, da die Einzelkosten den Kostenträgern direkt zugerechnet werden können.[147] Um die Kostenstellenrechnung überschaubar darzustellen, ist es erforderlich, einen sogenannten Betriebsabrechnungsbogen bzw. Kostenbewegungsplan aufzustellen, um die Gemeinkosten auf die Kostenträger verursachungsgerecht verrechnen zu können. Anhand der Summen der Gemeinkosten, die sich in den einzelnen Kostenstellen ergeben, werden im Kos-

---

139 Vgl. Götze, U. (2007), S. 19.

140 Vgl. Götze, U. (2007), S. 19.

141 Vgl. Wöhe, G. (2005), S. 1081.

142 Vgl. Götze, U. (2007), S. 20.

143 Vgl. Brüssel, W. (2007), S. 179.

144 Vgl. Spranz, D. (1998), S. 17.

145 Vgl. Koeder, K.W. / Egerer, E. (1992), S. 1033.

146 Vgl. Koeder, K.W. / Egerer, E. (1992), S. 1033.

147 Vgl. Götze, U. (2007), S. 73.

tenbewegungsplan Zuschlags- oder Verrechnungssätze gebildet, die dazu verwendet werden, die Gemeinkosten anteilig den einzelnen Kostenträgern zuzurechnen.[148]

Die letzte Stufe der Kostendurchrechnung bildet die Kostenträgerrechnung, die aufzeigen soll, wofür die Kosten angefallen sind.[149] Der Begriff Kostenträger steht im baubetriebswirtschaftlichen Sinn für die Leistungen oder Teilleistungen eines Baubetriebes, denen Kosten verursachungsgerecht zugerechnet werden können.[150] Eine Zurechnung der entstandenen Kosten auf eben diese Leistungen oder Teilleistungen ist aber aus bauverfahrenstechnischen Gründen nicht oder nur bedingt möglich, so dass in der Baubetriebsrechnung die angefallenen Kosten nur direkt einer Kostenstelle (z. B. einer Baustelle) zugeordnet und in der Regel nicht nach Kostenträgern weiter differenziert werden; dies wird im Rahmen der Bauauftragsrechnung vorgenommen. Somit ist die Baustelle in der Baubetriebsrechnung gleichzeitig Kostenträger und Kostenstelle.[151]

Nach der Kostendurchrechnung werden in der Bauleistungsrechnung die erbrachten Bauleistungen mit den dazugehörigen Einheitspreisen bewertet und anschließend - analog zur Kostenrechnung - verursachungsgerecht zugeordnet.[152] Schließlich wird die Baubetriebsrechnung durch die Ergebnisrechnung vervollständigt, die zur Aufgabe hat, den betrieblichen Erfolg durch Gegenüberstellung der Kosten und Leistungen zu errechnen.

Auf diese Art und Weise liefert die Baubetriebsrechnung wesentliche Ausgangsdaten für die Bauauftragsrechnung, die sich über die gesamte Bauauftragsabwicklung und darüber hinaus erstreckt.

3.1.2.2 Bauauftragsrechnung

Die Aufgabe der Bauauftragsrechnung, die auch als Kalkulation bzw. als Kostenträgerstückrechnung bezeichnet wird, ist die Findung und Bereitstellung von kostengerechten Preisen für die Durchführung von Baumaßnahmen vor, während und nach der

---

148 Siehe weiterführend Kapitel 3.3.2.2 Kostenbewegungsplan.

149 Vgl. Wöhe, G. (2005), S. 1109.

150 Vgl. Toffel, R.F. (1994), S. 50.

151 Vgl. Hauptverband der Deutschen Bauindustrie e.V. / Zentralverband des Deutschen Baugewerbes e.V. (Hrsg., 2001), S. 76.

152 Diederichs, C.J. (2002), S. 306.

Leistungserstellung.[153] Die Bauauftragsrechnung wird in Abhängigkeit vom Abwicklungsstadium des Bauauftrages in verschiedene Stufen unterteilt, wie in Abbildung 3-4 dargestellt.

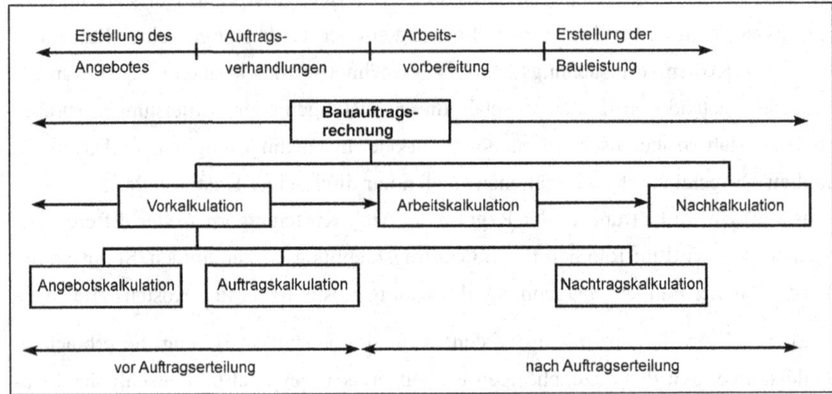

Abbildung 3-4: Gliederung der Bauauftragsrechnung[154]

Die Bauauftragsrechnung umfasst also die Kalkulation in ihren Stufen von der Vorkalkulation über die Arbeitskalkulation bis zur Nachkalkulation. Zentrale Aufgabe der Vorkalkulation ist es, die zu erwartenden Kosten für eine Baumaßnahme wirklichkeitsgetreu, unter Beachtung aller Produktionsbedingungen, einzuschätzen, um damit die wirtschaftlichen Rahmenbedingungen im Vorfeld zu bestimmen. Je nach Zeitpunkt der Auftragsbearbeitung ergeben sich also unterschiedliche Blickwinkel bei der Vorkalkulation.

Die Angebotskalkulation dient zur Ermittlung der voraussichtlichen Selbstkosten von Bauleistungen.[155] Ausgangspunkt ist dabei ein Leistungsverzeichnis, in dem die auszuführenden Bauleistungen beschrieben sind. War die Submission erfolgreich, wird infolge von Änderungen bei der Auftragsverhandlung eine Auftragskalkulation erfor-

---

153 Vgl. Voigt, H. (1998c), S. IV/3.

154 In Anlehnung an Hauptverband der Deutschen Bauindustrie e.V. / Zentralverband des Deutschen Baugewerbes e.V. (Hrsg., 2001), S. 30 und Drees, G./ Paul, W. (2006), S. 20.

155 Vgl. Drees, G. (1980), S. III/4.

derlich.[156] In der Auftragskalkulation werden somit die endgültigen, dem Auftrag zugrunde liegenden Einheitspreise oder die Pauschalpreissumme festgeschrieben.[157] Das Erstellen einer Nachtragskalkulation wird bei Änderungen während der Bauausführung notwendig. Ihre Aufgabe liegt in der Kostenermittlung solcher Bauleistungen, die im Hauptvertrag nicht ermittelt wurden oder für die sich die Grundlagen der Preisermittlung geändert haben.[158] Die Ermittlung der Kosten für diese zusätzlichen Leistungen sollte sich nach der Vergabe- und Vertragsordnung für Bauleistungen (VOB) an der Auftragskalkulation orientieren.

Nach der Auftragserteilung beginnt die Planung und Vorbereitung des Bauablaufes, d.h. die Arbeitsvorbereitung, deren Ziel die wirtschaftliche Erstellung des Bauwerkes unter den gegebenen Bedingungen ist. Die Ergebnisse dieser Arbeitsplanung werden in der Regel infolge aktueller Erkenntnisse von den Annahmen der Auftragskalkulation abweichen. Ferner werden aufgrund von Vergaben die Material- und Nachunternehmerpreise endgültig festgelegt. Die diesbezüglichen Kostenauswirkungen werden in der unternehmensinternen Arbeitskalkulation berücksichtigt.[159]

Die Bedeutung der Nachkalkulation liegt in der nachträglichen - unter zur Hilfenahme eines Berichtwesens erstellten - Feststellung der auf eine teilweise oder voll erbrachte Bauleistung bezogenen Kosten. Erst so ist es möglich, die Ansätze der Vorkalkulation zu überprüfen und neue Kalkulationsansätze sowie Verlustquellen zu ermitteln.

3.1.3 Finanzrechnung

Die Finanzrechnung im Bauunternehmen hat als wesentliche Aufgabe die Überwachung der Liquidität, d.h. die Zahlungsfähigkeit des Bauunternehmens.[160] Die Überwachung der Liquidität erfolgt mittels der Instrumente der Finanzrechnung, die hier nach ihrem zeitlichen Planungshorizont in einen täglichen, kurzfristigen und langfris-

---

156 In der Regel müssen noch Mengen angepasst, prozentuale und pauschale Nachlässe sowie vereinbarte Änderungen eingearbeitet werden.

157 Vgl. Waterstradt, R. / u.a. (1991), S. 49.

158 Vgl. Hauptverband der Deutschen Bauindustrie e.V. / Zentralverband des Deutschen Baugewerbes e.V. (Hrsg., 2001), S. 31.

159 Vgl. Rheindorf, M. (1991), S. 148.

160 Vgl. Keil, W. / Martinsen, U. / u.a. (2004), S. 18.

tigen Liquiditätsplan unterschieden werden. Abbildung 3-5 zeigt die drei Arten von Liquiditätsplänen im Vergleich.

Art	Ziel	Zeitraum	Inhalt
täglicher Liquiditätsplan	Tägliche Prüfung der Zahlungsbereitschaft	1 bis 10 Tag(e) im voraus; täglich erstellt	Liquiditätsstatus
kurzfristiger Liquiditätsplan	Sicherung der Zahlungsbereitschaft	1 Jahr im voraus; monatlich erstellt	Liquiditätsstatusentwicklung
langfristiger Liquiditätsplan	Sicherung der strukturellen Liquidität	5 Jahre im voraus; halbjährlich oder jährlich erstellt	Langfristige Kapitalflussrechnung

Abbildung 3-5: Liquiditätspläne im Vergleich[161]

Der „tägliche" Liquiditätsplan, auch als Liquiditätsstatus bezeichnet, dient der „täglichen" Überprüfung der Zahlungsfähigkeit sowie der reibungslosen Abwicklung des Zahlungs- und Kreditverkehrs.[162] Im Liquiditätsstatus wird der Anfangsbestand der vorhandenen finanziellen Mittel erfasst und um Einnahmen und Ausgaben ergänzt, deren Zahlungsfrist am Betrachtungstage endet. Dadurch kann erkannt werden, inwieweit die aktuelle Liquidität ausreicht, um die finanziellen Verpflichtungen erfüllen zu können. Der Liquiditätsstatus wird regelmäßig für die folgenden sieben bis zehn Tage fortgeführt. Dieser kurzfristigste Liquiditätsplan mit seiner Vorschau von bis zu zehn Tagen weist jedoch noch keinen eigenständigen Planungscharakter auf.

Der „kurzfristige" Liquiditätsplan kann sich auf einen Planungszeitraum von bis zu einem Jahr erstrecken.[163] Je nach Anforderung kann ein Monats-, Quartals- und/oder Jahresplan erstellt werden, der unter Berücksichtigung des Anfangsbestands an vorhandenen Zahlungsmitteln und der Gegenüberstellung von erwartbaren Einnahmen und Ausgaben den neuen Perioden-Endbestand in bezug auf die Zahlungskraft für den jeweiligen Planungszeitraum ermittelt.

Je weiter der Planungshorizont in der Zukunft liegt, desto schwieriger ist die Prognose von erwartbaren Einnahmen und Ausgaben. Daher verlagert sich die Betrachtung mit zunehmenden Planungshorizont von den Einnahmen und Ausgaben als Bewegungsgrößen zu den Bestandsgrößen Vermögen und Kapital. So wird im langfristigen Liqui-

161 In Anlehnung an Rehkugler, H. / Schindel, V. (1994); S. 194.

162 Vgl. Rehkugler, H. / Schindel, V. (1994), S. 193.

163 Vgl. Rehkugler, H. / Schindel, V. (1994), S. 193.

ditätsplan, der auch als Kapitalbindungsplan bezeichnet wird, für einen Planungshorizont von bis zu fünf Jahren der Kapitalbedarf (Finanzmittelverwendung) ermittelt und der Finanzmittelbeschaffung (Kapitaldeckung) gegenübergestellt,[164] wodurch die Notwendigkeit zusätzlicher Finanzierungsmaßnahmen bzw. die Möglichkeit zusätzlicher Investitionen sichtbar gemacht werden.

3.1.4 Bedeutung und Verbreitung der Führungsinstrumente des baubetrieblichen Rechnungswesens in mittelständischen Bauunternehmen

Die Finanzbuchhaltung bildet die Datenbasis des baubetrieblichen Rechnungswesens, da sie die Eingangsdaten für Auswertungen jeglicher Art bereitstellt. Bei rund 42 % (28 ≅ 41,8 %) der antwortenden mittelständischen Bauunternehmen werden die notwendigen buchhalterischen Aufgaben von externen Dienstleistern abgewickelt, wobei diese Serviceleistungen von Steuerberatungsbüros (21 ≅ 72,4 %) und/oder Rechenzentren (8 ≅ 27,6 %) erbracht wird.

Ist die Finanzbuchhalter auf einen externen Dienstleister ausgelagert ?	Unternehmen Insgesamt		Unternehmensgrößenklassen nach Beschäftigten					
			< 20		20 - 99		> 99	
	abs.	in %	abs.	in %	abs.	in %	abs.	in %
ja	71	51,1	42	70,0	28	41,8	1	8,3
nein	68	48,9	18	30,0	39	58,2	11	91,7
Σ	139	100,0	60	100,0	67	100,0	12	100,0

Tabelle 3-1: Auslagerung der Finanzbuchhaltung in der Stichprobe 1998

Diese Tatsache ist nicht unerheblich, kann doch davon ausgegangen werden, dass die Finanzbuchhaltung als Datenbasis für die Unternehmensführung mittelständischer Bauunternehmen besser genutzt werden könnte, wenn sie in den betreffenden Unternehmen intern geführt wird.

Als entscheidende Beweggründe für die Beauftragung eines „externen Buchhalters" nennen die antwortenden mittelständischen Bauunternehmen vor allem finanzielle Erwägungen (11 ≅ 36,7 %), gefolgt von fehlender fachlicher Kompetenz (10 ≅ 33,3 %) und fehlenden technischen Voraussetzungen (6 ≅ 20,0 %) sowie sonstigen Gründen (3 ≅ 10,0 %). Die beiden Gründe der finanziellen Erwägungen und der fehlenden techni-

164 Vgl. Rehkugler, H. / Schindel, V. (1994), S. 193.

schen Voraussetzung dürften sich jedoch in der Zukunft durch den zunehmenden EDV-Einsatz auch in den mittelständischen Bauunternehmen abschwächen.

Durch das Auslagern der buchhalterischen Kompetenz wird überdies auch der aktuelle Zugriff auf das finanzbuchhalterische Zahlenwerk erschwert. Die tagfertige Buchführung ist in rund drei Viertel der Antwort gebenden mittelständischen Bauunternehmen (49 ≅ 74,2 %) noch die Ausnahme, die Regel bildet die monatliche Erfassung der Daten. Vorliegend kann fast jedes zweite der antwortenden mittelständischen Bauunternehmen (22 ≅ 48,9 %), deren Finanzbuchhaltung nicht tagfertig war, erst nach einer Periode von vier bis acht Wochen oder länger auf das finanzbuchhalterische Zahlenmaterial zurückgreifen.

Ist Ihre Finanzbuchhaltung tagfertig abrufbar ? Nein, der Zeitrückstand beträgt:	Unternehmen insgesamt		Unternehmensgrößenklassen nach Beschäftigten					
			< 20		20 - 99		> 99	
	abs.	in %	abs.	in %	abs.	in %	abs.	in %
< 1 Woche	12	13,0	2	4,9	9	20,0	1	16,7
1 < x < 4 Wochen	29	31,5	10	24,4	14	31,1	5	83,3
4 < x < 8 Wochen	46	50,0	25	61,0	21	46,7	0	0,0
> 8 Wochen	5	5,4	4	9,8	1	2,2	0	0,0
Σ	92	100,0	41	100,0	45	100,0	6	100,0

Tabelle 3-2: Zeitrückstand der Finanzbuchhaltung in der Stichprobe 1998

Überdies zeigt Tabelle 3-3, dass fast zwei Drittel (38 ≅ 59,2 %) der antwortenden mittelständischen Bauunternehmen für die Erstellung ihres Jahresabschlusses (Bilanz, G+V) länger als sechs Monate nach Abschluss des Geschäftsjahres benötigen.

Wieviele Monate nach Abschluss des Geschäftsjahres liegt der Jahresabschluss vor ?	Unternehmen insgesamt		Unternehmensgrößenklassen nach Beschäftigten					
			< 20		20 - 99		> 99	
	abs.	in %	abs.	in %	abs.	in %	abs.	in %
< 3 Monate	8	5,9	3	5,0	5	7,8	0	0,0
3 < x < 6 Monate	44	32,4	14	23,3	21	32,8	9	75,0
6 < x < 9 Monate	54	39,7	23	38,3	28	43,8	3	25,0
9 < x < 12 Monate	24	17,6	14	23,3	10	15,6	0	0,0
> 12 Monate	6	4,4	6	10,0	0	0,0	0	0,0
Σ	136	100,0	60	100,0	64	100,0	12	100,0

Tabelle 3-3: Zeitrückstand des Jahresabschlusses in der Stichprobe 1998

Die Analyse der vorliegenden Erhebungsergebnisse verdeutlicht somit, dass die Bereitstellung von Informationen für die kurz- und mittelfristige Steuerung des betrieblichen Handelns mittels der Finanzbuchhaltung in einem Großteil der Antwort gebenden mittelständischen Bauunternehmen gar nicht bzw. nur stark eingeschränkt möglich ist, da das zur Verfügung stehende Zahlenmaterial von fehlender Aktualität geprägt ist.

Zudem kann die Finanzbuchhaltung und deren Auswertungen nur Hinweise für eine Steuerung des baubetrieblichen Handelns geben, da sie – wie bereits erwähnt – sich als weitgehend zwangsgeregelter Pflichtteil des baubetrieblichen Rechnungswesens am Informationsbedarf von externen Adressaten, wie potentielle Gesellschaftern, Kreditgebern, Finanzbehörden, Belegschaft und der interessierten Öffentlichkeit ausrichtet.

Vor diesem Hintergrund ist die Fragestellung von besonderem Interesse, ob die mittelständischen Bauunternehmen das Führungsinstrument der baubetrieblichen Kosten- und Leistungsrechnung einsetzen, das sich am Informationsbedarf der Führungskräfte im Unternehmen ausrichtet. Denn erst durch die Nutzung dieses Führungsinstruments, das weitgehend ohne gesetzliche Reglementierung nach betriebsindividuellen, zweckorientierten Erwägungen ausgestaltet werden kann, wird die Anforderung einer beginnenden Controlling-Ausrichtung erfüllt, für eine geeignete und bedarfsgerechte Informationsbasis zur Steuerung des baubetrieblichen Handelns sowie für die Preisermittlung von Bauvorhaben zu sorgen. Erwartungsgemäß antworten sämtliche mittelständische Bauunternehmen (67 ≅ 100 %), dass sie eine Angebotskalkulation zur Preisermittlung von Bauvorhaben einsetzen.

Welche Kalkulationsformen werden während der Auftragsabwicklung verwendet ?	Unternehmen insgesamt		Unternehmensgrößenklassen nach Beschäftigten					
			< 20		20 – 99		> 99	
Antwort gebende Unternehmen	abs.	in %	abs.	in %	abs.	in %	abs.	in %
	139	100,0	60	43,2	67	48,2	12	8,6
Nennungen	abs.	in %	abs.	in %	abs.	in %	abs.	in %
Angebotskalkulation	139	42,5	60	45,1	67	41,6	12	36,4
Auftragskalkulation	23	7,0	10	7,5	8	5,0	5	15,2
Arbeitskalkulation	23	7,0	8	6,0	13	8,1	2	6,1
Nachtragskalkulation	57	17,4	18	13,5	31	19,3	8	24,2
Nachkalkulation	83	25,4	35	26,3	42	26,1	6	18,2
Sonstiges	2	0,6	2	1,5	0	0,0	0	0,0
Σ	327	100,0	133	100,0	161	100,0	33	100,0

Tabelle 3-4: Nutzung von Kalkulationsformen in der Stichprobe 1998

Um so überraschender sind die Erhebungsergebnisse, nach denen rund 40 % (25 ≅ 37,3 %) der antwortenden mittelständischen Bauunternehmen auf den Einsatz einer objektbezogenen Nachkalkulation und jedes zweite (34 ≅ 51,5 %) dieser Antwort gebenden Unternehmensgruppe auf die Anwendung der Baubetriebsrechnung als eine unternehmensbezogene Kontrollrechnung verzichtet, obwohl der sich daraus ergebende Datenmangel nicht nur nachteilig auf die Unternehmenssteuerung auswirken, sondern auch konkret das Kalkulationsrisiko bei der Ermittlung neuer objektbezogener Angebotspreise zusätzlich erhöht.

So überrascht auch nicht der Befund, dass als Datenbasis für die Preisermittlung von Bauvorhaben überwiegend Erfahrungs- und Schätzwerte und nicht wirtschaftlich abgestimmte Vorgabewerte aus der Baubetriebsrechnung genannt werden. Folglich agieren die meisten der Antwort gebenden mittelständischen Bauunternehmen als Preisanpasser, ohne jedoch ihre betriebseigenen Kalkulationsspielräume zu kennen, wie Abbildung 3-5 zeigt.

Auf welcher Datenbasis beruht in Ihrem Baubetrieb die Angebotskalkulation ?	Unternehmen insgesamt		Unternehmensgrößenklassen nach Beschäftigten					
			< 20		20 – 99		> 99	
Antwort gebende Unternehmen	abs.	in %	abs.	in %	abs.	in %	abs.	in %
	138	100,0	59	42,8	67	48,6	12	8,7
Nennungen	abs.	in %	abs.	in %	abs.	in %	abs.	in %
Submissionsergebnisse	74	26,1	30	27,0	37	25,9	7	24,1
Aufträge aus der Vergangenheit	85	30,0	39	35,1	39	27,3	7	24,1
Standardgrößen Verband	3	1,1	2	1,8	1	0,7	0	0,0
standardisierte Kalkulationsposition	82	29,0	31	27,9	41	28,7	10	34,5
Baubetriebsrechnung	32	11,3	6	5,4	21	14,7	5	17,2
Sonstiges	7	2,5	3	2,7	4	2,8	0	0,0
Σ	283	100,0	111	100,0	143	100,0	29	100,0

Tabelle 3-5: Datenbasis der Angebotskalkulation in der Stichprobe 1998

Ein gleichgerichtetes Erhebungsergebnis zeigt sich, wenn man die Verbreitung der Finanzrechnung als Führungsinstrument in den mittelständischen Bauunternehmen untersucht. Trotz der Tatsachen, dass eine ausreichende Liquidität für den Fortbestand eines Unternehmens von entscheidender Bedeutung ist und den Unternehmen der Bauwirtschaft - wie bereits dargestellt - erhebliche finanzielle Vorleistungen bei Auftragsausführung von Bauvorhaben abverlangt werden, verzichten über ein Viertel (18 ≅ 27,7 %) der antwortenden mittelständischen Bauunternehmen ganz auf den Einsatz von vorausschauenden Instrumenten zur Ermittlung der Zahlungsfähigkeit.

Die Aufstellung eines Liquiditätsstatus wird lediglich von einem Viertel (16 ≅ 24,6 %) und die Erstellung eines kurzfristigen Liquiditätsplans auf Monatsbasis wird nur von jedem zweiten (32 ≅ 49,2 %) der antwortenden mittelständischen Bauunternehmen durchgeführt. Auf einen kurzfristigen Liquiditätsplan mit einem Horizont von einem bis zwölf Monate verzichten sogar über drei Viertel (53 ≅ 81,5 %) der Antwort gebenden mittelständischen Bauunternehmen. Daraus kann geschlossen werden, dass in vielen der befragten mittelständischen Bauunternehmen diese notwendigen und wichtigen Führungsinstrumte zur Aufrechterhaltung der Zahlungsfähigkeit offenssichtlich nicht bekannt sind.[165]

Die vorgestellten Erhebungsergebnisse legen somit den Schluss nahe, dass im Baugewerbe als einem stark technisch bestimmten Wirtschaftszweig viele mittelständische Unternehmen über die Erfüllung der gesetzlichen Anforderungen hinaus nur wenig zusätzlichen Aufwand im baubetrieblichen Rechnungswesen betreiben und durch die hieraus erwachsenden Informationsdefizite zur wirtschaftlichen Improvisation gezwungen sind. Vor diesem Hintergrund muss das Unternehmenscontrolling in mittelständischen Bauunternehmen im Sinne der wertschöpfungsorientierten Controlling-Konzeption zunächst die Kosten- und Leistungsrechnung sowie die Finanzrechnung als controlling-gerechte Informationsquellen ausgestalten. Voraussetzung hierfür ist jedoch, dass entscheidungsorientierte Führungsrechnungen für das baubetriebliche Rechnungswesen zur Verfügung stehen.

3.2 Entscheidungsorientierte Führungsrechnungen für das baubetriebliche Rechnungswesen in mittelständischen Bauunternehmen

Das betriebliche Handeln in mittelständischen Bauunternehmen wird durch Entscheidungen bestimmt. Die Anforderungen an das Unternehmenscontrolling in mittelständischen Bauunternehmen, die Unternehmensführung im Vorfeld von Entscheidungen mit entscheidungsorientierten Informationen zu versorgen, setzt die Weiterentwicklung der Führungsinstrumente des baubetrieblichen Rechnungswesens in mittelständischen Bauunternehmen voraus.

---

165 Andere Untersuchungen kommen zu vergleichbaren Ergebnissen, so stellt Legenhausen (1998), S. 148 fest, dass 80% der Unternehmen in der Baubranche auf den Einsatz eines Liquiditätsplanes verzichten.

Welche betriebswirtschaftlichen Instrumente setzen Sie eigenverantwortlich in Ihrem Unternehmen ein ?		Unternehmen insgesamt		Unternehmensgrößenklassen nach Beschäftigten					
				< 20		20 - 99		> 99	
		abs.	in %	abs.	in %	abs.	in %	abs.	in %
Deckungs-beitrags-rechnung	intensive Nutzung	28	30,4	10	28,6	15	31,9	3	30,0
	gelegentliche Nutzung	18	19,6	6	17,1	11	23,4	1	10,0
	seltene Nutzung	23	25,0	7	20,0	13	27,7	3	30,0
	keine Nutzung	23	25,0	12	34,3	8	17,0	3	30,0
	Σ	92	100,0	35	100,0	47	100,0	10	100,0
Soll-/Ist-Vergleich	intensive Nutzung	46	46,5	16	43,2	26	52,0	4	33,3
	gelegentliche Nutzung	29	29,3	8	21,6	19	38,0	2	16,7
	seltene Nutzung	8	8,1	3	8,1	2	4,0	3	25,0
	keine Nutzung	16	16,2	10	27,0	3	6,0	3	25,0
	Σ	99	100,0	37	100,0	50	100,0	12	100,0
Kennzahlen	intensive Nutzung	10	11,4	2	6,3	8	17,0	0	0,0
	gelegentliche Nutzung	28	31,8	3	9,4	21	44,7	4	44,4
	seltene Nutzung	23	26,1	6	18,8	14	29,8	3	33,3
	keine Nutzung	27	30,7	21	65,6	4	8,5	2	22,2
	Σ	88	100,0	32	100,0	47	100,0	9	100,0

Tabelle 3-6: Nutzung von entscheidungsorientierten Führungsrechnungen in der Stichprobe 1998

Welche betriebswirtschaftlichen Instrumente setzen Sie eigenverantwortlich in Ihrem Unternehmen ein? Entwicklungstendenz der Verwendung:		Unternehmen insgesamt		Unternehmensgrößenklassen nach Beschäftigten					
				< 20		20 - 99		> 99	
		abs.	in %	abs.	in %	abs.	in %	abs.	in %
Deckungs-beitrags-rechnung	mehr Nutzung	24	38,1	7	36,8	13	37,1	4	44,4
	gleiche Nutzung	35	55,6	11	57,9	20	57,1	4	44,4
	weniger Nutzung	4	6,3	1	5,3	2	5,7	1	11,1
	Σ	63	100,0	19	100,0	35	100,0	9	100,0
Soll-/Ist-Vergleich	mehr Nutzung	28	41,2	6	26,1	18	50,0	4	44,4
	gleiche Nutzung	34	50,0	14	60,9	16	44,4	4	44,4
	weniger Nutzung	6	8,8	3	13,0	2	5,6	1	11,1
	Σ	68	100,0	23	100,0	36	100,0	9	100,0
Kennzahlen	mehr Nutzung	15	24,2	1	5,6	11	30,6	3	37,5
	gleiche Nutzung	39	62,9	14	77,8	22	61,1	3	37,5
	weniger Nutzung	8	12,9	3	16,7	3	8,3	2	25,0
	Σ	62	100,0	18	100,0	36	100,0	8	100,0

Tabelle 3-7: Entwicklungstendenz der Nutzung von entscheidungsorientierten Führungsrechnungen in der Stichprobe 1998

Sie müssen von den häufig vorzufindenden nur dokumentations- zu entscheidungsorientierten Führungsinstrumenten weiterentwickelt werden. Dazu dienen entscheidungsorientierte Führungsrechnungen, wie z.B. die Deckungsbeitrags-, Kennzahlen-, Vergleichsrechnung und die Abweichungsanalyse.

Da aber im Hinblick auf deren Akzeptanz und Nutzungsintensität (Abbildung 3-6) eine fortgesetzte Zurückhaltung in den Antwort gebenden mittelständischen Bauunternehmen festgestellt werden kann und auch diesbezüglich keine entscheidende Veränderung bei einem Großteil der antwortendenden mittelständischen Bauunternehmen zukünftig zu erwarten war (Tabelle 3-7), sollen nachfolgend die Deckungsbeitrags-, Kennzahlen-Vergleichsrechnung und Abweichungsanalyse als entscheidungsorientierte Führungsrechnungen für die Weiterentwicklung des baubetriebliche Rechnungswesen vorgestellt werden.

3.2.1 Deckungsbeitragsrechnung

Die Antwort gebenden mittelständischen Bauunternehmen, die eine Baubetriebsrechnung durchführen, ermitteln ihr Betriebsergebnis überwiegend (27 ≅ 84,4 %) auf Basis der Vollkostenrechnung. Die Vollkostenrechnung geht prinzipiell den Weg, dass sämtliche im Unternehmen angefallenen Kosten entweder als Einzelkosten direkt oder als Gemeinkosten indirekt auf die einzelnen Kostenträger verrechnet werden,[166] wodurch dem einzelnen Kostenträger auch Gemeinkosten angelastet werden, die durch ihn aber nicht verursacht wurden. Damit fehlt der Vollkostenrechnung eine wesentliche Voraussetzung für eine entscheidungsorientierte Kostenrechnung, nämlich eine verursachungsgerechte Kostenzuweisung.

Hier setzt die Teilkostenrechnung an. Dabei werden nach dem Prinzip der Kostenverursachung den Kostenträgern nur die Teile der Gesamtkosten zugerechnet, deren Entstehung zweifelsfrei durch den einzelnen Kostenträger verursacht ist.[167] Die übrigen Teile der Gesamtkosten, die nicht durch einen bestimmten Kostenträger verursacht werden, sondern durch die Aufrechterhaltung der Betriebsbereitschaft entstehen, werden auf anderen Wegen in das Betriebsergebnis übertragen.[168] Verschiedene Er-

166 Vgl. Hummel, S. (1998), S. 454.

167 Vgl. Hummel, S. (1998), S. 454.

168 Vgl. Wöhe, G. (2005), S. 1081.

scheinungsformen der Teilkostenrechnung ergeben sich nach Art der Kostenauflösung.[169] Man unterscheidet zwischen Teilkostenrechnung auf der Basis von variablen und fixen Kosten sowie auf der Basis von relativen Einzelkosten.[170] Berücksichtigt man in der Teilkostenrechnung auch die Erlösseite, so bezeichnet man eine solche Form der Ergebnisrechnung als Deckungsbeitragsrechnung.

Der Vorteil der Deckungsbeitragsrechnung gegenüber einer Ergebnisermittlung auf Basis der Vollkostenrechnung liegt insbesondere in der Möglichkeit, die in wichtigen Entscheidungssituationen erforderlichen relevanten Informationen zu liefern. Typische Entscheidungstatbestände in Bauunternehmen sind dabei:[171]

- Vorgabe eines Gewinnziels,
- Angebotsbeurteilung,
- Entscheidungshilfen für die Preispolitik,
- Auswahl der lukrativen Aufträge,
- Beschäftigungsgrad festlegen,
- Investitionsentscheidungen absichern,
- Expansionsvorhaben beurteilen,
- Ermittlung des Kostendeckungsumsatzes und Soll-Gewinn-Umsatzes.

Die Grundformen der Deckungsbeitragsrechnung werden in den anschließenden Ausführungen unter Berücksichtigung von baubetrieblichen Gesichtspunkten näher betrachtet.

3.2.1.1 Grundformen der Deckungsbeitragsrechnung

Der ersten Grundform der Deckungsbeitragsrechnung liegt eine Kostenauflösung der Gesamtkosten in variable und fixe Kosten zugrunde. Im Gegensatz zu den bereits erwähnten Einzel- und Gemeinkosten, die gemäß ihrer Zurechenbarkeit auf die Kostenträger unterschieden werden, richtet sich die Einteilung in variable und fixe Kosten nach der Abhängigkeit von bestimmten Kosteneinflussgrößen.[172] Als variable Kosten bezeichnet man die Kosten bzw. Teile der Gesamtkosten, deren Höhe vom Niveau der

---

169 Vgl. Hummel, S. (1998), S. 456.

170 Vgl. Schweizer, M. / Küpper, H.U. (1995), S. 73.

171 Vgl. Keidel, C. / Kuhn, O. / Mohn, P. (2007), S. 222.

Kosteneinflussgröße abhängen.[173] Dagegen sind fixe Kosten in ihrer Höhe unabhängig vom Niveau der Kosteneinflussgröße innerhalb eines Intervalls.[174] In der Praxis wird als Kosteneinflussgröße meist die Beschäftigung unterstellt.[175] Ohne nähere Kennzeichnung gelten dann variable Kosten als beschäftigungsvariable Kosten und fixe Kosten als beschäftigungsfixe Kosten.

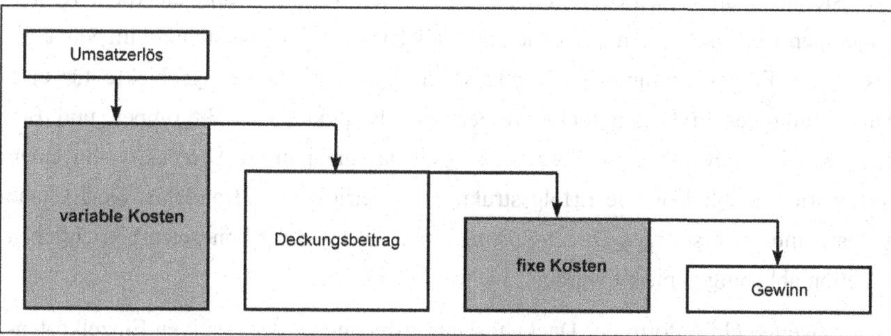

Abbildung 3-6: Grundprinzip des einstufigen Direct-Costing[176]

Als Deckungsbeitragsrechnungen auf Basis von variablen und fixen Kosten sind das einstufige und mehrstufige Direct-Costing zu nennen. Beim einstufigen Direct-Costing erfolgt eine einstufige Berechnung des Deckungsbeitrags.[177] Für einen bestimmte Abrechnungsperiode werden die variablen Kosten einzelner Kostenträger von den Umsatzerlösen abgezogen, um einen Deckungsbeitrag je Kostenträger zu ermitteln. Die Deckungsbeiträge je Kostenträger werden addiert und zu einem Gesamt-Deckungsbeitrag zusammengefasst. Die Differenz zwischen dem Gesamt-Deckungsbeitrag und den fixen Kosten der Abrechnungsperiode ergibt das Betriebsergebnis. Abbildung 3-6 zeigt das Direct-Costing in seinem Grundprinzip.

---

172 Vgl. Adam, D. (1998), S. 438.

173 Vgl. Adam, D. (1998), S. 438.

174 Vgl. Adam, D. (1998), S. 438.

175 Unter Beschäftigung wird allgemein die Ausnutzung bzw. der Ausnutzungsgrad der Kapazität eines Unternehmens verstanden. Als Kapazität lässt sich generell die Leistungsfähigkeit, das Leistungsvermögen, das Leistungspotential des Betriebes definieren (vgl. Weber, H.K / Rogler, S. (2006), S. 147 und Weber, H.K. (1996), S. 40).

176 Vgl. Keidel, C. / Kuhn, O. / Mohn, P. (2007), S. 29.

177 Vgl. Horváth, P. & Partners (2006), S. 110.

Der Vorteil des einstufigen Direct-Costing ist die einfache Durchführbarkeit. Ein wesentlicher Nachteil des Direct-Costing liegt in dem, in der Regel zu niedrigen Erkenntniswert dieser Rechnung, weil die fixen Kosten nur als Block in die Ergebnisermittlung einbezogen werden.

Das mehrstufige Direct-Costing versucht diesen Nachteil zu beseitigen, indem es den Fixkostenblock in verschiedene Fixkostenschichten aufspaltet und die fixen Kosten denjenigen Bezugsobjekten zurechnet, „die als Ursache ihrer Entstehung im Sinne eines Zweck-Folge-Zusammenhangs anzusehen sind."[178] Als Bezugsobjekte für eine Aufspaltung des Fixkostenblocks werden z.B. Produkte, Produktgruppen und Betriebseinheiten gewählt. Auf diese Weise gibt das mehrstufige Direct-Costing einen verfeinerten Einblick in die Erfolgsstruktur des betrieblichen Handelns. Der genaue Aufbau eines mehrstufigen Direct-Costing sollte aber von der konkreten betrieblichen Situation abhängig gemacht werden.

In der zweiten Grundform der Deckungsbeitragsrechnung, der relativen Einzelkosten- und Deckungsbeitragsrechnung,[179] wird die Zurechenbarkeit als Kriterium für die Kostenauflösung angesehen.[180] Durch eine geeignete Bezugsobjekthierarchie gelingt es, alle Kosten als Einzelkosten zu erfassen.[181] Dies bedeutet, dass alle Kosten an den Stellen zu erfassen und auszuweisen sind, an denen sie noch als Einzelkosten dargestellt werden können. Auf eine Schlüsselung der für Kostenträger ausgewiesenen Gemeinkosten wird bewusst verzichtet.[182] Alle Kosten sind also in Abhängigkeit von ihrer Zurechenbarkeit zu den jeweils betrachteten Bezugsobjekten als relative Einzelkosten anzusehen.[183]

Aufbauend auf diese Art der Kostenerfassung vollzieht sich die relative Einzelkosten- und Deckungsbeitragsrechnung in der Weise, dass von den Erlösen ausgehend sukzessiv die auf den einzelnen Ebenen jeweils direkt zurechenbaren relativen Einzelkosten

---

178 Vgl. Horváth, P. & Partners (2006), S. 111.

179 Die relative Einzelkosten- und Deckungsbeitragsrechnung geht auf Riebel, P. (1994) zurück.

180 Vgl. Adam, D. (1998), S. 438.

181 Bei den Bezugsobjekten kann es sich z.B. um Kostenträger (Produkteinheiten, Produktgruppen), Kostenstellen, Kostenstellengruppen, Vorgänge oder das Unternehmen an sich handeln.

182 Vgl. Schweizer, M. / Küpper, H.U. (1995), S. 74.

183 In diesem Sinn löst sich die Deckungsbeitragsrechnung auf Basis der relativen Einzelkosten von der allgemeinen kostenträgerorientierten Sichtweise bezüglich der Einzelkosten und relativiert diesen Einzelkostenbegriff. (Werner, J. (1995), S. 165).

in Abzug gebracht werden. So entstehen auf den unterschiedlichen Ebenen die entsprechenden Deckungsbeiträge. Der formale Aufbau der Deckungsbeitragsrechnung auf Basis relativer Einzelkosten entspricht weitgehend dem des mehrstufigen Direct-Costing.

Es stellt sich nun die Frage, welche Grundform der Deckungsbeitragsrechnung als entscheidungsorientierte Führungsrechnung für das baubetriebliche Rechnungswesen geeignet ist. Die Deckungsbeitragsrechnung auf Basis von variablen und fixen Kosten wird hier als weniger geeignet angesehen, da die Zerlegung der Gesamtkosten eines Bauunternehmens in variable und fixe Kosten in der Baupraxis schwierig ist. Da die Einteilung in variable und fixe Kosten sich definitionsgemäß nach der Abhängigkeit der Beschäftigung richtet, aber im Bau diesbezüglich direkte Bezugsgrößeneinheiten mit homogener Kostenverursachung nicht in ausreichender Anzahl vorhanden sind,[184] können beschäftigungsbedingte Kostenänderung nicht adäquat erfasst bzw. erklärt werden. So würde gerade im Baugewerbe, wo jeder Auftrag aufgrund der „standortgebundenen prototypischen Einzelfertigung“ sehr spezifisch und individuell ist, eine Einteilung in variable und fixe Kosten zu sehr pauschalieren.[185]

Die relative Einzel- und Deckungsbeitragsrechnung scheint im Baugewerbe hingegen auf den ersten Blick eher einsetzbar zu sein, da man die Zurechenbarkeit von relativen Einzelkosten auf Bezugsobjekte übernehmen kann. Gilt der Bauauftrag als Bezugsobjekt, so lassen sich die Material- und Fremdleistungskosten als Einzelkosten dem Bezugsobjekt Bauauftrag direkt zuordnen. Die Zuordnung der Lohnkosten ist allerdings in dieser eindeutigen Form nicht mehr möglich. Während die produktiven Fertigungslöhne dem Bezugsobjekt Bauauftrag direkt zurechenbar sind, bilden unproduktive Fertigungslöhne, Sozialaufwendungen und lohnabhängige Kosten nur indirekt zurechenbare Gemeinkosten, obgleich sie als bestimmter Prozentsatz der produktiven Fertigungslöhne festgelegt sind. Insofern liegen bezüglich der unproduktiven Fertigungslöhne, der Sozialaufwendungen und der lohnabhängigen Kosten variable bzw. proportionale Gemeinkosten vor, die auch den auftragsbezogen Deckungsbeitrag mitbestimmen müssen.[186] Entsprechend würde die relative Einzel- und Deckungsbeitragsrech-

184 Vgl. Mayer, E. / Neunkirchen, P. (1998), S. 39.

185 Vgl. Witt, F.J. (1991), S. 285.

186 Vgl. Mayer, E. / Neunkirchen, P. (1998), S. 40.

nung im Baugewerbe zu einer zu schmalen Entscheidungsbasis führen, weil die Proportionalität von bestimmten Gemeinkosten unberücksichtigt bliebe.

Das bedeutet, dass die vorgestellten Grundformen der Deckungsbeitragsrechnung in reiner Form zur Entscheidungsfindung für das Baugewerbe nicht geeignet sind.

3.2.1.2 Kostenkategorien für die Deckungsbeitragsrechnung in mittelständischen Bauunternehmen

Die Ausführungen zu den beiden Grundformen der Deckungsbeitragsrechnung haben gezeigt, dass weder eine Deckungsbeitragsrechnung auf Basis von variablen und fixen Kosten noch die Deckungsbeitragsrechnung auf Basis von relativen Einzelkosten in reiner Form als entscheidungsorientierte Führungsrechnung für das baubetriebliche Rechnungswesen geeignet ist.

Zur Lösung dieses Problems wird hier die von Mayer / Neunkirchen entwickelte „Deckungsbeitragsrechnung im Handwerk" herangezogen. Bei der „Deckungsbeitragsrechnung im Handwerk" handelt es sich um eine Mischform zwischen den beiden Grundformen der Deckungsbeitragsrechnung,[187] welche die arteigene Kostenstruktur von Handwerksbetrieben ausreichend berücksichtigt. Im Rahmen der „Deckungsbeitragsrechnung im Handwerk" werden Deckungsbeiträge errechnet, die auf einer Unterscheidung zwischen leistungsabhängigen und leistungsunabhängigen Kosten beruhen.

Leistungsabhängige Kosten sind dabei die Kosten, die im direkten Zusammenhang mit der betrieblichen Leistungserstellung anfallen,[188] z.B. Materialeinzelkosten (Materialverbrauch, Subunternehmerleistungen), Lohneinzelkosten (produktive Fertigungslöhne, Fremdlöhne, Auslösungen) und lohngebundene Kosten (unproduktive Fertigungslöhne, Sozialaufwendungen, lohnabhängige Kosten).

Leistungsunabhängige Kosten sind dagegen die Kosten, die unabhängig von der betrieblichen Leistungserstellung entstehen.[189] Sie verhalten sich konstant zur Anzahl der Kundenaufträge bzw. Bauprojekte. Es handelt sich also um Kosten der Betriebbereitschaft; sie entstehen auch dann in einem Bauunternehmen, wenn dieses keine Bauaufträge abwickelt. Dazu gehören beispielsweise Personalkosten der nicht in der Ferti-

187 Vgl. Mayer, E. / Neunkirchen, P. (1998), S. 41.

188 Vgl. Mayer, E. / Neunkirchen, P. (1998), S. 25.

189 Vgl. Mayer, E. / Neunkirchen, P. (1998), S. 25.

gung tätigen Mitarbeiter, Raumkosten, Steuern, Versicherungen, Beiträge, Werbe- und Reisekosten, Kosten der Warenabgabe und verschiedene Kosten.

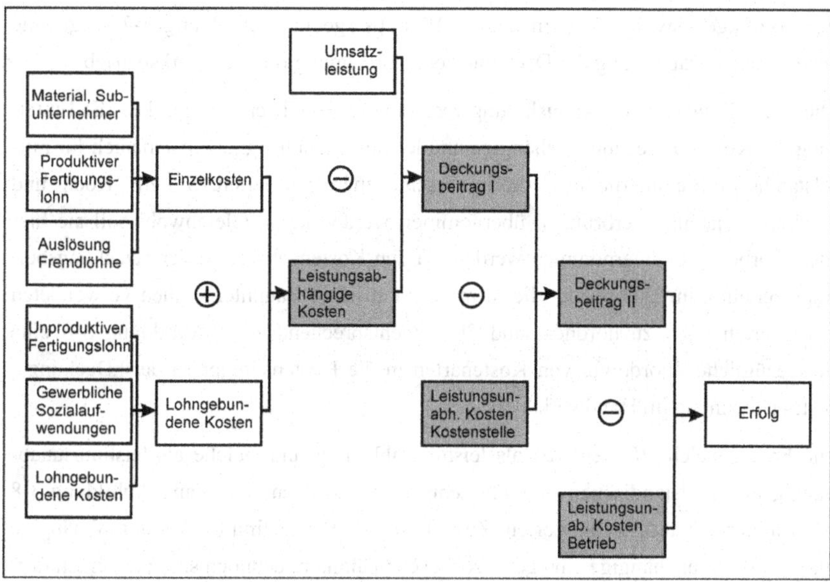

Abbildung 3-7: Deckungsbeitragsrechnung im Handwerk[190]

Das Grundschema der „Deckungsbeitragsrechnung im Handwerk" geht für eine bestimmten Abrechnungsperiode von der Leistung (zu Netto-Netto-Preis: Preis abzüglich USt, Rabatt, Skonto) aus und zieht die leistungsabhängigen Kosten Materialeinzelkosten, Lohneinzelkosten und lohngebundene Kosten ab, um zum Deckungsbeitrag I zu gelangen. Der Deckungsbeitrag I dient zur Entscheidung über Annahme oder Ablehnung des Auftrags. Die Summe der erzielten (Auftrags-)Deckungsbeiträge I einer Kostenstelle ergibt das Deckungsbeitragsvolumen einer Kostenstelle.

Zieht man vom Deckungsbeitragsvolumen der Kostenstelle die leistungsunabhängigen Kosten der Kostenstelle ab, wie z.B. zurechenbare Fahrzeug- und Werkzeugkosten, so erhält man den Deckungsbeitrag II für die Kostenstelle. Der Deckungsbeitrag II soll Entscheidungen über die Verlagerung von Kapazitäten absichern.

190 In Anlehnung an Mayer, E. / Neunkirchen, P. (1998), S. 89.

Die Summe aller Deckungsbeiträge II der Kostenstellen ergibt das Deckungsbeitragsvolumen des Betriebes. Subtrahiert man vom Deckungsbeitragsvolumen des Betriebes die leistungsunabhängigen Kosten des Betriebes, wie z.B. Raumkosten, Versicherungen, Beiträge usw., gelangt man zum Betriebsergebnis. Abbildung 3-7 zeigt eine schematische Darstellung der Deckungsbeitragsrechnung im Handwerksbetrieb.

Die Darstellung der „Deckungsbeitragsrechnung im Handwerk" zeigt, dass die Einteilung der Kosten in leistungsabhängige und leistungsunabhängige Kosten auch für mittelständische Bauunternehmen, die in verschiedenen Bausparten, wie z.B. Hoch- und Tiefbau, Leistungen erbringen, übernommen werden kann. Gleichwohl soll sie hier nicht vorbehaltlos übernommen werden, da den Kostenkategorien der „Deckungsbeitragsrechnung im Handwerk" die in mittelständischen Bauunternehmen verwendeten Kostenarten noch zuzuordnen sind.[191] Dementsprechend zeigt Abbildung 3-8 eine diesbezügliche Zuordnung von Kostenarten in die Kostenkategorien der „Deckungsbeitragsrechnung im Handwerk".[192]

Die Frage, welche Kostenarten als leistungsabhängig und welche als leistungsunabhängig in mittelständischen Bauunternehmen einzuordnen sind, kann Abbildung 3-8 nicht allgemeingültig beantworten. Zwar bestimmt die Definition leistungsabhängige und leistungsunabhängige eine gewisse Gesetzmäßigkeit, dennoch sind bei der Einordnung unternehmensindividuelle Möglichkeiten und somit Entscheidungen zu berücksichtigen.

---

191 Unter einer Kostenkategorie werden hier nach Bezugsobjekten bzw. Kosteneinflussgrößen gebildete Gattungen von Kostenarten verstanden (vgl. Busse von Colbe, Walther (Hrsg., 1998), S. 446).

192 Vor dem Hintergrund der großen Bedeutung der Liquiditätssicherung in mittelständische Bauunternehmen gilt es, im Hinblick auf die Liquiditätswirksamkeit von Kosten eine weitere Einteilung vorzunehmen. So macht es durchaus Sinn, Deckungsbeiträge nicht nur auf Basis einer Kostenauflösung in leistungsabhängige und leistungsunabhängige Kosten zu ermitteln, sondern überdies eine Kosteneinteilung hinsichtlich Liquiditätswirksamkeit durchzuführen, um mittels Deckungsbeiträgen liquiditätsorientierte Preisuntergrenzen zu ermitteln. Siehe weiterführend Kapitel 4.1.2.2 Preissteuerung zur Aufrechterhaltung der Liquidität.

<table>
<tr><td rowspan="8">← Deckungsbeitragsrechnung → leistungsabhängige Kosten</td><td rowspan="5">Einzelkosten</td><td>Lohn-einzel-kosten</td><td>Produktive Fertigungslöhne
Auslösungen
Fremdlöhne</td><td rowspan="5">Einzelkosten</td></tr>
<tr><td>Material-einzelkos-ten</td><td>Haupt- und Hilfsstoffe</td></tr>
<tr><td>Geräte-einzelkos-ten</td><td>Gerätekosten
Mietkosten
Transportkosten</td></tr>
<tr><td>Fremd-leistungs-einzelkos-ten</td><td>Kosten der Fremdunternehmerleistungen
Kosten der Nachunternehmerleistungen</td></tr>
<tr><td>Sonstige Einzelkos-ten</td><td>Sonstige direkt zurechenbare Kosten</td></tr>
<tr><td rowspan="3">lohngebundene Kosten</td><td>Unproduk-tiver Ferti-gungslohn</td><td>Unproduktive Fertigungslöhne
• für Garantieleistungen
• für sonstige nicht zurechenbare Stunden</td><td rowspan="3">← Vollkostenrechnung →</td></tr>
<tr><td>Sozialauf-wendun-gen</td><td>Gesetzliche Sozialaufwendungen, z.B.
• Lohnfortzahlung
• Arbeitgeberanteile der Renten-, Kranken-, Pflege und Arbeitslosen-vers.
• Beiträge zur Berufsgenossenschaft
Tarifliche Sozialaufwendungen, z.B.
• Feier- und Urlaubstage
• Beiträge ZVK und ULAK
• Vermögensbildung
• 13. Monatseinkommens
Freiwillige Sozialaufwendungen, z.B.
• Zulagen für Arbeitskleidung
• betriebliche Altersvorsorge
• sonstige freiwillige Aufwendungen</td></tr>
<tr><td>Lohn-ab-hängige Kosten</td><td>Kleingerät und Werkzeug
Haftpflichtversicherung
Organisationsbeiträge
Sonstige lohnabhängige Kosten</td></tr>
<tr><td rowspan="2">leistungsunabhängige Kosten</td><td>Kosten-stellen</td><td></td><td>Fahrzeugkosten (Busse + Pkw)
Instandhaltungs-/Werkstattkosten
Personalkosten der nicht auf der Baustelle tätigen Mitarbeiter (z.B. Bauleitung)</td><td rowspan="2">← Gemeinkosten →</td></tr>
<tr><td>Betrieb</td><td></td><td>Peronalkosten der Verwaltung
Raumkosten
Steuern/Versicherungen/Beiträge
Werbe- und Reisekosten
Kosten der Warenabgabe</td></tr>
</table>

Abbildung 3-8: Leistungsabhängige und leistungsunabhängige Kosten in mittelständischen Bauunternehmen[193]

193 In Anlehnung an Mayer, E. / Neunkirchen, P. (1998), S. 42.

3.2.2 Kennzahlenrechnung

Unter Kennzahlen versteht man Informationen, die Sachverhalte und Tatbestände in einer Zahl relevant und knapp ausdrücken können.[194] Es sind also im weitesten Sinne alle Zahlen, die über betriebswirtschaftliche Tatbestände und Entwicklungen in konzentrierter Form informieren und die Unternehmensführung dazu veranlassen nach den Ursachen, die diese Zahlen bewirken, zu suchen und diese möglichenfalls zu beseitigen.

Ihre in der Kennzahlenrechnung ermittelten Werte können sich auf Teilbereiche eines Unternehmens, das Unternehmen insgesamt sowie auf die Vergangenheit, die Gegenwart oder die Zukunft beziehen. Kennzahlen sind entweder absolute Werte, sogenannte Grundzahlen, oder sie zeigen als Verhältniszahlen das Verhältnis aus mehreren Grundzahlen.[195]

Die Arten und Gliederung der Kennzahlen verdeutlicht Abbildung 3-9.

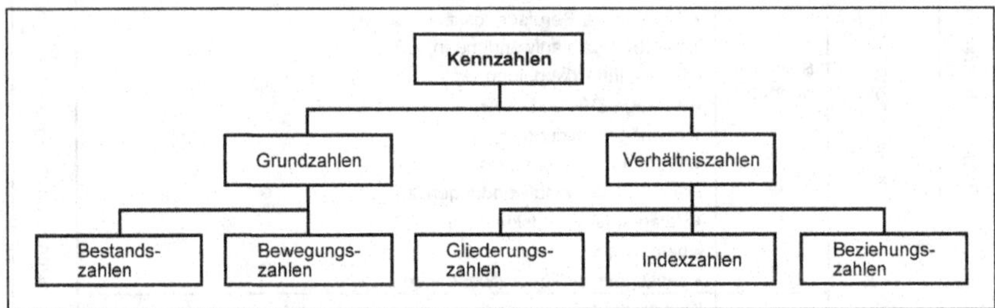

Abbildung 3-9: Arten und Gliederung der Kennzahlen[196]

Grundzahlen werden untergliedert in Bestandszahlen oder Bewegungszahlen.[197] Unter Bestandszahlen versteht man stichtagsbezogene Grundzahlen. Als Beispiel hierfür kann man den Vorrat an Material zum Stichtag nennen. Dagegen sind Bewegungszahlen periodenbezogene Grundzahlen. Sie geben z.B. den Verbrauch von Material an.

---

194 Vgl. Baumbusch, R. (1988), S. 12.

195 Vgl. Hürlimann, W. (1990), S. 6.

196 In Anlehnung an Hauptverband der Deutschen Bauindustrie e.V. / Zentralverband des Deutschen Baugewerbes e.V. (Hrsg., 2001), S. 108.

197 Vgl. Scheld, G. (2002), S. 182.

Verhältniszahlen werden unterschieden in Gliederungszahlen, Indexzahlen und Beziehungszahlen.[198] Gliederungszahlen zeigen Strukturverhältnisse auf, wie z.B. das Verhältnis der Personalkosten zu den Gesamtkosten. Indexzahlen wiederum zeigen die Veränderung von untersuchten Größen auf, z.B. die Entwicklung der Lohnkosten in einer bestimmten Abrechungsperiode. Beziehungszahlen entstehen, wenn gleichgeordnete, aber wesensverschiedene Größen in Beziehung zueinander gesetzt werden; als ein Beispiel sei hier der Umsatz pro Beschäftigten genannt.

3.2.3 Vergleichsrechnung und Abweichungsanalyse

Kennzahlen für sich genommen haben i.d.R. noch keinen hohen Informationswert, da sie lediglich eine Momentaufnahme über betriebswirtschaftliche Tatbestände widergeben, die durchaus zufallsbedingt sein kann. Deshalb sind Vergleichsrechnungen notwendig, welche die Wertigkeit der einzelnen Kennzahlen herausstellen. Grundsätzlich bieten sich für die Durchführung von Vergleichsrechnungen in mittelständischen Bauunternehmen der Zeitvergleich, der Betriebsvergleich und der Soll/Ist-Vergleich als Vergleichsmaßstab an.

Im Zuge eines Zeitvergleichs werden im gleichen Unternehmen gleiche Kennzahlen aus verschiedenen Abrechnungsperioden miteinander verglichen.[199] Der Erkenntniswert jedes Zeitvergleichs leidet jedoch darunter, dass ein Unternehmen nur die Kennzahlen des eigenen betrieblichen Handelns in der Vergangenheit berücksichtigt. Es besteht dadurch die Gefahr von falschen Schlussfolgerungen, da über mehrere Abrechnungsperioden gleichbleibende Schwächen oder aber auch Stärken nicht erkannt werden.[200] So kann es sein, dass die Kennzahlen im Vergleich zu den früheren Kennzahlen zwar besser geworden, im Vergleich zu anderen Unternehmen aber zurückgeblieben sind.

Beim Betriebsvergleich werden die im eigenen Unternehmen ermittelten Kennzahlen mit den entsprechenden Kennzahlen eines ähnlich gelagerten Unternehmens verglichen und festgestellt,[201] ob das eigene Unternehmen besser oder schlechter abschnei-

---

198 Vgl. Scheld, G. (2002), S. 183.

199 Vgl. Vollmuth, H.J. (2001), S. 43.

200 Vgl. Wehrer, K. (1996), S. 196.

201 Vgl. Vollmuth, H.J. (2001), S. 44.

det. Die Problematik bei Betriebsvergleichen besteht darin, dass selbst äußerlich vergleichbare Unternehmen in der Regel nicht zur Gänze vergleichbar sind. Zudem wird es nicht einfach sein, ein Unternehmen zu finden, das bereit ist, die benötigten Kennzahlen herauszugeben. Deshalb ist in der Regel ein Betriebsvergleich nur mit den von Institutionen bekannt gegebenen Branchendurchschnittszahlen möglich; solche Institutionen sind z.B. das Statistische Bundesamt, die Industrie und Handelskammern oder Interessenverbänden.

Der Soll/Ist-Vergleich zeigt, inwieweit Soll-Vorgaben erreicht werden. Hier werden die im Rahmen einer betrieblichen Planung ermittelten Kennzahlen als Soll-Vorgaben interpretiert, die als Vergleichmaßstab für die tatsächlich eingetretenen Ist-Werte dienen.[202] Der so verstandene Soll/Ist-Vergleich besitzt deutliche Vorteile gegenüber dem Zeit- und Betriebsvergleich, da nur aus einem frühzeitigen Vergleich von betrieblichen Soll- und Ist-Werten eine wirkliche, zukunftsorientierte Unternehmenssteuerung ermöglicht wird. Der Soll/Ist-Vergleich lässt sich nach verschiedenen Kriterien ordnen und zwar nach Art der Soll/Ist-Zahlen, Vergleichszeiträumen sowie Bezugsbereichen und Bezugseinheiten. Einen Überblick über die im Rahmen der baubetrieblichen Kosten- und Leistungsrechnungen möglichen Soll/Ist-Vergleiche gibt Abbildung 3-10:

			Bezugsbereiche und -einheiten			
			Baustellenbereich			
			Baustelle (gesamt)	Bau-abschnitt	BAS-Nr.	Pos.-NR
Soll/Ist-Zahlen	Mengen	Arbeitsstunden	•	•	•	•
		Stoffe	•	•	•	•
		Gerätestunden	•	•	•	•
	Werte	Kosten	•	•	•	•
		Ergebnisse	•			
Vergleichs-zeiträume	während der Leistungserstellung		•	•	•	•
	nach der Leistungserstellung		•	•	•	•

Abbildung 3-10: Arten von Soll/Ist-Vergleichen der KLR Bau[203]

202 Vgl. Vollmuth, H.J. (2001), S. 44.

203 In Anlehnung an Hauptverband der Deutschen Bauindustrie e.V. / Zentralverband des Deutschen Baugewerbes e.V. (Hrsg., 2001), S. 103.

Jede signifikante Abweichung beim Zeit-, Betriebs- und Soll/Ist-Vergleich, sollte eine methodische Abweichungsanalyse zur Folge haben, welche die wichtigen Abweichung auf ihre Ursachen hin untersucht. Die Ursachen von Abweichungen sind vielfältig und können z.B. auf einer fehlerhaften Planung, unrealistischen Zielvorgaben, schlechter Organisation, unkorrekter Durchführung oder unvorhersehbaren externen Einflüsse beruhen.[204] Die aufgetretenen Abweichungen werden hier in bezug auf ihr Ausmaß in Normalabweichungen und Ausnahmeabweichungen unterschieden. Eine Normalabweichung liegen dann vor, wenn die Abweichung unter einer unternehmensindividuell festgelegten Toleranzgrenze liegt, so dass die Abweichung im Rahmen üblicher Anpassungsmaßnahmen von einem hierfür verantwortlichen Entscheidungsträger behoben werden kann. Übersteigt die Abweichung diese im Unternehmen festgelegte Toleranzgrenze, so liegt eine Ausnahmeabweichung vor, die das Eingreifen eines übergeordneten Entscheidungsträgers erfordert.[205]

Zusammenfassend verfolgt die Abweichungsanalyse also das Ziel, die Abweichungsursachen aufzudecken, um eine Grundlage für die aktive Steuerung des betrieblichen Handelns zu schaffen. Die Abweichungsanalyse stellt somit ein Bindeglied zwischen den Vergleichsrechnungen und dem Einleiten von Maßnahmen zur Beseitigung der Abweichungsursachen oder zumindest zur Minimierung der Abweichungsspanne dar.[206]

3.3 Die Kosten- und Leistungsrechnung als Informationsquelle für das Unternehmenscontrolling in mittelständischen Bauunternehmen

Eine Aufgabe des Unternehmenscontrolling in mittelständischen Bauunternehmen ist es, das Erreichen bzw. die Einhaltung des Erfolgsziels sicherzustellen. Um dies kontrollieren und steuern zu können, sind Informationen über das betriebliche Handeln bereitzustellen, die einen fundierten Einblick in dieses ermöglichen. Daraus ergibt sich, dass es nicht ausreicht, ausschließlich die an externe Adressaten orientierte Finanzbuchhaltung als Informationsquelle für das Unternehmenscontrolling in mittelständi-

---

204 Vgl. Vollmuth, H. J. (2001), S. 45.

205 Das Führen nach dem Ausnahmeprinzip (Management by exeption) entlastet die Unternehmensführung von Routineaufgaben. Der Bauleiter konzentriert sich auf „Normalsituationen", der Bauunternehmer auf die „Ausnahmesituationen" (vgl. Refisch, B. (1988), S. 97).

206 Vgl. Heim, H.M. (2005), S. 168.

schen Bauunternehmen zu verwenden. Um zu den benötigten Informationen zu gelangen, muss vielmehr die gesetzlich vorgeschriebene und an externe Adressaten orientierte Finanzbuchhaltung um eine an die Führungskräfte als interne Adressaten orientierte Kosten- und Leistungsrechnung ergänzt werden, die dem Unternehmenscontrolling in mittelständischen Bauunternehmen als Informationsquelle für die Erfolgskontrolle und -sicherung dient.

Die Gestaltung der Kosten- und Leistungsrechnung als Informationsquelle für das Unternehmenscontrolling in mittelständischen Bauunternehmen richtet sich nach vielen Faktoren, beispielsweise nach Größe und Struktur des Unternehmens. Entsprechend kann eine Gestaltung der Kosten- und Leistungsrechnung nur unternehmensindividuell vollzogen werden. Daher sind die nachfolgenden Ausführungen – unter Berücksichtigung der eigenen empirischen Erhebungsergebnisse – als Ansätze zu verstehen, wie das unternehmerische Handeln mittelständischer Bauunternehmen wertmäßig und controlling-gerecht in der Baubetriebsrechnung und Bauauftragsrechnung abgebildet werden kann.

3.3.1 Kostenartenrechnung

Mit der Kostenartenrechnung wird eine möglichst vollständige Erfassung der im Betrieb angefallenen Kosten einer Abrechnungsperiode angestrebt. Die Datenbasis der Kostenartenrechnung stammt zum großen Teil aus der Finanzbuchhaltung. Daher hat das Unternehmenscontrolling in mittelständischen Bauunternehmen auch die Aufgabe, die Verbindung zwischen Finanzbuchhaltung und Kostenartenrechnung im Hinblick auf die Rechnungszwecke der Kosten- und Leistungsrechnung in mittelständischen Bauunternehmen optimal zu gestalten. Dazu sind in der Finanzbuchhaltung einige organisatorische Vorarbeiten erforderlich, die im wesentlichen die Auswahl eines geeigneten Kontenrahmens und das Festlegen eines Kontenplans umfassen. Darüber hinaus ist eine zweckmäßige Kostenartengliederung zu organisieren. Die Kostenartengliederung spiegelt sich im Kostenartenplan wider.

3.3.1.1 Kontenrahmen und Kontenplan

Ein Kontenrahmen ist ein Gliederungs- und Organisationsplan für das gesamte Rechnungswesen in einem Wirtschaftszweig.[207] Er enthält eine systematische Übersicht, der im betrieblichen Rechnungswesens der Unternehmen möglicherweise auftretenden Konten.[208] Dieser überbetriebliche Kontenrahmen dient der Aufstellung eines unternehmensspezifischen Kontenplans, in den die Konten des Kontenrahmens übernommen werden, die ein Unternehmen braucht. Damit sollen einheitliche Buchungen von gleichen Geschäftsvorfällen erreicht und zwischenbetriebliche Vergleiche ermöglicht werden. Mit den in Abbildung 3-11 angeführten Kontenrahmen sind unterschiedliche Gliederungs- und Organisationsvorschläge für das baubetriebliche Rechnungswesen geschaffen worden, die das Zusammenspiel der finanz- und betriebsbuchhalterischen Geschehnisse eines Baubetriebes optimal aufeinander abstellen. Da aber viele mittelständische Bauunternehmen - wie bereits festgestellt - über die Erfüllung der gesetzlichen Anforderungen hinaus nur wenig zusätzlichen Aufwand in ihrem baubetrieblichen Rechnungswesen betreiben, sind auch die Kontenrahmen, die dort verwendet werden, häufig nur nach steuerlichen Gesichtspunkten ausgewählt.

Verfügt Ihre Finanzbuchhaltung über einen nach baubetriebswirtschaftlichen Gesichtspunkten aufgebauten Kontenrahmen ?	Unternehmen insgesamt		Unternehmensgrößenklassen nach Beschäftigten					
			< 20		20 - 99		> 99	
	abs.	in %	abs.	in %	abs.	in %	abs.	in %
branchenbezogen	83	61,0	30	50,8	42	64,6	11	91,7
nicht branchenbezogen	35	25,7	15	25,4	19	29,2	1	8,3
keine Beurteilung möglich	18	13,2	14	23,7	4	6,2	0	0,0
Σ	136	100,0	59	100,0	65	100,0	12	100,0

Tabelle 3-8: Nutzung brachenbezogener Kontenrahmen in der Stichprobe 1998

Tabelle 3-8 zeigt, dass fast jedes dritte (19 ≅ 29,2 %) der antwortenden mittelständischen Bauunternehmen immer noch einen Standardkontenrahmen verwendet, der auch für nicht bauhauptgewerbsspezifische Gewerke Verwendung finden kann. Zudem können rund 7 % der Antwort gebenden mittelständischen Bauunternehmen (4 ≅ 6,2 %) nicht beurteilen, welcher Kontenrahmen in ihrem Baubetrieb eingesetzt wird. Folglich

---

207 Vgl. Hauptverband der Deutschen Bauindustrie e.V. / Zentralverband des Deutschen Baugewerbes e.V. (Hrsg., 2001), S. 26.

208 Vgl. Eisele, W. (2002), S. 565.

kann man davon ausgehen, dass in etwa jedem dritten Antwort gebenden mittelständischen Bauunternehmen (23 ≅ 35,4 %) bewusst oder unbewusst eine branchenbezogene Datenerfassung, Datenaufbereitung und Datenauswertung vernachlässigt wird.

Konten-klasse	MKR der Bau-industrie (1996)	DATEV SKR 03 Bau (2005)	DATEV SKR 04 Bau (2005)	Baukontenrahmen (1987)
0	Abschlusskonten	Anlage- und Kapitalkonten	Immaterielle Vermögensgegenstände, Sachanlagen, Finanzanlagen	Sachanlagen und immaterielle Anlagewerte
1	Sachanlagen und immaterielle Vermögensgegenstände	Finanz- und Privatkonten	Vorräte, Forderungen, Geldkonten, aktive Rechnungsabgrenzungsposten	Finanzanlagen und Geldkonten
2	Umlaufvermögen	Abgrenzungskonten	Eigenkapital	Vorräte, Forderungen und aktive Rechnungsabgrenzungsposten
3	Eigen- und Fremdkapital	Wareneingangs- und Bestandskonten	Rückstellungen, Verbindlichkeiten, passive Rechnungsabgrenzungsposten	Eigenkapital, Wertberichtigungen und Rückstellungen
4	Kostenarten	Betriebliche Aufwendungen	Betriebliche Erträge	Verbindlichkeiten und passive Rechnungsabgrenzungsposten
5	Schlüsselkostenstellen	Frei	Betriebliche Aufwendungen	Erträge
6	Hilfskostenstellen	Frei	Betriebliche Aufwendungen	Betriebliche Aufwendungen
7	Baustellen	Bestände und Erzeugnisse	Sonstige Erträge und Aufwendungen	Sonstige Aufwendungen
8	Betriebserträge	Erlöskonten	Frei	Eröffnung und Abschluss
9	Neutrale Aufwendungen	Vortrags- und statistische Konten	Vortrags- und statistische Konten	Baubetriebsrechnung einschließlich Abgrenzungsrechnung

Abbildung 3-11: Kontenklassenvergleich von verschiedenen Baukontenrahmen[209]

Auch führen rund 36 % (10 ≅ 35,7 %) der antwortenden mittelständischen Bauunternehmenm ihre Baubetriebsrechnung mit der Finanzbuchhaltung zusammen in einem Einkreissystem durch, d.h. es werden sämtliche Geschäftsvorfälle, gleichgültig ob innerbetriebliche oder außerbetriebliche, in einem gemeinsamen Rechnungskreis

209 Vgl. Hedfeld, K. (1994), S. 76 und Jacob, D. / Stuhr, C. (2006), S. 108 ff.

abgerechnet. Die Baubetriebsrechnung dieser Unternehmen ist gewissermaßen in deren Gewinn- und Verlustrechnung der Finanzbuchhaltung integriert. Dies ist z.B. bei dem „Musterkontenrahmen Bau“ (MKR Bau) der Fall, der von einigen Mittelstandsoftwareprogrammen unterstützt wird.

Das Einkreissystem hat jedoch den Nachteil, dass innerbetriebliche Bewegungen (z.B. eigene Werksatt repariert eigenen Lkw) nicht exakt erfasst werden können und zusätzlich die Gefahr besteht, dass die Finanzbuchhaltung mit Kosten belastet wird, die aus Sicht der Finanzbuchhaltung gar nicht vorhanden sind. Auch kann es nicht wünschenswert sein, dass die internen Kosten- und Leistungswerte über die „Betriebswirtschaftlichen Auswertungen“ (BWA) an externe Adressaten gelangen. Deshalb sind die innerbetrieblich bedingten Geschäftsvorfälle in der Baubetriebsrechnung von den außerbetrieblichen Geschäftsvorfällen der Finanzbuchhaltung zu trennen, indem man für beide Bereiche unabhängig voneinander geführte Rechnungskreise verwendet.

Ein Zweikreissystem, welches Finanzbuchhaltung und Baubetriebsrechnung in zwei getrennten und dennoch verzahnten Rechnungskreisen behandelt, erfüllt diese Forderung und sollte deshalb als Regelsystem zur Kostenerfassung in mittelständischen Bauunternehmen verwendet werden.

Vor diesem Hintergrund sollte der „Baukontenrahmen 87“ (BKR 87) als Standardkontenrahmen in mittelstständischen Bauunternehmen eingesetzt werden, da der Aufbau mit seinen 10 Kontenklassen und zwei getrennten Rechnungskreisen für Finanzbuchhaltung und Baubetriebsrechnung die Anforderungen einer brachenbezogenen Datenerfassung, Datenaufbereitung und Datenauswertung erfüllt. Abbildung 3-12 stellt die Hauptgliederung des Baukontenrahmens dar.

Der für die Belange der Bauwirtschaft entwickelte Baukontenrahmen (BKR 87) baut auf dem für industrielle Unternehmen entwickelte Industriekontenrahmen (IKR) auf und berücksichtigt bauspezifische Aspekte.[210] Der Rechnungskreis I des BKR 87 beinhaltet in den Konten der Finanzbuchhaltung (Kontenklassen 0-8) alle ausweispflichtigen Positionen für die Bilanz sowie die Gewinn- und Verlustrechnung nach §§ 238 ff. HGB. Der Rechnungskreis II des BKR 87 umfasst mit der Kontenklasse 9 die Baubetriebsrechnung einschließlich Abgrenzungsrechnung, für deren Ausgestaltung jedoch keine gesetzlichen Vorschriften bestehen. Um eine Verbindung zwischen den

210 Vgl. Brüssel, W. (2007), S. 57.

beiden Rechnungskreisen herbeizuführen, sind der Kontenplan der Finanzbuchhaltung und der Kostenartenplan der Baubetriebsrechnung aufeinander abzustimmen.

<table>
<tr><th>Kontenklasse</th><th>Inhalt</th><th colspan="2">Gruppierungsbereiche</th></tr>
<tr><td colspan="4">Rechnungskreis I (Finanzbuchhaltung)</td></tr>
<tr><td>0</td><td>Sachanlagen und immaterielle Anlagewerte</td><td rowspan="3">Aktivkonten</td><td rowspan="5">Bestands-konten (Bilanz)</td></tr>
<tr><td>1</td><td>Finanzanlagen und Geldkonten</td></tr>
<tr><td>2</td><td>Vorräte, Forderungen und aktive Rechnungsabgrenzungs-posten</td></tr>
<tr><td>3</td><td>Eigenkapital, Wertberichtigungen und Rückstellungen</td><td rowspan="2">Passivkonten</td></tr>
<tr><td>4</td><td>Verbindlichkeiten und passive Rechnungsabgrenzungsposten</td></tr>
<tr><td>5</td><td>Erträge</td><td>Ertragskon-ten</td><td rowspan="3">Erfolgskon-ten (G+V)</td></tr>
<tr><td>6</td><td>Betriebliche Aufwendungen</td><td rowspan="2">Aufwands-konten</td></tr>
<tr><td>7</td><td>Sonstige Aufwendungen</td></tr>
<tr><td>8</td><td>Eröffnung und Abschluss</td><td colspan="2">Abschlusskonten</td></tr>
<tr><td colspan="4">Rechnungskreis II (Baubetriebsrechnung)</td></tr>
<tr><td>9</td><td>Baubetriebsrechnung einschließlich Abgrenzungsrechnung</td><td colspan="2">Baubetriebsrechnung</td></tr>
</table>

Abbildung 3-12: Grundkonzeption Baukontenrahmen[211]

3.3.1.2 Kostenartenplan

Die systematische Erfassung und Aufbereitung der Gesamtkosten in einer Abrechnungsperiode setzt eine zweckmäßige Gliederung in Kostenarten voraus. Diese Kostenartengliederung wird im Kostenartenplan festgelegt. Der Kostenartenplan baut auf dem Kontenplan der Finanzbuchhaltung auf. Dies ergibt sich aus der Tatsache, dass die Verbindung zwischen Kontenplan und Kostenartenplan die direkte Schnittstelle zwischen der Finanzbuchhaltung und der Baubetriebsrechnung ist.

Über die Schnittstelle Kontenplan / Kostenartenplan werden die Kostenarten aus der Finanzbuchhaltung über die Kontenklasse 6 „Betriebliche Aufwendungen / Kostenarten" des Baukontenrahmens (BKR 87) entweder in der gleichen Höhe als Grundkosten oder in einer anderen Höhe als Anderskosten in die Baubetriebsrechnung übernommen. Außerdem werden Kostenarten, die in der Finanzbuchhaltung nicht berücksich-

211 In Anlehnung an Jacob, D. / Heinzelmann, S. / Klinke, D.A. (2003), S. 1291.

tigt werden, in der Baubetriebsrechnung zusätzlich als Zusatzkosten hinzugefügt.[212] Anders- und Zusatzkosten verkörpern kalkulatorische Kosten.[213] Zu den kalkulatorischen Kosten zählen insbesondere folgende Kosten:[214]

- Kalkulatorischer Unternehmerlohn,
- Kalkulatorische Miete,
- Kalkulatorische Zinsen,
- Kalkulatorische Abschreibung,
- Kalkulatorische Einzelwagnisse.

Da sich die kalkulatorischen Kosten nicht oder in anderer Höhe aus der Finanzbuchhaltung ableiten lassen, bedarf es besonderer Berechnungen, um sie in die Baubetriebsrechnung berücksichtigen zu können. Ein Verzicht auf solche Berechnungen würde die ordnungsgemäße und vollständige Ermittlung, Kontrolle und Verrechnung dieser Kosten verhindern, und zwar verbunden mit dem Kalkulationsrisiko unauskömmlicher Baupreise sowie der Gefahr von Gewinneinbußen, Substanzverlusten und Liquiditätsengpässen.

Welche kalkulatorischen Kostenarten berücksichtigen Sie in Ihrer Baubetriebsrechnung ?	Unternehmen insgesamt		Unternehmensgrößenklassen nach Beschäftigten					
			< 20		20 - 99		> 99	
Antwort gebende Unternehmen	abs.	in %	abs.	in %	abs.	in %	abs.	in %
	46	100,0	6	13,0	31	67,4	9	19,6
Nennungen	abs.	in %	abs.	in %	abs.	in %	abs.	in %
kalkulatorischer Unternehmerlohn	20	15,0	2	15,4	16	16,7	2	8,3
kalkulatorische Abschreibung	42	31,6	4	30,8	30	31,3	8	33,3
kalkulatorische Miete / Pacht	24	18,0	2	15,4	16	16,7	6	25,0
kalkulatorisches Wagnis	19	14,3	3	23,1	15	15,6	1	4,2
kalkulatorische Zinsen	20	15,0	2	15,4	13	13,5	5	20,8
Sonstige	8	6,0	0	0,0	6	6,3	2	8,3
Σ	133	100,0	13	100,0	96	100,0	24	100,0

Tabelle 3-9: Berücksichtigung kalkulatorischer Kosten in der Baubetriebsrechnung in der Stichprobe 1998

212 Zur Abgrenzung von Erträge und Aufwendungen bzw. Leistungen und Kosten vergleiche Weber, H.K. / Rogler, S. (2006), S. 26 ff.

213 Vgl. Jacob, D. / Winter, C. / Stuhr, C. (2002), S. 2.

214 Vgl. Küpper, H.U. (1998), S. 441 f.

Dennoch verzichtet fast jedes zweite der Antwort gebenden mittelständischen Bauunternehmen, die eine Baubetriebsrechnung durchführen, auf die Berechnung des kalkulatorischen Unternehmerlohns (15 ≅ 48,4 %), der kalkulatorischen Miete (15 ≅ 48,4 %), der kalkulatorischen Einzelwagnisse (16 ≅ 51,6 %) und der kalkulatorischen Zinsen (18 ≅ 58,1 %). Lediglich die kalkulatorische Abschreibung (30 ≅ 96,8 %) wird in diesen Unternehmen für die Belange der Baubetriebsrechnung genutzt, wobei aber rund drei Viertel (23 ≅ 74,2 %) der antwortenden mittelständischen Bauunternehmen angeben, dass die in der Baubetriebsrechnung verwendeten kalkulatorischen Kosten der Wertminderung für Anlagegüter mit bilanziellen Abschreibungen aus der Unternehmensrechnung identisch sind. Diese Untersuchungsergebnisse legen die Vermutung nahe, dass der Verzicht auf die Verwendung von kalkulatorischen Kostenarten in der Baubetriebsrechnung bei mittelständischen Bauunternehmen wohl vorrangig an nicht bekannten Berechnungshinweisen liegt:

Der kalkulatorische Unternehmerlohn ist bei Einzelunternehmen und Personengesellschaften als Kosten der Entlohung für den tätigen Eigentümer-Unternehmer anzusetzen.[215] Der kalkulatorischer Unternehmerlohn richtet sich am Gehalt aus, das der Unternehmer für eine entsprechende Tätigkeit außerhalb seines Unternehmens erzielen würde. Dieser Gehalt muss um den Arbeitgeberanteil der Sozialversicherung (20 bis 22 %) erhöht werden und sollte zudem um einen Zuschlag für die Unternehmertätigkeit (20 %) beaufschlagt werden. Zusätzlich wäre auch ein Zuschlag, der die Größe des Unternehmens berücksichtigt, denkbar.

Für betrieblich genutzte eigene Grundstücke und Gebäude ist der Ansatz einer kalkulatorischen Miete zu empfehlen. Sie ist als Ersatz für die Gebäudenutzung und für die Verzinsung des in die Baulichkeiten investierten Kapitals anzusehen. Die Höhe der kalkulatorischen Miete richtet sich meist nach der ortsüblichen Miete.[216]

Die kalkulatorischen Zinsen sind die Kosten der Bereitstellung des im betriebsnotwendigen Vermögen gebundenen Kapitals. Die kalkulatorischen Zinsen werden unabhängig vom Verhältnis zwischen Eigen- und Fremdkapital sowie von der Höhe der Fremdkapitalzinsen erfasst, da das Eigenkapital bei anderweitiger Verwendung auch

---

215 Bei Kapitalgesellschaften erübrigt sich ein solcher Ansatz, da in den Personalaufwendungen bereits ein entsprechender Geschäftsführergehalt berücksichtigt ist.

216 Vgl. Küpper, H.U. (1998), S. 442.

eine Verzinsung erbringen müsste und der Kapitaleinsatz im Produktionsprozess auch nicht in Eigen- und Fremdkapital unterschieden wird.[217] Die Zinsbeträge ergeben sich durch die Multiplikation des betriebsnotwendigen Kapitals mit dem kalkulatorischen Zinssatz, der häufig den landes- oder branchenüblichen Zins bzw. einer gewünschte Mindestverzinsung entspricht.

Durch Abschreibungen werden die Anschaffungs- und Herstellungskosten für Betriebsmittel auf die Zeitabschnitte der Nutzung verteilt. Durch die kalkulatorischen Abschreibungen werden, abweichend von den steuerlichen Vorschriften der linearen oder degressiven Abschreibungsermittlung, die tatsächliche Nutzungszeit für den Betrieb durch technischen Verschleiß, technische Überholung, wirtschaftliche Überholung sowie Preissteigerungen berücksichtigt, d.h. ihre Höhe richtet sich einerseits nach den Anschaffungs- bzw. den Wiederbeschaffungspreisen und andererseits nach der voraussichtlichen technischen bzw. wirtschaftlichen Nutzungsdauer der Betriebsmittel.[218]

Die kalkulatorischen Einzelwagnisse sind die Kosten der „Eigenversicherung“ gegen nicht versicherbare Verlustgefahren der betrieblichen Leistungserstellung.[219] Als typische Einzelwagnisse einer Baumaßnahme gelten z.B. Lohn- und Stoffpreiswagnisse und besondere Gewährleistungswagnisse. Die kalkulatorischen Wagniskosten sind auf Grundlage von Erfahrungswerten zu ermitteln. Als Grundlage können z.B. die Schadens- oder Kreditausfälle, Kulanzleistungen usw. in der Vergangenheit dienen.

Bei der Aufstellung eines zweckmäßigen Kostenartenplans für mittelständische Bauunternehmen sollte auch auf eine Rahmenabstimmung von Kosteninhalten in der Baubetriebs- und Bauauftragsrechnung beachtet werden.

Eine solche Rahmenabstimmung von Kosteninhalten wird auf Basis einer Kostenartengruppenstruktur erzielt. Dabei sind die Kostenartengruppen so festzulegen und zu untergliedern, dass Zuordnungen der einzelnen Kostenarten in der Baubetriebs- und Bauauftragsrechnung gleichartig durchgeführt werden können.[220] Die Festlegung und Untergliederung der Kostenartengruppen ist abhängig von Größe und Struktur des je-

---

217 Vgl. Küpper, H.U. (1998), S. 442.

218 Vgl. Küpper, H.U. (1998), S. 441.

219 Vgl. Küpper, H.U. (1998), S. 441.

220 Vgl. Oepen, R. (2002), S. 57.

weiligen mittelständischen Bauunternehmens und auch davon, inwieweit es eine detaillierte Kostentransparenz braucht bzw. wünscht.

Im Hinblick auf die Realisierung eines Unternehmenscontrolling in mittelständischen Bauunternehmen sind die folgenden fünf Kostenartengruppen gemäß Baukontenrahmen (BKR 87) als Mindestanforderung an die Kostenartengliederung zu nennen:[221]

- Lohnkosten,
- Materialkosten,
- Gerätekosten,
- Fremdleistungskosten,
- Sonstige Kosten.

Abbildung 3-13 zeigt ein Beispiel für die Verdichtung von Kostenarten zu Kostenartengruppen im System des BKR 87.

6111	Bruttolöhne A/P (Arbeiter/Poliere)	
6120	Feiertagslöhne A/P	
6121	Bezahlte Fehlzeiten	
6122	Lohnfortzahlung	
:		
6125	Sozialversicherung AG (Arbeitgeber)	
6126	Beiträge zur ZVK und ULAK	
:		
6129	13. Monatseinkommen Lohn	
:		
	Personalkosten A/P	**Kostenartengruppe „Lohn"**
:		
6401	Reparaturkosten eigene	
6402	Reparaturkosten fremde	
:		
6408	Leasingaufwand Baugeräte und LKW	
:		
6493	Fremdgerätmieten	
:		
	Kosten für Baugeräte	**Kostenartengruppe „Gerätekosten"**

Abbildung 3-13: Kostenartenverdichtung zu Kostenartengruppen im System des BKR 87[222]

Für die praktische Handhabung der Kostenrechnung ist die alleinige Gliederung der Kosten nach Kostenarten und Zusammenfassung nach Kostenartengruppen jedoch nicht ausreichend; zusätzlich sind die einzelnen Kostenarten den jeweiligen

221 Vgl. Diederichs, C.J. (2002), S. 305.

Kostenkategorien wie Einzelkosten und Gemeinkosten, leistungsabhängige und leistungsunabhängige Kosten eindeutig zuzuordnen, um die Kosten für die Weiterverrechnung innerhalb der Kostenstellenrechnung vorzubereiten.[223]

3.3.2 Kostenstellenrechnung

An die Kostenartenrechnung schließt sich die Kostenstellenrechnung an. Während die Kostenartenrechnung für eine Abrechnungsperiode zeigt, welche Kosten im Betrieb entstanden sind, soll die Kostenstellenrechnung Aufschluß darüber geben, an welcher Stelle im Betrieb die Kosten angefallen sind. Aufgabe der Kostenstellenrechnung in mittelständischen Bauunternehmen ist somit die unmittelbare oder mittelbare Zurechnung der erfassten Kostenarten aus der Kostenartenrechnung auf die jeweiligen Kostenstellen.[224]

Die Bildung von Kostenstellen kann nach verschiedenen kombinierbaren Gesichtspunkten erfolgen und zwar nach räumlichen Gesichtpunkten, rechentechnischen Erwägungen, Funktionen und Verantwortungsbereichen.[225]

Nach welchen Kriterien haben Sie Ihre Kostenstellen gebildet ?	Unternehmen insgesamt		Unternehmensgrößenklassen nach Beschäftigten					
			< 20		20 - 99		> 99	
Antwort gebende Unternehmen	abs.	in %	abs.	in %	abs.	in %	abs.	in %
	46	100,0	6	13,0	31	67,4	9	19,6
Nennungen	abs.	in %	abs.	in %	abs.	in %	abs.	in %
rechentechnischen Erwägungen	17	27,4	4	57,1	11	28,9	2	11,8
räumlichen Gesichtspunkten	5	8,1	1	14,3	2	5,3	2	11,8
Funktionen	24	38,7	0	0,0	19	50,0	5	29,4
Verantwortungsbereichen	9	14,5	1	14,3	3	7,9	5	29,4
Sonstige	7	11,3	1	14,3	3	7,9	3	17,6
Σ	62	100,0	7	100,0	38	100,0	17	100,0

Tabelle 3-10: Kostenstellenbildung in der Stichprobe 1998

---

222 In Anlehnung an Schröder, E.F. (1993), S. 89.

223 Vergleiche hierzu Abbildung 3-8.

224 Vgl. Hauptverband der Deutschen Bauindustrie e.V. / Zentralverband des Deutschen Baugewerbes e.V. (Hrsg., 2001), S. 76.

225 Vgl. Brüssel, W. (2007), S. 180.

Im Regelfall werden für die Kostenstellenbildung mehrere der genannten Gesichtpunkte gleichzeitig angewendet. In den Antwort gebenden mittelständischen Bauunternehmen überwiegt (19 ≅ 50,0 %) die Kostenstellenbildung nach Funktionen und rechentechnischen Erwägungen (11 ≅ 28,9 %).

Als Erklärung hierfür lässt sich anführen, dass sich eine sinnvolle Kostenstellenbildung nach räumlichen Gesichtpunkten und Verantwortungsbereichen in mittelständischen Bauunternehmen nur schwer realisieren lässt, da solche strukturellen Abgrenzungen bei der Kostenstellenbildung in der Regel nicht eindeutig vornehmbar sind. Demzufolge wird hier vorgeschlagen, den Kostenstellen- und Kostenbewegungsplan für mittelständische Bauunternehmen nach Funktionen und rechentechnischen Erwägungen zu gestalten.

3.3.2.1 Kostenstellenplan

Die grundsätzliche Gliederung von Kostenstellen in mittelständischen Bauunternehmen erfolgt hier nach rechentechnischen Erwägungen in Haupt- und Hilfskostenstellen. Die Hauptkostenstellen sind die Baustellen, da ihre Leistung auf dem Markt absetzbar ist und hierfür ein Erlös erzielt werden kann. Dagegen werden Verwaltung, Hilfsbetriebe und Verrechnungskostenstellen als Hilfskostenstellen bezeichnet, weil sie ihre Leistung für die Hauptkostenstelle, sprich Baustelle, erbringen, ohne dabei einen Erlös am Markt zu erzielen.

Als Hilfsbetrieb wird hier ein eigenständiger Betriebsteil verstanden, der sowohl für andere Hilfsbetriebe als auch für Baustellen arbeiten kann.[226] Im Gegensatz dazu sind Verrechnungskostenstellen keine eigenständigen Bereiche im Betrieb und unterscheiden sich von den Hilfsbetrieben dadurch, dass sie nur der Verrechnung von Kosten und Leistungen dienen.[227]

---

226 Vgl. Hauptverband der Deutschen Bauindustrie e.V. / Zentralverband des Deutschen Baugewerbes e.V. (Hrsg., 2001), S. 23.

227 vgl. Hauptverband der Deutschen Bauindustrie e.V. / Zentralverband des Deutschen Baugewerbes e.V. (Hrsg., 2001), S. 23).

Neben der rechentechnischen Unterscheidung zwischen Haupt- und Hilfskostenstellen ist es wichtig, diesen Kostenstellen Aufgaben und Funktionen zuzuweisen, um dann letztlich zu einer annähernd genauen Zuordnung der anfallenden Kosten nach dem Kostenverursachungsprinzip zu gelangen.

Um eine Kostenstellenrechnung übersichtlich zu gestalten, ist es erforderlich, einen sogenannten Kostenstellenplan aufzustellen. Es wird hier vorgeschlagen, den Kostenstellenplan für mittelständische Bauunternehmen in die Gliederung des Baukontenrahmens (BKR 87) einzupassen. Danach findet die Kostenstellenrechnung in der Klasse 9 des Baukontenrahmen (BKR 87) statt.

Der Kostenstellenplan für mittelständische Bauunternehmen sollte die in Abbildung 3-14 angeführten Kostenstellen berücksichtigen, wobei unternehmensspezifisch zu entscheiden ist, welche Kostenstellen wegzulassen oder hinzuzufügen sind. Abbildung 3-14 stellt einen Kostenstellenplan nach Kostenarten dar, der beispielhaft für mittelständische Bauunternehmen zeigt, welche Kostenarten den einzelnen Kostenstellen zugeordnet werden können. Darüber hinaus können gleichartige Hauptkostenstellen, also Baustellen, auch in sogenannte „strukturelle Sammelkostenstellen" zusammengefasst werden.[228] Diese Zusammenfassung ist dann zweckmäßig, wenn man einzelne Baustellen nach Bausparten wie z.B. Hoch- und Tiefbau unterscheiden möchte.

Neben den Hauptkostenstellen, den Baustellen, können in mittelständischen Bauunternehmen im Verwaltungsbereich die Verwaltung selbst, die Bauleitung, die Soziallasten sowie Kleingerät und Werkzeuge als typische Hilfskostenstellen eingerichtet werden.

Innerhalb der Bauleitung kann dann wiederum eine selbständige Hilfskostenstelle entstehen, z.B. die Stelle eines Konstruktionsbüros, wenn dieses ausschließlich für den Betrieb konstruktive Sondervorschläge erarbeitet. Weiter typische Hilfskostenstellen in mittelständischen Bauunternehmen können sein: Bauhof, Werkstatt, Fuhrpark sowie Maschinen- und Gerätepark, die je nach betrieblichen Erfordernissen noch weiter unterteilt werden können.

---

228 Vgl. Walter, R.I., (1992), S. 101

Kostenstellplan nach Kostenarten		9550 Allgemien	9551 Bauleistung	9560 Soziallasten	9570 Kleingeräte, Werkz.	9610 Bauhof	9615 Werkstatt	9620 Leistungsgeräte	9640 Bereitstellungsgerät	9670 Fuhrpark	9690 Scalung und	9700 Baustellen
61	**Personalkosten für gewerbl. Arbeitnehmer, techn. und kaufm. Angestellte sowie Auszubildende**											
6111	Bruttolöhne A/P (Arbeiter/Polier)	●			●	●	●	●	●	●		●
6120	Feiertagslöhne			●								
6120	Bezahlte Fehlzeiten A/P			●								
6122	Lohnfortzahlung A/P			●								
:												
6125	Sozialversicherung AG (Arbeitgeber) A/P			●								
6126	Beiträge ZVK und ULAK			●								
:												
6129	13. Monatseinkommen A/P			●								
6130	Lohnnebenkosten					●	●	●		●		●
:												
6141	Bruttogehälter T/K (Techniker/Kaufmann)	●	●									
6150	Feiertagsgehälter	●	●									
:												
6155	Sozialversicherung AG-Anteil T/K	●	●									
:												
6190	Kalkulatorischer Unternehmerlohn	●										
6195	Lohngebundene Kosten (Zuschlag) 100 %					●	●					●
6196	Kleingerät und Werkzeuge (Zuschlag) 8 %											●
6199	Bauleitung (Zuschlag) 10 %											●
:												
62	**Kosten für Roh-, Hilfs- und Betriebsstoffe, Ersatzteile sowie für bezogene Waren**											
6200	Baustoffe (Hauptstoffe)					●						●
6250	Hilfstoffe					●	●	●	●	●		●
6260	Betriebs- und Schmierstoffe	●		●	●	●	●	●	●	●		●
6270	Reparaturstoffe, Ersatzteile, Werkzeuge						●	●	●	●		
64	**Kosten für Baugeräte**											
6401	Reparaturkosten eigene (bei Werksattabrechnung)				●			●	●	●	●	
6402	Reparaturkosten fremde				●			●	●	●	●	
:												
6408	Leasingaufwand Baugeräte und Fahrzeuge	●	●					●	●	●		
:												
6493	Fremdgerätemieten											●
:												
:												
66	**Kosten für bezogene Leistungen**											
6601	Nachunternehmerleistungen											●
:												
6611	Statik	●										●
:												
6640	Transportkosten											●

Abbildung 3-14: Kostenstellenplan nach Kostenarten im System des BKR 87[229]

229 In Anlehnung an Voigt, H. (1998b), S. III/10 ff.

3.3.2.2 Kostenbewegungsplan

Ziel der Kostenstellenrechnung ist insbesondere die Bildung von Verrechnungssätzen für Arbeiten, die in den Kostenstellen durchgeführt werden, und die Bestimmung von Zuschlagssätzen für eine kostengerechte Preisfindung der ausgeführten und zukünftigen Bauleistung. Als Hilfsmittel für die Kostenstellenrechnung dient ein sogenannter Betriebsabrechnungsbogen bzw. Kostenbewegungsplan. Der Kostenbewegungsplan beinhaltet eine Tabelle, in der gewöhnlich die Kostenarten zeilenweise und die Kostenstellen spaltenweise angeordnet sind. Mit Hilfe des Kostenbewegungsplans lässt sich die Kostenstellenrechnung schrittweise durchführen.

Im ersten Schritt werden den Baustellen - die definitionsgemäß Hauptkostenstelle und zugleich Kostenträger sind - die in der Kostenartenrechnung erfassten Einzelkosten zugerechnet. Die den Baustellen nicht direkt zurechenbaren Gemeinkosten werden aus der Kostenartenrechnung übernommen und zunächst auf einzelnen Hilfskostenstellen verteilt, die für ihre Entstehung verantwortlich sind. Diese aus der Kostenartenrechnung übernommenen Gemeinkosten werden auch als primäre Kostenstellenkosten bezeichnet.[230] Im zweiten Schritt müssen die primären Kostenstellenkosten von den Hilfskostenstellen auf die Hauptkostenstellen verrechnet werden, denn jede Leistung einer Hilfskostenstellen wird letztendlich für eine Hauptkostenstelle, sprich Baustelle, erbracht; selbst wenn dies auch nur indirekt über eine andere Hilfskostenstelle geschieht. Diese Verrechung erfolgt im Rahmen der innerbetrieblichen Leistungsverrechnung. Die aus der innerbetrieblichen Leistungsverrechnung hervorgehenden Kosten werden als sekundäre Kostenstellenkosten bezeichnet.[231] Für die Durchführung einer innerbetrieblichen Leistungsverrechnung können folgende Verfahren herangezogen werden:[232]

- das Kostenartenverfahren,
- das Kostenstellenumlageverfahren,
- das Kostenstellenausgleichsverfahren,
- das Kostenträgerverfahren.

---

230 Vgl. Jacob, D. / Winter, C. / Stuhr, C. (2002), S. 7.

231 Vgl. Jacob, D. / Winter, C. / Stuhr, C. (2002), S. 7.

232 Vergleiche hierzu insbesondere die Ausführungen von Schweitzer, M. / Küpper, H.U. (2003), S. 130 ff.

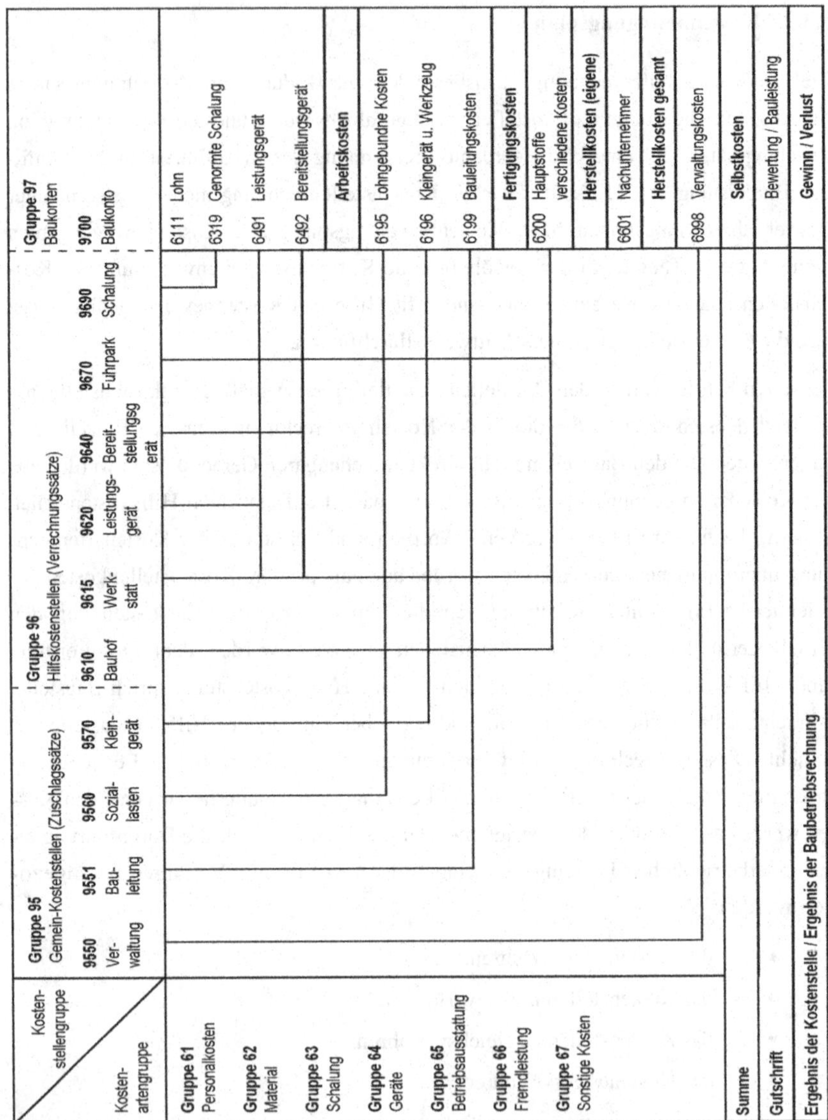

Abbildung 3-15: Kostenbewegungsplan im System des BKR 87[233]

233 In Anlehnung an Voigt, H. (1998b), S. III/19.

In den antwortenden mittelständischen Bauunternehmen erfolgt eine innerbetriebliche Leistungsverrechnung vorzugsweise (12 ≅ 36,4 %) nach dem Kostenstellenumlageverfahren, bei dem die gesamten einer Kostenstelle zugeordneten primären Kostenstellenkosten auf Grundlage der erbrachten innerbetrieblichen Leistung an die jeweils empfangende Kostenstelle weiterverrechnet werden.[234] Dem Kostenstellenumlageverfahren haftet jedoch der Nachteil an, dass z.B. ein gegenseitiger Leistungsaustausch zwischen den Hilfskostenstellen unberücksichtigt bleibt. Will man in mittelständischen Bauunternehmen auch diesen gegenseitigen Leistungsaustausch berücksichtigen, wird hier vorgeschlagen, mit einem Kostenstellenausgleichsverfahren zu arbeiten, das einen Kostenausgleich zwischen leistenden und empfangenden Kostenstellen unterstützt.[235] Zur Durchführung eines Kostenstellenausgleichsverfahrens in mittelständischen Bauunternehmen eignet sich ein Gutschschrift-Lastschrift-Verfahren, bei dem die innerbetriebliche Leistungsverrechnung zwischen den Kostenstellen und von den Kostenstellen auf die Baustellen mittels Gutschriften und Belastungen erfolgt. Dabei gilt zu berücksichtigen, dass sich Gutschriften und Belastungen ausgleichen müssen.

Der Kostenbewegungsplan in Abbildung 3-15 zeigt ein Beispiel, wie die innerbetriebliche Leistungsverrechnung zwischen den Kostenstellen und von den Kostenstellen auf die Baustellen erfolgt und wie die Gutschriften/Belastungen vorgenommen werden. Voraussetzung für eine derartige innerbetriebliche Leistungsverrechnung ist allerdings, dass die mittelständischen Bauunternehmen über ein gut organisiertes Formular- und Berichtswesen verfügen, damit die innerbetriebliche Leistungsverrechnung auch sinnvoll durchgeführt werden kann.

Zur Bewertung der innerbetrieblichen Leistungen zwischen den Kostenstellen und von den Kostenstellen auf die Baustellen werden Verrechnungs- und Zuschlagsätze gebildet. Grundlage eines Verrechnungssatzes ist eine messbare Leistungseinheit, z.B. für einen Radlader eine Arbeitsstunde, für die Werkstatt eine Reparaturstunde usw.. Auf diese Leistungseinheit werden die erfassten Kosten einer Hilfskostenstelle umgelegt. Die Verhältnisgröße aus erfassten Kosten zu erbrachten Leistungseinheiten entspricht dem Verrechnungssatz einer Hilfskostenstelle. Für bestimmte Hilfskosten-

234 Vgl. Schweitzer, M. / Küpper, H.U. (2003), S. 134.

235 Vgl. Schweitzer, M. / Küpper, H.U. (2003), S. 136.

stellen lassen sich aber nur schwer Leistungseinheiten bestimmen und damit auch kein sinnvoller Verrechnungssatz bilden. Dies gilt z.B. für die Verwaltung, da deren Leistung nur schwer in Leistungseinheiten messbar ist. Zur Deckung der Verwaltungskosten in mittelständischen Bauunternehmen können z.B. die Hauptkostenstellen, also die Baustellen, anteilig mit den in der Verwaltung erfassten Kosten in Form eines Zuschlagssatzes auf die gesamten Herstellkosten belastet werden.[236] Am Ende des zweiten Schritts sind also sämtliche erfassten Kosten der Hilfskostenstellen auf die Hauptkostenstellen belastet.

Zudem kann mit Hilfe der ermittelten Verrechnungs- und Zuschlagssätze im Rahmen der Bauauftragsrechnung der Angebotspreis eines Bauauftrages kostengerecht kalkuliert werden; die Verrechnungs- und Zuschlagssätze stellen somit die Schnittstelle zwischen der Kostenstellen- und Kostenträgerrechnung im Bauunternehmen dar.

3.3.3 Kostenträgerrechnung

Die Kostenträgerrechnung steht am Ende der Kostenrechnung und soll belegen, wofür welche Kosten angefallen sind bzw. anfallen werden. Die Kostenträgerrechnung kann als Kostenträgerzeit- oder als Kostenträgerstückrechnung durchgeführt werden.[237]

Die Kostenträgerzeitrechnung erfasst sämtliche Kosten einer Abrechnungsperiode und differenziert diese nach Kostenträgerarten.[238] Da aber eine Baustelle definitionsgemäß Kostenstelle und zugleich auch Kostenträger ist, ist in der Baubetriebsrechnung keine zusätzliche Kostenträgerzeitrechnung erforderlich.[239]

Ziel der Kostenträgerstückrechnung, die auch als Kalkulation bezeichnet wird, ist die Findung von kostengerechten Preisen, indem sie die Herstell- und Selbstkosten berechnet.[240] Dazu werden die Einzelkosten direkt und die Gemeinkosten mit Hilfe der Verrechnungs- und Zuschlagssätze aus der Kostenstellenrechnung auf einen Kosten-

---

236 Ein Zuschlagssatz gibt an, in welchem prozentualen Verhältnis die Kosten einer Kostenstelle zu den gewählten Bezugsgrößen stehen (vgl. Busse von Colbe, Walther (Hrsg., 1998), S. 764).

237 Vgl. Horváth, P. & Partners (2006), S. 55.

238 Vgl. Horváth, P. & Partners (2006), S. 55.

239 Vgl. Hauptverband der Deutschen Bauindustrie e.V. / Zentralverband des Deutschen Baugewerbes e.V. (Hrsg., 2001), S. 76.

240 Vgl. Horváth, P. & Partners (2006), S. 55.

träger verrechnet. Grundsätzlich wird im Rahmen einer Kostenstückrechnung zwischen der Divisions- und Zuschlagskalkulation unterschieden.

Welche Kalkulationsverfahren verwenden Sie in der Phase der Angebotskalkulation ?	Unternehmen insgesamt		Unternehmensgrößenklassen nach Beschäftigten					
			< 20		20 - 99		> 99	
Antwort gebende Unternehmen	abs.	in %	abs.	in %	abs.	in %	abs.	in %
	138	100,0	59	42,8	67	48,6	12	8,7
Nennungen	abs.	in %	abs.	in %	abs.	in %	abs.	in %
Zuschlagskalkulation (Lohn)	65	40,1	34	50,0	26	34,2	5	27,8
Zuschlagskalkulation (breite Basis)	61	37,7	20	29,4	34	44,7	7	38,9
Angebotendsumme	29	17,9	10	14,7	13	17,1	6	33,3
Sonstiges	7	4,3	4	5,9	3	3,9	0	0,0
Σ	162	100,0	68	100,0	76	100,0	18	100,0

Tabelle 3-11: Nutzung von Kalkulationsverfahren in der Stichprobe 1998

Bei der Divisionskalkulation werden - vereinfachend ausgedrückt - sämtliche Kosten einer Abrechnungsperiode mittels Division gleichmäßig auf die in dieser Abrechnungsperiode erstellten Kostenträger verteilt.[241] Damit wird unterstellt, dass sich die Kosten proportional zur Menge der Kostenträger verhalten. Diese Voraussetzung für die Durchführung einer Divisionskalkulation ist im Baugewerbe kaum anzutreffen, so dass im Rahmen der Kalkulation bzw. der Bauauftragsrechnung ausschließlich auf die Zuschlagskalkulation zurückgegriffen muss.[242] Bei dieser Art der Kalkulation werden die Gemeinkosten den Einzelkosten mit Hilfe von Zuschlagssätzen zugerechnet. Je nach Berechnungsart dieser Zuschläge wird in der Bauauftragsrechnung zwischen den beiden Verfahren, Kalkulation mit vorbestimmten Zuschlägen und Kalkulation über die Angebotsendsumme unterschieden.[243]

Die Kalkulation mit vorbestimmten Zuschlägen wird angesichts des geringeren Kalkulationsaufwandes in den meisten mittelständischen Bauunternehmen angewandt. Wie Tabelle 3-11 zeigt, nutzen rund 90 % (60 ≅ 89,6 %) der Antwort gebenden mittelständischen Bauunternehmen hauptsächlich dieses Kalkulationsverfahren mit vorbestimmten Zuschlägen. Hierbei werden auf eine genaue Berechnung der Gemeinkosten verzichtet und lediglich mit Hilfe der Baubetriebsrechnung oder aufgrund der Erfah-

241 Vgl. Gabele E. / Fischer, P. (1992), S. 162.

242 Vgl. Waterstradt, R. / u.a. (1991), S. 58.

rung bei anderen gleichartigen Bauwerken die Zuschlagssätze bestimmt. Bei diesem Kalkulationsverfahren werden aus den „Einzelkosten der Teilleistungen" mit Hilfe der Zuschlagssätze sofort die Einheitspreise ermittelt.[244]

Für die Findung von kostengerechten Preisen genügt es aber nicht, seine Herstell- und Selbstkosten nur grob zu kalkulieren. Infolgedessen wird für das Unternehmenscontrolling in mittelständischen Bauunternehmen vorgeschlagen, das genauere, aber auch schwierigere und aufwendigere Verfahren, die Kalkulation über Angebotsendsumme,[245] als zweckdienliches Kalkulationsverfahren auszuwählen, da hier die Risiken von Kalkulationsfehlern geringer gehalten werden können.

Bei der Kalkulation über die Angebotsendsumme werden die „Gemeinkosten der Baustelle" bei jedem Angebot projektbezogenen ermittelt, während die „Allgemeinen Geschäftskosten" sowie „Wagnis und Gewinn" mit vorberechneten Zuschlagssätzen den Herstellkosten zugeschlagen werden.[246] Eben durch die projektbezogene Ermittlung der „Gemeinkosten der Baustelle" wird das Risiko von Kalkulationsfehlern durch vorbestimmte Zuschlagssätze erheblich eingegrenzt. Da aber nur etwa jedes fünfte der antwortenden mittelständischen Bauunternehmen (13 ≅ 19,4 %) dieses Kalkulationsverfahren anwendet, wird in Abbildung 3-16 das Schema der Kalkulation über Angebotsendsumme vorgestellt:

---

243 Beide Varianten der baubetrieblichen Zuschlagskalkulation gehen auf Opitz, G. (1949) zurück.

244 In diesem Zusammenhang wird in der baubetrieblichen Kalkulation für den Begriff der Einzelkosten häufig die Bezeichnung „Einzelkosten der Teilleistungen" (EdT) verwendet. EdT sind die Kosten, die einer Teilleistung bei der Erstellung eines Bauwerkes direkt zugerechnet werden können, wie z.B. Lohn-, Material, Geräte- Fremdleistungskosten sowie sonstige Kosten (vgl. Leimböck, E (2005), S. 82).

245 Vgl. Heil, P. (1992), S. 20.

246 Unter „Gemeinkosten der Baustelle" (GdB) versteht man im Rahmen der baubetrieblichen Kalkulation die Kosten, die durch eine Baustelle verursacht werden, aber den Teilleistungen dieser Baustelle nicht direkt zurechenbar sind. Demgegenüber grenzen sich die „Allgemeinen Geschäftskosten" (AgK) dadurch ab, dass diese nicht für eine bestimmte Baustelle, sondern durch die allgemeine Verwaltung des Unternehmens entstehen. Mit dem Kalkulationsansatz „Wagnis und Gewinn" (WuG) wird die allgemeinen Unternehmerwagnisse und eine angemessene Vergütung für die Leistung des Unternehmens abgedeckt. (vgl. Leimböck, E (2005), S. 82).

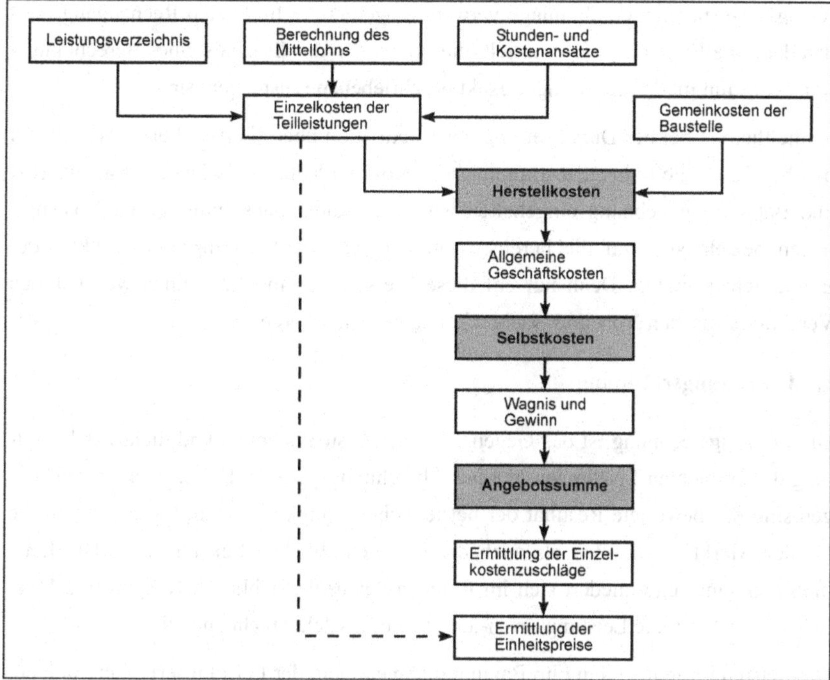

Abbildung: 3-16: Kalkulationsschema über Angebotsendsumme[247]

Die Kalkulation über Angebotsendsumme wird demnach in zwei Stufen mit jeweils unterschiedlichen Schritten durchgeführt. Zunächst werden bei diesem Verfahren die „Einzelkosten der Teilleistungen“ ermittelt. Anschließend werden die Beträge für die auftragsgebundenen Gemeinkosten der Baustelle bestimmt. So ergeben sich dann aus der Summe der „Einzelkosten der Teilleistungen“ und der „Gemeinkosten der Baustelle“ die Herstellkosten.[248]

Die zweite Stufe der Kalkulation gilt der Ermittlung der Einheitspreise. Durch Abziehen der „Einzelkosten der Teilleistungen“ von der Angebotssumme ergibt sich ein Kostenblock, der sich aus den „Gemeinkosten der Baustelle“, „Allgemeinen Geschäftskosten“ sowie „Wagnis und Gewinn“ zusammensetzt. Dieser Betrag muss dann auf die „Einzelkosten der Teilleistungen“ umgelegt werden, wobei angenommene Zu-

247 In Anlehnung an Drees, G./ Paul, W. (2006), S. 118.

248 Vgl. Voigt, H. (1998c), S. IV/6.

schlagssätze für die Vorabumlage verwendet werden.[249] Im letzten Rechengang werden dann die Einheitspreise ermittelt, die im Prinzip das Ergebnis eines Berechnungsprozesses, mit mehr oder weniger exakt beschriebenen Leistungen, sind.

Schließlich ist bei der Durchführung der Kalkulation über die Angebotsendsumme zu beachten, dass die Rahmenabstimmung von Kosteninhalten zwischen der Baubetriebs- und Bauauftragsrechnung eingehalten wird. Die Rahmenabstimmung von Kosteninhalten bezieht sich auf die bereits vorgeschlagene Kostenartengruppenstruktur der Baubetriebsrechnung. Denn nur auf diese Weise ist es möglich, einen wertmäßigen Vergleich zwischen Vor- und Nachrechnung herbeizuführen.

3.3.4 Leistungsrechnung

Die Leistungsrechnung ist das Gegenstück zur Kostenrechnung und dient zur Ermittlung der erbrachten Leistungen in einer Abrechnungsperiode. Die erbrachten Leistungen sind das bewertete Resultat der betrieblichen Tätigkeit und umfassen sowohl die für den Markt bestimmten als auch die innerbetrieblichen Leistungen.[250] Die Leistungsrechnung untergliedert sich im Rahmen der baubetrieblichen Kosten- und Leistungsrechnung in die Leistungsarten- und Leistungsstellenrechnung.[251]

Die Leistungsartenrechnung im Bauunternehmen dient der Leistungserfassung in einer Abrechnungsperiode gegliedert nach Leistungsarten.[252] Da die Datenbasis der Leistungsrechnung zum großen Teil aus der Finanzbuchhaltung stammt, wird hier vorgeschlagen, die zu verwendenden Leistungsarten in mittelständische Bauunternehmen an der Gliederung der Kontenklasse 5 „Erträge" des Baukontenrahmen (BKR 87) auszurichten. Entsprechend können als wesentliche Leistungsarten für mittelständische Bauunternehmen die Bauleistungen, bestehend aus Hauptauftrag, Zusatz- und Nachtragsaufträgen, sowie sonstige Lieferung und Leistung an Dritte genannt werden.

---

249 Für die Verrechnung des Gemeinkostenblocks anzusetzenden Zuschlagssätze bedient man sich entweder eines einheitlichen Zuschlagssatzes oder unterschiedlicher Zuschlagssätze für alle Leistungskostenarten (vgl. Hübers-Kemink, R. (1992), S. 1018).

250 Vgl. Hauptverband der Deutschen Bauindustrie e.V. / Zentralverband des Deutschen Baugewerbes e.V. (Hrsg., 2001), S. 16.

251 Vgl. Brüssel, W. (2007), S. 190.

252 Vgl. Diederichs, C.J. (2005), S. 180.

Die Leistungsstellenrechnung im Bauunternehmen dient der Zuordnung der Leistungsstellen zu ihren Kostenstellen,[253] um den jeweils erbrachten Leistungen die ihnen entsprechenden angefallenen Kosten gegenüber stellen zu können. Da die in der Kostenstellenrechnung gebildeten Kostenstellen einerseits Kosten empfangen und andererseits Leistungen weiterverrechnen, wird im Rahmen der Baubetriebsrechnung für die Leistungsstellenrechnung allgemein eine identische Gliederung zur Kostenstellenrechnung vorgenommen.

In der Folge können die in einer Abrechnungsperiode fertiggestellten und abgerechneten Bauleistungen über die Schnittstelle Kontenklasse 5 „Erträge" des Baukontenrahmens (BKR 87) aus der Finanzbuchhaltung übernommen werden. Solange aber die Bauleistungen noch nicht jeweils durch eine Schlussrechnung abgerechnet und nachgewiesen sind, müssen diese mit Hilfe von internen Beleg gesondert bewertet und in der Baubetriebsrechnung erfasst werden.[254]

Für Bewertung dieser unfertigen bzw. noch nicht abgerechneten Bauleistungen stehen zwei Methoden zur Verfügung, die eine Bewertung zu Herstellkosten bzw. zum niederen Teilwert ermöglichen:[255] Bei der progressiven Methode, die fast zwei Drittel (19 ≅ 63,3 %) der antwortenden mittelständischen Bauunternehmen anwenden, werden die Einzelkosten für Löhne, Material, Geräte usw. pro Baustelle statistisch erfasst und dann aus der Vergangenheit errechnete Gemeinkostenzuschläge auf das zu bewertende Bauprojekt zugeschlagen. Zur Ermittlung der Herstellkosten kann aber auch die retrograde Methode verwendet werden. Bei dieser Methode, die das übrige Drittel (11 ≅ 36,7 %) der Antwort gebenden mittelständischen Bauunternehmen nutzt, wird die unfertige bzw. noch nicht abgerechnete Bauleistung nach dem Grad der Fertigstellung bewertet, indem die geleisteten Mengen mit den entsprechenden Einheitspreisen der Angebotskalkulation multipliziert wird. Hierbei ist ein Abschlag für Wagnis und Gewinn sowie anteilige Verwaltungs- und Vertriebskosten vorzunehmen. Die auf diese Weise ermittelte Leistung ist auf einen internen Beleg zu dokumentieren und entsprechend in der Baubetriebsrechnung zu erfassen. Die Abbildung 3-17 zeigt als Beispiel

---

253 Vgl. Brüssel, W. (2007), S. 190.

254 Vgl. Hauptverband der Deutschen Bauindustrie e.V. / Zentralverband des Deutschen Baugewerbes e.V. (Hrsg., 2001), S. 88.

255 Vgl. Voigt, H. (1998a), S. II/16.

einen solchen internen Beleg in Form einer monatlichen Baustellen-Leistungsmeldung.

Baustellen-Monatsmeldung				
Firma:		Baustelle: Monat: Bauleiter: Polier:		
Auftragsübersicht		Berichts-monat: €	bis Ende Vormonat: €	gesamt bis En-Berichtsmonat: €
1	Auftragssumme			
2	Zusatzaufträge			
3	erbrachte außervertragliche Leistungen			
4	Auftragsvolumen (Zeile 1+2+3)			
5	erbrachte Gesamtleistung (Zeile 15)			
6	Abstrichreserve			
7	Summe Gesamtleistung einschl. Abstrichreserve			
8	Voraussichtlicher auszuführender Auftragsumfang			
Leistungsübersicht		Berichts-Monat: €	bis Ende Vormonat: €	gesamt bis En-Berichtsmonat: €
9	abgerechnete Leistungen (Schlussrechnung)			
10	abgerechnete Leistungen (Abschlagsrechung)			
11	erbrachte, nicht abgerechnete Leistungen			
12	teilfertig erbrachte Leistungen			
13	Summe erbrachte Leistungen			
14	Vorverrechnet			
15	Berichtigte Gesamtleistung			
	Aufgestellt von Datum:	bestätigt von		geprüft von
Bemerkungen:				

Abbildung 3-17: Die monatliche Baustellen-Leistungsmeldung[256]

Bei der Bewertung der innerbetrieblichen Leistung gilt, dass die innerbetriebliche Leistung einer Hilfskostenstelle gleich der Summe der erbrachten und bewerteten Leistungseinheiten ist. Diese Leistungseinheiten sind mit Hilfe eines geeigneten Berichts- und Formularwesens zu erfassen. Durch die Multiplikation der Leistungseinheiten mit den Verrechungssätzen können die Leistungswerte der leistungsabgebenden Stellen bestimmt und entsprechende innerbetriebliche Belege erstellt werden, die von den leistungsempfangenden Stellen kontrolliert und bestätigt werden müssen. Die in-

256 In Anlehnung an Keidel, C. / Kuhn, O. / Mohn, P. (2007), S. 82.

nerbetrieblichen Leistungswerte werden dann den leistenden Stellen als Gutschriften und den empfangenden Stellen als Belastungen zugeschrieben.

Nach Abschluss der Leistungsrechnung sind für jede Kostenstelle/Leistungstelle die jeweiligen Kosten und Leistungen bekannt, so dass in der Ergebnisrechnung eine schematische Gegenüberstellung vorgenommen werden kann.

3.3.5 Ergebnisrechnung

Die Ergebnisrechnung, die häufig auch als Betriebsergebnisrechnung oder als kurzfristige Erfolgsrechnung bezeichnet wird,[257] baut auf den aufbereiteten Zahlen der Kostenrechnung und Leistungsrechnung auf. Sie stellt im Bauunternehmen fest, welches Betriebsergebnis auf den einzelnen Baustellen, bei den einzelnen Bausparten und im Gesamtbetrieb erzielt wurde,[258] indem die Kosten einer Abrechnungsperiode in Zusammenhang mit den Leistungen der Abrechnungsperiode gebracht werden. Für die Ergebnisrechnung können das Gesamtkostenverfahren oder Umsatzkostenverfahren herangezogen werden.

Die beiden Verfahren unterscheiden sich in Bezug auf die Gliederung der Kosten. Während beim Gesamtkostenverfahren eine Gliederung der Kosten nach Kostenarten erfolgt, werden die Kosten beim Umsatzkostenverfahren nach Produktarten oder Produktgruppen differenziert.[259] In den Antwort gebenden mittelständischen Bauunternehmen ist allgemein das Gesamtkostenverfahren (27 ≅ 84,4 %) eingeführt. Entsprechend den baubetrieblichen Gegebenheiten dürfte das Gesamtkostenverfahren auch in Zukunft allgemein Anwendung in der Baubetriebsrechnung finden. Abbildung 3-18 zeigt den Aufbau der Betriebsergebnisermittlung nach dem Gesamtkostenverfahren.

Auch ist es Aufgabe der Ergebnisrechnung, das Betriebseregbnis für möglichst kurze Abrechnungsperioden zu ermitteln, um eine zeitnahe Erfolgskontrolle zu gewährleisten.

257 Die Ergebnisrechnung kann je nach Bedarf monatlich, quartalsmäßig oder für ein Geschäftsjahr durchgeführt werden. Ist die Abrechnungsperiode kleiner als ein Jahr, so spricht man von einer kurzfristigen Erfolgsrechnung (vgl. Schoenfeld, M. (1998), S. 223).

258 Vgl. Leimböck, E. / Schönnenbeck, H. (1992), S. 102.

259 Vgl. Schweitzer, M. / Küpper, H.U. (2003), S. 192.

	Betriebsergebnisrechnung nach dem Gesamtkostenverfahren
	Umsatz
+ / -	Bestandserhöhungen/-verminderungen
+	aktivierte Eigenleistung
=	**Gesamtleistung**
-	Materialkosten
-	Personalkosten
-	Abschreibungen
=	**Betriebserfolg**

Abbildung 3-18: Betriebsergebnis nach dem Gesamtkostenverfahren[260]

Fast zwei Drittel der antwortenden mittelständischen Bauunternehmen (19 ≅ 61,3 %) erstellen aber ihre Ergebnisrechnung für vierteljährige bzw. längere Abrechnungsperioden. In der Praxis gestatten derart lange Abrechnungsperioden jedoch keine schnelle unterjährige Erfolgskontrolle. Daher wird hier die monatliche Ergebnisermittlung auf Vollkostenbasis und/oder auf Teilkostenbasis empfohlen.

3.3.5.1 Betriebsergebnisermittlung auf Vollkostenbasis

Die Betriebsergebnisermittlung auf Vollkostenbasis in mittelständischen Bauunternehmen lehnt sich hier an das Gesamtkostenverfahren an, indem sämtliche Leistungen und Kosten einer Abrechnungsperiode gegenübergestellt werden. Dabei ist zu unterscheiden zwischen Einzel- und Gesamtergebnissen für einzelne Baustellen oder den Gesamtbetrieb.

Das Ergebnis der einzelnen Baustellen ergibt sich aus der Differenz der abgegrenzten Leistung und Selbstkosten einer Baustelle zum jeweiligen Ermittlungsstichtag. Zur abgegrenzten Baustellenleistung zählen neben der fertigen und abgerechneten Bauleistung auch bewertete Bestandsveränderungen für die unfertige bzw. noch nicht abgerechnete Bauleistung. Die abgegrenzten Selbstkosten einer Baustelle sind nach dem Schema des Baukontos im Kostenbewegungsplan zu erfassen, der in Abbildung 3-15 dargestellt ist. Die Konsolidierung aller Baustellenergebnisse unter Berücksichtigung der im Bereich Verwaltung, Hilfsbetriebe und Verrechnungskostenstellen entstandenen Über- und Unterdeckungen liefert dann das stichtagsbezogene Gesamter-

260 Vgl. Horváth, P. & Partners (2006), S. 125.

gebnis.[261] Abbildung 3-19 zeigt das Schema für die Betriebsergbnisermittlung auf Vollkostenbasis im System des BKR 87.

Analysiert man das stichtagsbezogene Gesamtergebnis, so gilt zu beachten, dass die Abrechnung der Bereiche Verwaltung, Hilfsbetriebe und Verrechnungskostenstellen grundsätzlich eine Kostendeckung, aber keinen Gewinn oder Verlust erbringen soll. Wird z.B. über längere Zeit ein Gewinn für einen Hilfsbetrieb rechnerisch ausgeworfen, sollte der innerbetriebliche Verrechnungssatz für diesen Hilfsbetrieb gesenkt werden; dies führt im Rahmen der Angebotskalkulation zu einer Preissenkung und damit zu einer Steigerung der Wettbewerbsfähigkeit. Die Baustellen sollen natürlich gewinnbringend produzieren.

	Betriebsergebnisermittlung auf Vollkostenbasis	
	Gesamtergebnis der eigenen Baustellen im Berichtszeitraum	(BKR Gruppe 97)
±	Gesamtergebnis der Gemeinschaftsbaustellen im Berichtszeitraun	(BKR Gruppe 98)
=	**Baustellenergebnis**	
±	Gesamtergebnis des Hilfsbetriebsbereichs	(BKR Gruppe 96)
±	Über-/Unterdeckungen der Verrechungskostensellen	(BKR Gruppe 94)
=	**Betriebliches Bruttoergebnis**	
±	Ergebnis der Verwaltung	(BKR Gruppe 95)
=	**Betriebliches Nettoergebnis**	

Abbildung 3-19: Betriebsergebnis auf Vollkostenbasis im System des BKR 87[262]

Bei der dargestellten Betriebsergebnisermittlung auf Vollkostenbasis besteht allerdings das Problem, dass die Anwendbarkeit der hieraus aufbereiteten Zahlen für die Zwecke einer entscheidungsorientierten Erfolgskontrolle nur beschränkt gegeben ist. Zu nennen ist insbesondere die nicht vorhandene Kostenauflösung in leistungsabhängige und leistungsunabhängige Kosten, die für den Einsatz einer entscheidungsorientierten Führungsrechnung, wie sie die bereits vorgestellte „Deckungsbeitragsrechnung im Handwerk" darstellt, eine Voraussetzung ist. Deshalb gilt es im Rahmen des Unternehmenscontrolling, die von den mittelständischen Bauunternehmen allgemein praktizierte Betriebsergebnisermittlung auf Vollkostenbasis durch eine Betriebsergeb-

---

261 Vgl. Diederichs, C.J. (2005), S. 181.

262 In Anlehnung an Hauptverband der Deutschen Bauindustrie e.V. / Zentralverband des Deutschen Baugewerbes e.V. (Hrsg., 2001), S. 95.

nisermittlung auf Teilkostenbasis zu ergänzen, um zusätzliche, entscheidungsorientierte Informationen gewinnen zu können.

3.3.5.2 Betriebsergebnisermittlung auf Teilkostenbasis

Im Gegensatz zur Betriebsergebnisermittlung auf Vollkostenbasis ermittelt die Betriebsergebnisermittlung auf Teilkostenbasis in mittelständischen Bauunternehmen die Einzelergebnisse der Baustellen nicht aus der Differenz der abgegrenzten Leistung und Selbstkosten einer Baustelle zum jeweiligen Ermittlungsstichtag, sondern aus der Saldierung von abgegrenzter Leistung und abgegrenzten leistungsabhängigen Kosten. Das ist die Voraussetzung für eine Betriebsergebnisermittlung auf Teilkostenbasis in mittelständischen Bauunternehmen, die als zweistufige „Deckungsbeitragsrechnung im Handwerk" durchzuführen ist.

Die Durchführung dieser zweistufigen Deckungsbeitragsrechnung stützt sich dabei auf den Kostenbewegungsplan (Abbildung 3-15), wobei die Kostenbewegungen zwischen den Kostenstellen und von den Kostenstellen auf die Baustellen zwar übernommen werden, aber auf geschlüsselte Umlagen von leistungsunabhängigen Kosten wie z.B. Verwaltungskosten auf die einzelnen Baustellen verzichtet wird.

Außerdem ist es erforderlich, den innerbetrieblichen Leistungsaustausch mit Verrechnungssätzen zu Marktpreisen zu bewerten. Auf diese Weise können insbesondere die Hilfsbetriebe als leistungsabgebenende Stellen in einen künstlichen Wettbewerb zu außerbetrieblichen Anbietern versetzt werden, was wiederum eine Bewertung von Eigenfertigung und Fremdbezug ermöglicht.[263] Abbildung 3-20 zeigt das Grundschema der Betriebsergbnisermittlung auf Teilkostenbasis in mittelständischen Bauunternehmen.

Ausgehend von der Bauleistung wird durch Abzug der leistungsabhängigen Kosten, wie z.B. Lohn-, Material-, Geräte-, Fremdleistungskosten und Sonstige Kosten der Deckungsbeitrag I für die einzelnen Baustellen als Baustellenergebnis ermittelt. Der Deckungsbeitrag I dient der Baustellenbeurteilung und zeigt, wie die Baustelle am Markt zu bewerten ist. Die Summe der Deckungsbeiträge I je Bausparte bildet den Einstieg

263 Durch die marktpreisorientierte Bewertung der innerbetrieblichen Leistungen kann das Profit-Center-Prinzip als Koordinationsinstrument in die mittelständischen Bauunternehmen eingeführt werden. Ausführliche Erläuterungen zum Profit-Center-Prinzip in Bauunternehmen gibt Termühlen, B. (1982), S. 80 ff.

für eine Beurteilung der Bausparten, bei der unter Abzug der spartenspezifischen leistungsunabhängigen Kosten, wie z.B. Gehälter für Bauleistung oder Pkw-Kosten, für die einzelnen Bausparten der Deckungsbeitrag II als Spartenergebnis erscheint. Der Deckungsbeitrag II erlaubt eine Einschätzung der einzelnen Bausparten und zeigt, welche Wertigkeiten die einzelnen Bausparten im mittelständischen Bauunternehmen besitzen. Durch Abzug der leistungsabhängigen Kosten, wie z.B. Raumkosten, Versicherungen, Beiträge usw. vom Deckungsbeitragsvolumen II der Bausparten wird das Betriebsergebnis im Rahmen der Erfolgskontrolle ermittelt, wobei entstehende Über- und Unterdeckungen der Verwaltung, Hilfsbetriebe und/oder der Verrechnungskostenstellen als Abweichungsposten bei der Betriebsergebnisermittlung zu berücksichtigen sind.

Betriebsergebnisermittlung auf Teilkostenbasis	
	Summe Bauleistung der einzelnen Baustellen im Berichtszeitraum
–	Summe leistungsabhängige Kosten der einzelnen Baustellen im Berichtszeitraum
=	**Deckungsbeitrag I (Baustellenergebnis)**
–	Summe leistungsunabhängige Kosten der Kostenstelle der einzelnen Bausparten
=	**Deckungsbeitrag II (Spartenergebnis)**
–	Leistungsunabhängige Kosten des Betriebes
±	Gesamtergebnis des Hilfsbetriebsbereichs
±	Über-/Unterdeckungen der Verrechungskostensellen
=	**Betriebsergbnis**

Abbildung 3-20: Betriebsergebnis auf Teilkostenbasis

Mit Hilfe einer solchen Betriebsergebnisermttlung auf Teilkostenbasis können aber nicht nur die Baustellen-, Bausparten- und das Gesamtergebnis ermittelt, sondern auch eine stufenweise Durchleuchtung der gesamten leistungsunabhängigen Kosten des Unternehmens erreicht werden, was eine entscheidungsorientiertere Erfolgskontrolle als die Betriebsergbnisermittlung auf Vollkostenbasis ermöglicht. Somit erfordert eine entscheidungsorientierte und damit controlling-gerechte Planung des Betriebsergebnisses auch den Ergebnisaufbau nach dem Deckungsbeitragsprinzip in mittelständischen Bauunternehmen.

3.3.6 Erfolgskennzahlen

Um eine Erfolgskontrolle in mittelständischen Bauunternehmen vollständig zu realisieren sollte die Unternehmensführung einen knappen aber aussagefähigen Überblick über die Erfolgssituation des Bauunternehmens bekommen. Mit Bezug darauf sind Erfolgskennzahlen eine wichtige Orientierungshilfe für die mittelständischen Bauunternehmen, da diese die Voraussetzung für einen schnellen und relativ präzisen Überblick schaffen.

Kennzahlen zur Produktivität	Berechnungsformel		Betriebsvergleich (Beispiel)
Bauleistungsquote			
Bauleistungsquote	$= \frac{\text{Bauleistung}}{\text{geleistete Stunden}}$	= EUR/Stunde	68,25 EUR/Stunde
Deckungsbeitragsquote ("Profitrate")			
Deckungsbeitragsquote	$= \frac{\text{Deckungsbeitrag}}{\text{geleistete Stunden}}$	= EUR/Stunde	15,35 EUR/Stunde
Betriebserfolgsquote			
Betriebserfolgsquote	$= \frac{\text{Betriebserfolg}}{\text{geleistete Stunden}}$	= EUR/Stunde	4,15 EUR/Stunde
Kennzahlen zur Kostenstruktur	Berechnungsformel		Betriebsvergleich (Beispiel)
Relation der Baustellenlöhne Arbeiter (A) / Polier (P) zu den Fertigungsstunden A/P			
Mittellohn A/P	$= \frac{\text{Baustellenlöhne}}{\text{geleistete Stunden A/P}}$	= EUR/Stunde	14,86 EUR/Stunde
Anteil der Lohnkosten an der Gesamtleistung (einschl. Fremdleistung)			
Lohnkostenquote	$= \frac{\text{Lohnkosten}}{\text{Gesamtleistung}}$	x 100 = (%)	40 %
Anteil der Materialkosten an der Gesamtleistung (einschl. Fremdleistung)			
Materialkostenquote	$= \frac{\text{Roh-, Hilfs- und Betriebsstoffe}}{\text{Gesamtleistung}}$	x 100 = (%)	25 %
Anteil der Fremdleistungen an der Gesamtleistung (einschl. Fremdleistung)			
Fremdleistungsquote	$= \frac{\text{Fremdleistungen}}{\text{Gesamtleistung}}$	x 100 = (%)	12 %

Abbildung 3-21: Kennzahlen zur Produktivität und Kostenstruktur[264]

[264] Vgl. Hedfeld, K.-P. (1995), S. 8 ff.

Eine generelle Aussage, welche Kennzahlen für eine Erfolgskontrolle relevant sind, lässt sich nicht machen. Vielmehr gilt es betriebsindividuell zu entscheiden, welche Kennzahlen benötigt werden. Daher beschränkt sich die Darstellung in Abbildung 3-21 auf ausgewählte Einzelkennzahlen in Form von Verhältniszahlen, die ihr Augenmerk auf die Produktivität und Kostenstruktur richten.

Werden mit Hilfe dieser Kennzahlen Produktivitätsveränderungen festgestellt, die oberhalb einer betriebsindividuell festgelegten Toleranzgrenze liegen, so entsteht eine Ausnahmesituation, welche sofort die Aufmerksamkeit der Unternehmensführung in mittelständischen Bauunternehmen auf sich ziehen muss. Hier gilt es, umgehend Korrekturhandlungen vorzunehmen und durch vorausschauende Maßnahmen künftige Abweichungen zu verhindern.

3.4 Die Finanzrechnung als Informationsquelle für das Unternehmenscontrolling in mittelständischen Bauunternehmen

Das Unternehmenscontrolling in mittelständischen Bauunternehmen muss einerseits zum Erreichen des Erfolgsziels beitragen, es soll aber andererseits auch einen Beitrag zum Erreichen des Liquiditätsziels gewährleisten. Denn ein mittelständisches Bauunternehmen kann nur dann erfolgreich arbeiten, wenn seine Zahlungsfähigkeit jederzeit gesichert ist. Um dies kontrollieren und steuern zu können, sind Informationen über die Zahlungsfähigkeit des Unternehmens bereitzustellen. Hierzu dient die Finanzrechnung als Informationsquelle für das Unternehmenscontrolling in mittelständische Bauunternehmen. Die Finanzrechnung gibt hier einen Überblick über die Einnahmen und Ausgaben einer Abrechnungsperiode und ermöglicht somit eine Liquiditätskontrolle und -sicherung.

Die Ausgestaltung der Finanzrechnung als Informationsquelle für das Unternehmenscontrolling in mittelständischen Bauunternehmen ist zwar betriebsindividuell vorzunehmen, dennoch sollen die nachfolgenden Ausführungen einen Vorschlag unterbreiten, wie die kurzfristige Zahlungsfähigkeit in mittelständischen Bauunternehmen controlling-gerecht durch einen Liquiditätsstatus und Liquiditätsplan ermittelt werden kann.

3.4.1 Liquiditätsstatus

Die Überprüfung der kurzfristigen Zahlungsfähigkeit erfolgt am wirkungsvollsten über einen Liquiditätsstatus. Aufgrund des vergleichsweise geringen Anfalls an täglichen Zahlungsbewegungen in mittelständischen Bauunternehmen ist es nicht zwingend erforderlich, dass der Liquiditätsstatus jeden Tag aktualisiert wird; es reicht in der Regel aus, wenn er wöchentlich erstellt wird.

Liquiditätsstatus			
Firma:		**Datum:**	
1.	**Verbindlichkeiten (kurzfristig)**	**€**	**Bemerkungen**
	Bank 1		
	Bank 4		
	Lieferanten		
	Wechsel		
	Sonstige Verbindlichkeiten. (Steuern, AOK, Löhne)		
	Summe Verbindlichkeiten (kurzfristig)		
2.	**Bankguthaben**		**Bemerkungen**
	Bank 2		
	Bank 3		
	Summe der Bankguthaben		
3.	**Forderungen**		**Bemerkungen**
	Abschlagsrechnungen		
	Schlussrechnungen		
	Einbehalte		
	Summe Forderungen:		
4.	**Noch nicht in Rechnung gestellte Leistung**		**Bemerkungen**
	Summe noch nicht in Rechnung gestellte Leistung		
	Über / Unterdeckung		
5.	**Verbindlichkeiten (langfristig)**		**Bemerkungen**
	Darlehen Büro		
	Kredit Bagger		
	Summe Verbindlichkeiten (langfristig)		

Abbildung 3-22: Liquiditätsstatus für mittelständische Bauunternehmen[265]

265 Vgl. Keidel, C. / Kuhn, O. / Mohn, P. (2007), S. 201.

Im Liquiditätsstatus werden alle kurzfristigen Forderungen, Barmittel und Bankbestände zusammengefasst und diese den kurzfristigen Verbindlichkeiten gegenübergestellt. Die kurzfristigen Forderungen sollten aber nicht nur die bereits entstandenen Forderungen beinhalten, sondern auch die Leistungen, die bereits erbracht jedoch noch nicht in Rechnung gestellt wurden. In den kurzfristigen Verbindlichkeiten sind dagegen alle Banken-, Lieferanten-, Wechsel- und sonstige Verbindlichkeiten enthalten. Durch die stichtagsbezogene Gegenüberstellung von kurzfristigen Forderungen, Barmittel und Bankbestände mit den kurzfristigen Verbindlichkeiten wird eine Liquiditätsüberdeckung oder -unterdeckung schnell erkennbar, mit dem Hinweis, ob weiterer Liquiditätsbedarf besteht oder der vorhandene Rahmen ausreicht. Der Liquiditätsstatus mit seiner Vorschau von bis zu zehn Tagen weist jedoch noch keinen eigenständigen Planungscharakter auf, vielmehr handelt es sich um eine Finanzrechnung mit feststellendem Charakter. Abbildung 3-22 zeigt einen Liquiditätsstatus für mittelständische Bauunternehmen.

3.4.2 Kurzfristiger Liquiditätsplan

Der kurzfristige Liquiditätsplan auf Monatsbasis, der sich insbesondere auf die in Ausführung befindlichen Bauprojekte bezieht,[266] beinhaltet die Gegenüberstellung aller im Rahmen der laufenden Betriebstätigkeit anfallenden Einnahmen und Ausgaben. Wie in Abbildung 3-23 dargestellt, ermöglicht eine monatliche Gegenüberstellung der Einnahmen und Ausgaben, die notwendige Liquidität vorzuhalten, um zum einen die rechtzeitige Überweisung der Löhne und Gehälter sowie der Sozialabgaben vornehmen, zum anderen aber auch z.B. Lieferantenrechnungen mit Skonto begleichen zu können. Wird mit Kredit gearbeitet, so sind die möglichen, aber nicht ausgeschöpften Kreditlinien, dem Saldo aus Einnahmen und Ausgaben hinzuzufügen.

Trotz der zeitlichen Reichweite von bis zu einem Monat besitzt der aufgezeigte kurzfristige Finanzplan - vergleichbar dem Liquiditätsstatus - keinen eigenständigen Planungscharakter, vielmehr handelt es sich auch hier um eine Finanzrechnung mit feststellenden Charakter, die für den Zeitraum von bis zu einem Monat hauptsächlich die finanziellen Auswirkungen bereits getroffener Entscheidungen widerspiegelt. Entspre-

266 Vgl. Seeling, R. (1995), S. 146.

chend ist die Feststellung der Einnahmen und Ausgaben auf Monatsbasis in mittelständischen Bauunternehmen in der Regel relativ unproblematisch.

Kurzfristiger Liquiditätsplan	Einnahmen/Ausgaben-Liquidität					
Firma:		Wo.-Nr.	Wo.-Nr.	Wo.-Nr.	Wo.-Nr.	
Jahr:						
Monat:		vom:	vom:	vom:	vom:	
Datum:						
I. Einnahmen	**geplant**	**€**	**€**	**€**	**€**	**gesamt**
Abschlagszahlungen Schlussrechnungen Sonstige Einnahmen						
Summe Einnahmen	geplant					
II. Ausgaben	**geplant**	**€**	**€**	**€**	**€**	**gesamt**
Gehälter Löhne AOK Lohnsteuer Umsatzsteuer ZVK Winterbauumlage Nachunternehmer Lieferanten Sonstige Kosten Steuern Leasing Zinsen						
Summe Ausgaben	geplant					
III. Liquidität						
Saldo Einnahmen / Ausgaben	**geplant**					
Verfügbare Mittel: Kontenstand Kontenstand + Kreditlimit Bank 1 + Kreditlimit Bank 2	Bank 1 Bank 2					
Über-/Unterdeckung,						
Kreditreserve						
Bemerkungen:						

Abbildung 3-23: Kurzfristiger Liquiditätsplan für mittelständische Bauunternehmen[267]

Die Einnahmen resultieren größtenteils aus der laufenden Bauleistungserstellung. Entsprechend kann die Höhe der Einnahmen ohne weiteres mittels Vertragsunterlagen und den gestellten Abschlags- bzw. Schlussrechnungen bezüglich der vorhandenen

267 Vgl. Keidel, C. / Kuhn, O. / Mohn, P. (2007), S. 194.

Bauaufträge abgeschätzt werden. Auch die Höhe der Einnahmen aus bewussten Finanzierungsaktionen (z.B. Verkauf von nicht betriebsnotwendigen Vermögen, Darlehenauszahlungen, Eigenkapitalzuführung usw.) beruht zumeist auf bereits veranlassten Sachverhalten und ist daher in der Regel relativ einfach abzuleiten.

Die Höhe der Ausgaben, die sich auch meist aus der laufenden Bauleistungserstellung ergeben, können mit Hilfe von Arbeitsberichten, Lieferscheinen, vorliegenden Lieferantenrechnungen, Umsatzsteuervoranmeldung usw. abgeschätzt werden. Die Höhe der Ausgaben, die unabhängig von der Bauleistung anfallen, wie z.B. Mietzahlungen, Kredittilgungen, Entnahmen usw. sind mit den eingeführten Beträgen einzustellen.

Zahlungskategorien	**Zeitliche Einordnung** (+) später (-) früher	**Quantitative Einordnung** Ansatz in (%)
Einzahlungen		
Abschlagszahlungen	+ 1 Monat	90
Schlusszahlungen	+ 3 Monate	95
Sonstige Einzahlungen	Variabel	variabel
Auszahlungen		
Löhne	+ ½ Monat	100
Geräte	+ 1 Monat	100
Lieferanten	+ 1 Monat	100
Nachunternehmer	+ ½ Monat	90

Abbildung 3-24: Transformationstabelle[268]

Eine Schätzung, wann Forderungen bzw. Verbindlichkeiten zu Einzahlungen bzw. Auszahlungen werden, kann mit Hilfe einer sogenannten Transformationstabelle als methodischem Hilfsmittel erfolgen. In der Transformationstabelle werden Forderungen bzw. Verbindlichkeiten mit Hilfe von unternehmensindividuellen Einschätzungen zeitlich und betragsmäßig in Einzahlungen und Auszahlungen transformiert. Diese Einschätzungen leiten sich z.B. aus dem bisherigen Zahlungsverhalten der Kunden oder aus der eigenen Zahlungspolitik ab. Abbildung 3-24 zeigt eine Transformationstabelle, wie sie in mittelständischen Bauunternehmen eingesetzt werden kann.

268 In Anlehnung an Maurer, G. (1996), S. 148.

3.4.3 Liquiditätskennzahlen

Mittelständische Bauunternehmen müssen – wie bereits erläutert - zur Erstellung ihrer Marktleistung einen erheblichen Vorfinanzierungszeitraum überbrücken bis der Rückfluss durch Zahlungen der Bauherren erfolgt. Dies hat zur Folge, dass mittelständische Bauunternehmen in der Regel nicht in der Lage sind, ausschließlich Eigenmittel zur Vor- und Durchfinanzierung ihrer Leistung einzusetzen. Dadurch entsteht in diesen Unternehmen ein relativ hoher und schwankender Bedarf an Fremdmitteln, der gedeckt werden muss, um die kurzfristige Zahlungsfähigkeit sicherzustellen.

Die Beschaffung der Fremdmittel beschränkt sich jedoch für die mittelständischen Bauunternehmen aufgrund der rechtlichen und wirtschaftlichen Selbständigkeit im wesentlichen auf Kundenanzahlungen, Lieferanten- und Bankkredite, wobei die Kreditfinanzierung bei Banken, in Form von Kontokorrentkrediten, als klassische Quelle zur Vor- und Durchfinanzierung von Baumaßnahmen gilt.[269] Daraus erwächst für die Finanzrechnung die Notwendigkeit neben der Feststellung der Zahlungsfähigkeit auch die Prüfung der Kreditwürdigkeit vorzubereiten.

Bei der Prüfung der Kreditwürdigkeit legen Banken besonderen Wert auf die Einsicht in die aktuellen und zurückliegenden Jahresabschlüsse der Unternehmen. So versuchen die Banken anhand der Jahresabschlüsse über einen Zeitraum der vergangenen drei Jahre Entwicklungstendenzen zu erkennen, um Rückschlüsse auf eine zukünftige Unternehmensentwicklung ableiten zu können.

Dazu werden die vorgelegten Jahresabschlüsse im Rahmen einer Jahresabschlussanalyse u.a. auch nach liquiditätsmäßigen Gesichtspunkten geordnet und aufbereitet.[270] Durch die Gegenüberstellung bestimmter Bilanzpositionen ergeben sich die in Abbildung 3-25 dargestellten Liquiditätskennzahlen, die von den Banken im Rahmen der Kreditvergabe bewertet werden. Insofern liegt die Bedeutung der vorgestellten Liquiditätskennzahlen vorrangig in der Vorbereitung einer Kreditwürdigkeitsprüfung und somit in der Sicherung einer potentiellen Zahlungsfähigkeit.

---

269 Vgl. Klinke, D.A. (2002), S. 192.

270 Vgl. Reithmeir, H. (2006), S. 38.

Zudem muss hier darauf hingewiesen werden, dass die angeführten Liquiditätskennzahlen lediglich eine statische Momentaufnahme über die Zahlungsfähigkeit eines Unternehmens zu einem jahresbezogenen Stichtag wiedergeben.

Kennzahlen Liquidität	Berechnungsformel	Betriebsvergleich (Beispiel)
Liquidität 1. Grades	Liquidität 1. Grades = Zahlungsmittel / Kurzfristige Verbindlichkeiten x 100 = (%)	36,9 %
Liquidität 2. Grades	Liquidität 2. Grades = Zahlungsmittel + kurzfristige Forderungen / Kurzfristige Verbindlichkeiten x 100 = (%)	154,2 %
Anzahlungsquote	Anzahlungsquote = Kundenanzahlungen / unfertige Bauten x 100 = (%)	125,3 %
Kennzahlen zur Kapital- und Vermögensstruktur	Berechnungsformel	Betriebsvergleich (Beispiel)
Eigenkapitalquote	Eigenkapitalquote = Eigenkapital / Bilanzsumme x 100 = (%)	22,3 %
Verschuldungsgrad	Verschuldungsgrad = mittel-/langfristige. Verbindlichkeiten / Eigenkapital x 100 = (%)	102,2 %
Anlagendeckung II	Anlagendeckung II = Eigenkapital + lang-. fristiges Fremdkapital / Anlagevermögen x 100 = (%)	149,5 %

Abbildung 3-25: Liquiditätskennzahlen[271]

271 Vgl. Hedfeld, K.-P. (1995), S. 14 ff.

4. Unternehmenscontrolling in mittelständischen Bauunternehmen

Das Unternehmenscontrolling in mittelständischen Bauunternehmen hat als integrierte Aufgabe der Unternehmensführung eine zukunftsorientierte Steuerung der Unternehmenstätigkeit im Sinne der wertschöpfungsorientierten Controlling-Konzeption zu unterstützen. Folgt man dieser Aufgabenzuweisung, so muss hier eingangs festgestellt werden, dass mit der in den vorangegangenen Ausführungen aufgezeigten Ausgestaltung des baubetrieblichen Rechnungswesens zu einer controlling-gerechten Informationsbasis zwar eine wichtige Grundvoraussetzung für die Realisierung des Unternehmenscontrolling in mittelständischen Bauunternehmen erfüllt wird, gleichwohl reicht diese Informationsbasis für eine zukunftsorientierte Steuerung der Unternehmenstätigkeit mittelständischer Bauunternehmen nicht aus.

Als problematisch erweist sich dabei vor allem der Umstand, dass auch ein controlling-gerechtes baubetriebliches Rechnungswesen nur in der Lage ist, eine vergangenheitsbezogene Informationsbasis zu liefern, die lediglich ein Reagieren, aber kein Agieren mittelständischer Bauunternehmen im Sinne einer Anpassung an zukünftige, sich anbahnende Entwicklungen auf den relevanten Märkten und im Unternehmen selbst ermöglicht. Damit aber auch mittelständische Bauunternehmen weniger reagierend als vielmehr agierend gesteuert werden können, obliegt dem Unternehmenscontrolling in mittelständischen Bauunternehmen - innerhalb seiner Abstimmungs- und Informationsfunktion - auch die Aufgabe, die Planungs-, Steuerungs- und Kontrollaufgaben, die über einen Regelkreis miteinander verbunden sind, controlling-gerecht auszugestalten, um das Wirksamwerden der Lokomotionsfunktion in mittelständischen Bauunternehmen sicherzustellen.

Die dabei notwendige Unterscheidung zwischen operativen und strategischen Planungs-, Steuerungs- und Kontrollaufgaben erfolgt hier nicht vordergründig über einen Zeitbezug, sondern über die Führungsgrößen der zugrundegelegten wertschöpfungsorientierten Controlling-Konzeption. Im Hinblick auf die operativen Führungsgrößen Erfolg und Liquidität bzw. auf die strategische Führungsgröße Erfolgspotential wird das operative und das strategische Unternehmenscontrolling in mittelständischen Bauunternehmen durch die Gestaltung der operativen bzw. strategischen Planungs-, Steuerungs- und Kontrollaufgaben abgegrenzt, die jeweils über einen eigenen Regelkreis miteinander verbunden sind.

Die nachfolgenden Ausführungen beschreiben den Gegenstand, die Aufgaben und die Gestaltung des operativen und strategischen Unternehmenscontrolling in mittelständischen Bauunternehmen, bevor schließlich die Verzahnung dieser beiden Controllingbereiche dargestellt und auf Grundlage dieser Verzahnung der „laufende" Controllingbetrieb in mittelständischen Bauunternehmen aufgenommen werden kann.

4.1 Gegenstand und Aufgaben des operativen Unternehmenscontrolling in mittelständischen Bauunternehmen

Gegenstand des operativen Unternehmenscontrolling in mittelständischen Bauunternehmen ist die mittelfristige Existenzerhaltung. Die wesentlichen Aufgaben umfassen dabei die Sicherung der operativen Führungsgrößen Erfolg und Liquidität. Daher hat das operative Unternehmenscontrolling die operativen Planungs-, Steuerungs- und Kontrollaufgaben bezogen auf die Führungsgrößen Erfolg und Liquidität für das Gesamtunternehmen controlling-gerecht auszugestalten.

Dazu baut das operative Unternehmenscontrolling in mittelständischen Bauunternehmen im wesentlichen auf den Zahlen des controlling-gerechten baubetrieblichen Rechnungswesens auf und begrenzt den Zukunftsaspekt daher auf einen zeitlich überschaubaren Zeitraum von bis zu einem Jahr.[272]

Ausgehend vom bereits vorgestellten Prozess der Willensbildung und Willensdurchsetzung beginnt in mittelständischen Bauunternehmen die controlling-gerechte Gestaltung der operativen Planungs-, Steuerungs- und Kontrollaufgaben, idealtypisch betrachtet, bei den Planungsaufgaben.

4.1.1 Operatives Unternehmenscontrolling und Planungsaufgaben

Wirtschaftliches Handeln bedeutet Entscheiden zwischen verschiedenen Möglichkeiten. Hierbei kommt die wichtige Aufgabe der Planung zu, zukünftiges Handeln gedanklich vorwegzunehmen, indem sie verschiedene Handlungsmöglichkeiten abwägt und sich für den günstigsten Weg zur Zielerreichung entscheidet.

---

272 Der Aufbau und die Durchführung des operativen Unternehmenscontrolling sollte in mittelständischen Bauunternehmen zeitlich vor dem Aufbau und der Durchführung des strategischen Unternehmenscontrolling stehen, weil es zum einen auf den schon vorhandenen Zahlen und Ergebnissen des controlling-gerechten baubetrieblichen Rechnungswesens aufbaut und zum anderen

Die gesamtbetriebliche Planungsaufgabe in mittelständischen Bauunternehmen, die hier auf ein zu planendes Geschäftsjahr ausgelegt ist, erstreckt sich dabei auf ein Gerüst von Einzelplanungen und wird durch das „Engpassgesetz" der Planung bestimmt, d.h. der Teilbereich, der die unternehmerische Tätigkeit am meisten einengt, beeinflusst die Vorgehensweise der Planung im wesentlichen. Würde beispielsweise die Unternehmensführung im Personal oder in den Finanzen die größten Engpässe sehen, so rücken die entsprechenden Einzelplanungen an den Ausgangspunkt der gesamten Planungsstufen.

Die mittelständischen Bauunternehmen bewegen sich weitgehend in regionalen, gesättigten Käufermärkten. Somit liegt der am meisten bestimmende Engpass im Absatzbereich. Folglich ist die jahresbezogene Absatzplanung von Bauleistungen der Ausgangspunkt für die gedanklichen Vorwegnahme zukünftigen Handelns. Die praktische Planung erfolgt dann nach dem Prinzip eines Netzplanes: die Einzelplanungen, wie Absatz-, Produktions-, Beschaffungs-, Bereichs- und Liquiditätsplanung werden hintereinander sowie parallel mit anschließender Koordination erstellt.

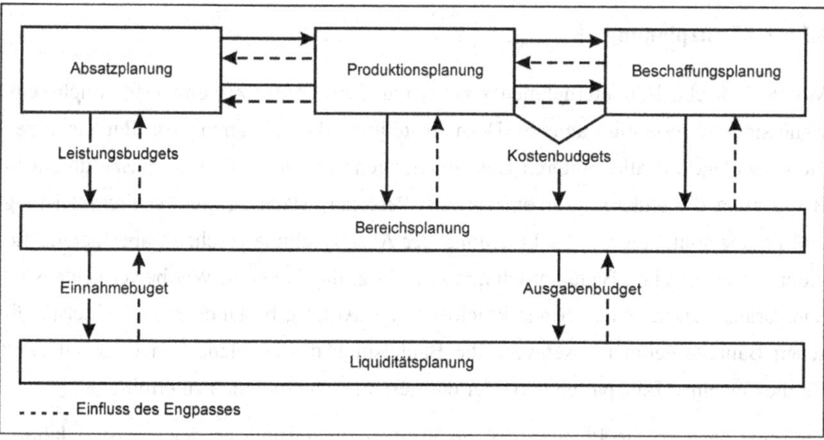

Abbildung 4-1: System einer gesamtbetrieblichen Planung in mittelständischen Bauunternehmen

den Zukunftsaspekt auf einen zeitlich überschaubaren Zeitraum von bis zu einem Jahr begrenzt, wodurch die Unsicherheit der Erwartungen als gering einzuschätzen ist.

Als Ergebnis der vorstehenden Einzelplanungen sind Budgets zu erstellen. Unter einem Budget wird hier eine schriftliche Zusammenfassung verstanden, durch welche den Aufgabenträgern im Unternehmen für einen abgegrenzten Zeitraum fixierte Sollgrößen im Sinne von Soll-Ergebnissen geplanter Maßnahmen in wertmäßiger Form vorgegeben werden.[273] Die Budgets sollten in mittelständischen Bauunternehmen auf Monatsbasis vorliegen. Bei Fehlen von Monatswerten wäre eine Kontrolle der Budgeteinhaltung erst am Jahresende und eine unterjährige Steuerung überhaupt nicht möglich. Insofern setzen monatliche Budgets Maßstäbe, um einerseits zielorientiertes Handeln herbeizuführen und anderseits die Kontrollaufgaben ausüben zu können. Um aber den Planungsaufwand in mittelständischen Bauunternehmen anfangs einzugrenzen, kann eine jährlich Überarbeitung und Fortschreibung der Budgets nach dem Prinzip der rollierenden Planung zum Ende des Geschäftsjahres erfolgen.[274] Auf diese Weise eignen sich Budgets als Steuerungs- und Koordinationsinstrument auch für das Unternehmenscontrolling in mittelständischen Bauunternehmen, da sie eine wichtige Verbindung zwischen den operativen Einzelplanungen und dem baubetrieblichen Rechnungswesen herstellen.

4.1.1.1 Absatzplanung

Mittelständische Bauunternehmen können nur dann in der Zukunft erfolgreich sein, wenn sie marktorientiert agieren. Deshalb stellt die Absatzplanung von Bauleistungen die Grundlage für alle weiteren Einzelplanungen dar; zumal von der auszuführenden Bauleistung die anderen Größen wie z.B. Personal, Material, Geräte, Fremdleistung und Finanzen abhängen. Die Erstellung der Absatzplanung erscheint aber gerade für die mittelständischen Bauunternehmen schwierig, da eine hohe Wettbewerbsintensität und daraus resultierende geringe Reichweite des Auftragsbestands es den mittelständischen Bauunternehmen erschwert, die Bauleistung des zu planenden Geschäftsjahrs für die einzelnen Bausparten und/oder das gesamte Unternehmen zu ermitteln.

Zunächst hat sich die Planung der zukünftigen Bauleistung an der erfassten Jahresbauleistung vergangener Jahre zu orientieren. In diesem Zusammenhang ist eine nach

---

273 Vgl. Steinmann, H. / Schreyögg, G. (2005), S. 392.

274 Sofern die Unternehmensführung von mittelständischen Bauunternehmen über mehr Planungserfahrung verfügt, wird eine quartalsweise Überarbeitung und Fortschreibung der Budgets vorgeschlagen.

Bausparten differenzierte Auswertung der Gesamtbauleistung anzustreben, damit die Leistungsplanung sowohl für das gesamte Unternehmen als auch bauspartenbezogen durchgeführt werden kann. Anschließend sind diese vergangenheitsbezogenen Informationen mittels eines geeigneten Prognoseverfahrens in zukunftsbezogene Aussagen umzuwandeln.

Allgemein lassen sich die Prognoseverfahren in quantitative und qualitative Prognosemethoden einteilen. Während die quantitativen Prognosemethoden auf Grundlage von mathematisch-statistischen Verfahren zu ihren Vorhersagen gelangen, versuchen qualitative Prognosemethoden individuelle Erfahrungen und Kenntnisse methodisch auszuwerten und für ihre Aussagen zu nutzen.[275] Aus der Vielzahl von Prognosemethoden wird hier vorgeschlagen, die einfache Mittelwertbildung zu nutzen, da diese weitgehend ohne vorhergehende Datenanalyse und somit ohne größere Anwendungsschwierigkeiten in jedem mittelständischen Bauunternehmen mit vorhandener Baubetriebsrechnung eingesetzt werden kann.

Um angesichts der steigenden Unsicherheit über die Entwicklung der baubetrieblichen Umwelt und die daraus entstehende Geschwindigkeit der Nachfrageveränderung eine realitätsnahe Absatzplanung von Bauleistungen entwickeln zu können, gilt es jedoch zu beachten, dass Planung nicht gleich Prognose ist. Während eine Prognose Durchschnittswerte aus abgeschlossenen Perioden bei weitgehend strukturell gleichbleibenden Bedingungen in den nächsten Zeitraum „hinein extrapoliert" und lediglich als „tragfähige Datenbasis" dient, stellt die Planung die bewusste Auseinandersetzung mit der Zukunft dar, in der die Möglichkeiten, Machbarkeiten und Willenserklärungen zur Erreichung bestimmter Ziele enthalten sind.

Entsprechend sollten die statistischen „Eigentrendüberlegungen" durch subjektive und planungsbewusste qualitative Schätzungen bestimmender Einflüsse nach oben oder unten angepasst werden. Einen Überblick über die Informationsquellen und -vermittler zur qualitativen Einschätzung der künftigen Marktentwicklung kann die Abbildung 4-2 geben.

275 Vgl. Bramsemann, R. (1993), S. 280.

Ferner gilt es, eine Regelmäßigkeit von Saisonschwankungen vergangener Jahre dazu zu nutzen,[276] die geplante Jahresbauleistung der einzelnen Bausparten und/oder des Gesamtunternehmens auf die einzelnen Monate entsprechend ihrer Wertigkeit zu verteilen, um die Planungsgenauigkeit der Absatzplanung zu erhöhen und etwaige Gegensteuerungsmaßnahmen gezielt einzuleiten, wobei die Auswahl der betriebsspezifischen Vergleichsjahre konjunktur- und trendneutral aber nicht willkürlich erfolgen sollte.[277]

		Informationsvermittler								
		Presse	Interne Berichte	Kunde	Planer	Lieferant	Konkurrent	Bauverband	Externer Berater	Kommune
Informationsquellen	Statistiken	●	●							
	Gespräche			●	●	●		●	●	
	Submissionsveranstaltungen				●		●			
	Konjunkturanalysen	●						●	●	
	Marktsegmentsanalysen	●						●	●	
	Haushaltsplan									●

Abbildung 4-2: Informationsquellen und -vermittler zur Baumarkteinschätzung[278]

Abschließender Schritt der Absatzplanung ist die Ermittlung der noch zu akquirierenden Bauleistung, welche einen Anhaltspunkt für die künftigen Akquisitionsbemühungen geben soll; die zu akquirierende Bauleistung ergibt sich für das zu planende Geschäftsjahr aus der Differenz zwischen der geplanten Jahresbauleistung und dem Bauleistungsvolumen aus den vorhandenen Aufträgen bzw. den zu erwartenden Aufträgen, bei denen aufgrund von bereits laufenden Auftragsverhandlungen mit dem Zuschlag gerechnet werden kann.

---

276 Regelmäßigkeit impliziert hier, dass bei der Bildung der Verteilungswerte mehrere Jahre zugrundegelegt werden müssen.

277 Dies kann sich in einer betriebsindividuellen Saisonkurve widerspiegeln (vgl. Merk, M. (1983), S. 43).

278 Vgl. Keidel, C. (2002), S. 348.

4.1.1.2 Produktionsplanung

Die Bauleistung ist aufgrund der „standortgebundenen, prototypischen Einzelfertigung“ weitgehend fremdbestimmt. Für mittelständische Bauunternehmen mit herkömmlicher Bautätigkeit sind daher die Möglichkeiten, die Wirtschaftlichkeit über die Leistungsseite zu steigern, in erheblichen Maße eingeschränkt. Folglich kann in den mittelständischen Bauunternehmen die Wirtschaftlichkeit besser über die Kostenseite beeinflusst werden. Deshalb ist in mittelständischen Bauunternehmen eine entscheidungsorientierte Kostenplanung anzustreben. Entsprechend wird nachfolgend zwischen leistungsabhängigen und leistungsunabhängigen Kosten unterschieden. Die leistungsabhängigen Kosten, wie z.B. Lohn-, Material-, Geräte- und Fremdleistungskosten, die durch die Annahme eines Bauauftrages entstehen, werden für das zu planende Geschäftsjahr in der Produktions- und Beschaffungsplanung bestimmt. Die leistungsunabhängigen Kosten, wie z.B. Gehälter, Büromiete, Heizung usw., die sich konstant zur Anzahl der Bauprojekte verhalten, werden in der Bereichsplanung für das zu planende Geschäftsjahr ermittelt.

Der Begriff „Produktion“ wird sowohl im täglichen Sprachgebrauch als auch in der betriebswirtschaftlichen Literatur mit unterschiedlichem Inhalt verwendet. Im personalintensiven Baugewerbe mit seiner im wesentlichen auf Einzelfertigung ausgerichteten Produktionsweise ist es für die Planungsaufgabe zweckmäßig, den Begriff der „Produktion“ auf die Arbeit des vor Ort tätigen gewerblichen Baustellenpersonals einzuengen, zumal Geräte sowie Kraftfahrzeuge innerbetrieblich verrechnet bzw. von Dritten angemietet werden können und somit dem Beschaffungsbereich zuzuordnen sind. Die Produktionsplanung in mittelständischen Bauunternehmen hat daher die Aufgabe, den Personalbedarf für die einzelnen Bausparten und/oder das Gesamtunternehmen, bei planmäßiger Entwicklung der Bauleistung, im zu planenden Geschäftsjahr und die damit verbundenen leistungsabhängigen Lohnkosten zu ermitteln.

Die Produktionsplanung beginnt mit der Bestandsaufnahme der gewerblichen Mitarbeiter in den einzelnen Bausparten und/oder im Gesamtunternehmen sowie der Ermittlung der Arbeitstage, die im zukünftigen Geschäftsjahres zur Verfügung stehen, um die Bauleistung zu erbringen. Abbildung 4-3 zeigt ein Rechenschema zur Ermittlung der tatsächlichen Arbeitstage bzw. Arbeitsstunden. Unter Berücksichtigung der voraussichtlichen Ausfallzeiten durch Urlaub, Schlechtwetter, Kurzarbeit und Krankheit, die mit Hilfe von betriebseigenen Erfahrungswerten zu ermitteln sind, kann für das anstehende Geschäftsjahr der voraussichtliche Umfang an effektiven nutzbaren Produktivstunden für die einzelnen Bausparten und/oder das Gesamtunternehmen hochgerechnet werden kann.

	Ermittlung der tatsächlichen Arbeitsstage / Arbeitsstunden	**Tage**	**Stunden**
1.	**2006**	**365,00**	**2.847,00**
2.	Samstage	52,00	405,60
3.	Sonntage	52,00	405,60
	Jahresarbeitszeit lt. Tarifvertrag	**261,00**	**2.035,80**
4.	Gesetzliche Wochenfeiertage, soweit nicht Samstage oder Sonntage	7,00	54,60
5.	Regionale Feiertage, soweit nicht Samstage oder Sonntage	0,00	0,00
6.	Lohnausgleichszeitraum, soweit nicht Samstage oder Sonntage	5,00	39,00
7.	Urlaubstage nach § 8 BRTV	30,00	234,00
8.	Tarifliche und gesetzliche Ausfalltage nach § 4 BRTV	4,00	31,20
9.	Bildungsurlaub, Schulungsveranstaltungen	3,00	23,40
10.	**Schlechtwetterausfalltage innerhalb und außerhalb der SW-Zeit**	**14,00**	**105,00**
10.1	davon durch Flexibilisierung abgedeckt	- 4,00	- 30,00
10.2	davon auf Urlaub angerechnet	0,00	0,00
10.3	**verbleibende Schlechtwettertage davon**	**10,00**	**75,00**
10.3.1	SW-Tage mit Anspruch auf umlagefinanziertes Winterausfallgeld	9,30	70,00
10.3.2	SW-Tage mit Anspruch auf beitragsfinanziertes Winterausfallgeld	0,70	5,00
11.	Ausfalltage wegen Kurzarbeit	5,00	39,00
11.1	davon durch Flexibilisierung abgedeckt	0,00	0,00
11.2	**verbleibende Ausfalltage wegen Kurzarbeit**	**5,00**	**39,00**
12.	Krankheitstage mit Lohnfortzahlung	8,00	62,40
13.	Krankheitstage ohne Lohnfortzahlung	2,00	15,60
	Summe der Ausfalltage / Stunden	**178,00**	**1.385,40**
	Tatsächliche Arbeitstage / Arbeitsstunden	**187,00**	**1.461,60**

Abbildung 4-3: Ermittlung der tatsächlichen Arbeitstage / Arbeitsstunden[279]

Damit aber in der Produktion keine Unwirtschaftlichkeiten der Vergangenheit einfach in das zu planende Geschäftsjahr hinein fortgeschrieben werden, ist die Produktionsplanung mit einer Personalbedarfsplanung abzugleichen. Die Personalbedarfsplanung wird hier aus der Absatzplanung abgeleitet, indem für die einzelnen Bausparten und/oder das Gesamtunternehmen die benötigten Arbeitskräfte bzw. die voraussichtlichen Produktivstunden mittels marktbezogener Produktivitätskennzahlen, wie z.B. „Jahresbauleistung je gewerblicher Arbeitnehmer" oder „Bauleistung je produktiver Arbeitsstunde", errechnet werden. Durch den Abgleich des voraussichtlichen Personalbestands mit dem aus der Absatzplanung abgeleiteten Personalbedarf bezogen auf die einzelnen Bausparten und/oder auf das Gesamunternehmen können dann gra-

279 In Anlehnung an Keidel, C. / Kuhn, O. / Mohn, P. (2007), S. 99 ff.

vierende Über- oder Unterdeckungen festgestellt werden, die im Hinblick auf die Vorgabe der jeweiligen Jahresbauleistung schnellstens angepasst werden müssen.

Eine kostenmäßige Bewertung der so ermittelten Plan-Produktivstunden erfolgt per Mittellohnverfahren;[280] d.h. der Stundenlohn wird unter Berücksichtigung der lohngebundenen Kosten für alle in einer Bausparte und/oder im Gesamtunternehmen produktiv tätigen Mitarbeiter gemittelt und mit den für die einzelnen Bausparten und/oder für das Gesamtunternehmen eingeplanten Produktivstunden multipliziert; dies ermöglicht die bausparten- und/oder unternehmensbezogene Vorgabe der Lohnkosten für das zu planende Geschäftsjahr. Die unterjährige, zeitliche Verteilung der bausparten- und/oder unternehmensbezogenen leistungsabhängigen Plan-Lohnkosten kann schließlich mit hinreichender Genauigkeit auf Basis der vorliegenden saisonalen Verteilung der Jahresbauleistung vorgenommen werden.

4.1.1.3 Beschaffungsplanung

Die Beschaffung im mittelständischen Bauunternehmen betrifft vor allem den Einkauf von Material, Gerätschaften und Fremdleistung. Deshalb hat die baubetriebliche Beschaffungsplanung die Aufgabe, für die einzelnen Bausparten und/oder das Gesamtunternehmen den Material-, Geräte- und Fremdleistungsbedarf für die geplante Bauleistung zu bestimmen und kostenmäßig zu bewerten.

Im Gegensatz zu Unternehmen mit Serienfertigung, die ihre Bedarfsplanung aufgrund eines vorgegebenen Produktionsprogramms mittels Stücklistenauflösung vornehmen können, ist die baubetriebliche Beschaffungsplanung mit erheblich größeren Schwierigkeiten verbunden, da im Baugewerbe der Material-, Geräte- und Fremdleistungsbedarf sowie die damit verbundenen leistungsabhängigen Kosten für noch unbekannte Aufträge nicht genau bestimmt werden und erst nach Auftragsannahme für das Einzelobjekt sehr kurzfristig und bauprojektbezogen ermittelt werden können.

Im Rahmen einer projektübergreifenden Beschaffungsplanung besteht daher für Material und Fremdleistungen lediglich die Möglichkeit, die entsprechenden leistungsabhängigen Plan-Kosten aus Erfahrungswerten über ihre Anteile an der Bauleistung und/oder den Herstellkosten in der Vergangenheit pro Bausparte und/oder für das Gesamtunternehmen abzuleiten; Voraussetzung hierfür ist allerdings, dass in den Vorjah-

280 Vgl. Talaj, R. (1993), S. 57.

ren diese charakteristischen Verhältniskennzahlen aus der Baubetriebsrechnung abgeleitet wurden, wie z.B. in Abbildung 3-21 dargestellt sind.

Dagegen lassen sich die leistungsabhängigen Plan-Kosten für Geräte besser aus der Produktionsplanung ableiten, da die zukünftige Vorhaltesituation von eigenen und angemieteten Leistungs- und Bereitstellungsgeräten sowie die künftige Einsatzsituation des betriebseigenen Fuhrparks retrograd nur über die Bezugsgröße „Produktivstunde" bestimmt werden kann; d.h. auf Basis der geplanten Produktivstunden und mit betriebseigenen Verhältniskennzahlen können dann Art und Umfang der einzusetzenden Geräte bzw. Fahrzeuge für das zu planende Geschäftsjahre bausparten- und/oder unternehmensbezogen hochgerechnet werden. Durch die Multiplikation der ermittelten Zeiteinheiten mit einem marktüblichen Mietpreis je Gerät und Zeiteinheit können dann zum einen die Fremdmietkosten als Gerätekosten von „außen" errechnet und zum anderen der innerbetriebliche Leistungsaustausch zwischen leistungsabgebender Stelle (z.B. Fuhrpark) und leistungsempfangender Stelle (z.B. Bausparte) bewertet und als „innerbetriebliche" Gerätekosten weiterbelastet und geplant werden.

Die unterjährige, zeitliche Verteilung der leistungsabhängigen Plan-Kosten für Material und Fremdleistung ist auf Basis der vorliegenden saisonalen Verteilung der Jahresbauleistung vorzunehmen. Die unterjährige, zeitliche Verteilung der leistungsabhängigen Plan-Gerätekosten erfolgt dagegen auf Basis der bausparten- und/oder gesamtunternehmensbezogenen Produktivstundenvorgaben aus der Produktionsplanung.

4.1.1.4 Bereichsplanung

Aufgrund des wachsenden Wettbewerbdrucks wird der Preisspielraum in mittelständischen Bauunternehmen zunehmend kleiner; folglich dürfen sich die Planungsaufgaben nicht nur auf die Bauleistung und auf die leistungsabhängigen Kosten im Produktions- und Beschaffungsbereich beschränken, sondern es sind auch die leistungsunabhängigen Kosten in eine gesamtbetriebliche Planung mit einzubeziehen.

Die Planung der leistungsunabhängigen Kosten für das anstehende Geschäftsjahr ist in mittelständischen Bauunternehmen relativ unproblematisch, da diese unabhängig von der baubetrieblichen Leistungserstellung anfallen und deshalb in der Regel auf Basis der Vorjahreswerte und den zu erwartenden Veränderungen im kommenden Geschäftsjahr unabhängig von der geplanten Bauleistung fortgeschrieben und festgelegt werden können. Die leistungsunabhängigen Kosten, durch zwölf dividiert, ergeben dann entsprechende Monatsvorgaben.

Als wesentlich schwieriger gestaltet sich bei der Aufbereitung der Plandaten die hierarchische Kostenaufteilung der leistungsunabhängigen Kosten in die leistungsunabhängigen Kosten der Kostenstelle und die leistungsunabhängigen Kosten des Betriebes sowie deren rechentechnische Zuordnung auf die zu planenden, zu steuernden und zu kontrollierenden Unternehmensbereiche, da in mittelständischen Bauunternehmen diese, in Abbildung 4-4 dargestellten Unternehmensbereiche nicht mit den für ihre Aktivitäten erforderlichen personellen und organisatorischen Kapazitäten ausgestattet werden können, jedoch als eigenständige Verantwortungsbereiche rechentechnisch zu erfassen und zu planen sind. Zudem ist in der Bereichsplanung die innerbetriebliche Leistungsverrechnung zwischen den einzelnen Unternehmensbereichen mitzuerfassen, zu koordinieren und zu planen.

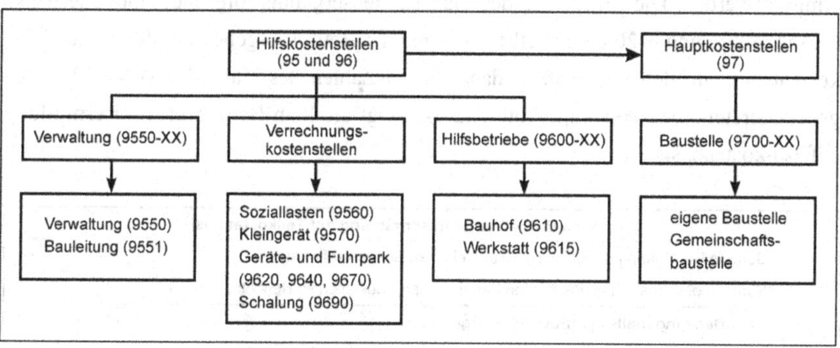

Abbildung 4-4: Unternehmensbereiche in mittelständischen Bauunternehmen im System des BKR 87[281]

Als leistungsunabhängige Kosten der Kostenstelle werden die Kosten erfasst, die ohne weiteres den Bausparten, den Hilfsbetrieben und Verrechungskostenstellen verursachungsgerecht mittels eines Kostenstellenplans, den Abbildung 3-14 als Beispiel zeigt, zugeordnet werden können. Dazu gehören z.B. die Gehaltskosten der Bauleitung. Als leistungsunabhängige Kosten des Betriebes verbleiben solche Kosten, welche den Bausparten nur „willkürlich" zugeordnet werden können. Hierunter fallen insbeson-

281 In Anlehnung an Keidel, C. / Kuhn, O. / Mohn, P. (2007), S. 26.

dere Kosten, wie z.B. die Kosten der Geschäftsleitung und Verwaltung einschließlich der Bürokosten.

Für die innerbetriebliche Leistungsverrechnung ist eine gesonderte Planungsrechnung durchzuführen, die auf die Absatz-, Produktions- und Beschaffungsplanung abgestimmt sein muss. Diese Planungsrechnung ist, wie in Abbildung 3-15 als Beispiel dargestellt, mit Hilfe eines Kostenbewegungsplans zu marktpreisorientierten Verrechnungssätzen durchzuführen, damit auch hier eine gezielte und entscheidungsorientierte Steuerung und Kontrolle ermöglicht wird. Entstehende Über- oder Unterdeckung können dann einer ersten Wirtschaftlichkeitskontrolle unterzogen werden.

Nachdem nun auch alle leistungsunabhängigen Plan-Kosten ermittelt sowie den jeweiligen Unternehmensbereichen zugeordnet und die Über- und/oder Unterdeckungen der innerbetrieblichen Leistungsverrechnung für das zu planende Geschäftsjahr bestimmt sind, kann das Plan-Betriebsergebnis in mittelständischen Bauunternehmen ermittelt werden. Die Ermittlung des Plan-Betriebsergebnis folgt hier sinnvollerweise dem in Abbildung 3-20 dargestellten Schema der Betriebsergebnisermittlung auf Teilkostenbasis, um den Plan-Zahlen dann die Ist-Zahlen des laufenden Geschäftsjahres gegenüberstellen zu können. Abbildung 4-5 zeigt die Plan-Betriebsergebnisermittlung auf Teilkostenbasis.

	Plan-Betriebsergebnisermittlung auf Teilkostenbasis
	Summe Bauleistung der einzelnen Baustellen im Berichtszeitraum
–	Summe leistungsabhängige Kosten der einzelnen Baustellen im Berichtszeitraum
=	**Plan-Deckungsbeitrag I (Baustellenergebnis)**
–	Summe leistungsunabhängige Kosten der Kostenstelle der einzelnen Bausparten
=	**Plan-Deckungsbeitrag II (Spartenergebnis)**
–	Leistungsunabhängige Kosten des Betriebes
±	Gesamtergebnis des Hilfsbetriebsbereichs
±	Über-/Unterdeckung der Verrechnungskostenstellen
=	**Plan-Betriebsergbnis**

Abbildung 4-5: Plan-Betriebsergebnis auf Teilkostenbasis

Ist das Plan-Betriebsergebnis zum ersten mal bestimmt, ist in der Regel davon auszugehen, dass der Deckungsbedarf aus der Bereichsplanung und das Deckungsbeitragsvolumen aus der Absatz-, Produktions- und Beschaffungsplanung nicht unmittelbar übereinstimmen. Es muss aber eine Übereinstimmung herbeigeführt werden. Das verlangt eine schrittweise Wiederholung der dargelegten Planungsschritte, und zwar so lange, bis zielbewusste Plan-Deckungsbeiträge für das mittelständische Bauunternehmen herbeigeführt worden sind. Hierbei werden die zielbewussten Plan-Deckungsbeiträge als Soll-Vorgaben interpretiert.

In diesem Zusammenhang ist anzumerken, dass zwar für das zu planende Geschäftsjahr durch eine bereichsbezogene Variation der Ausgangsparameter eventuelle Ergebnisreserven in den Absatz-, Produktion- und Beschaffungsplanung aufgedeckt werden können, dies jedoch mit zunehmender Wettbewerbsintensität auf den relevanten Baumärkten immer schwieriger wird, da etwaige Zuwächse der Absatzleistung und/oder Senkungen der leistungsabhängigen Kosten und die damit verbundenen Deckungsbeitragsveränderungen nicht ausreichen, die normalen Kostenerhöhungen bei den leistungsunabhängigen Kosten zu kompensieren. Entsprechend ist auch für die leistungsunabhängigen Kosten eine Anpassung anzustreben. Diese Überlegungen gilt es, in das strategische Unternehmenscontrolling in mittelständischen Bauunternehmen einzubetten, da eine bestehende Unternehmensstruktur nur schrittweise in einem längeren Zeitraum nachhaltig zu verändern ist.

4.1.1.5 Liquiditätsplanung

Neben dem Erfolg ist auch die Liquidität eine Führungsgröße des operativen Unternehmenscontrolling in mittelständischen Bauunternehmen. Entsprechend hat sich die gesamtbetriebliche Planung nicht nur auf das Erfolgsziel zu konzentrieren, sondern auch die vorausschauende Sicherstellung der Liquidität als strenge Nebenbedingung des Erfolgszieles zu planen. Die Hauptaufgabe der Liquiditätsplanung in mittelständischen Bauunternehmen liegt also in der Sicherung der Zahlungsfähigkeit und zwar nicht nur zum aktuellen Zeitpunkt sondern auch für das zu planende Geschäftsjahr. Dies bedeutet, dass die erwarteten Einnahmen den Ausgaben innerhalb des Planungszeitraums von einem Jahr gegenüberzustellen sind.

Bedingt durch die Auftragsfertigung zählt das Liquiditätsrisiko neben den Kalkulations- und Bauausführungsrisiken zu den klassischen Risiken von bauausführenden Unternehmen. Während es in anderen Wirtschaftszweigen mit Auftragsfertigung üblich ist, den Unternehmen einen Teil der Herstellungskosten durch Anzahlungen zu decken, werden Bauunternehmen in der Regel dazu gezwungen, große Teile der Baukosten während der gesamten Bauzeit vorzufinanzieren, indem sie nur „kurzfristige" Erstattungen der angefallenen Baukosten erhalten.

Entsprechend ist es für mittelständische Bauunternehmen „lebenswichtig", dass die zukünftigen Einnahmen und Ausgaben auf Basis der liquiditätswirksamen Leistungen und Kosten sowie aufgrund von Investitions- und Tilgungsplänen möglichst vollständig und genau abgeleitet sowie geplant werden, um etwaige Engpässe durch Zahlungsschwierigkeiten frühzeitig aufdecken und Aktionsspielräume für entsprechende Gegensteuerungsmaßnahmen erweitern zu können. Im Gegensatz zur Erfolgsplanung erfolgt die Liquiditätsplanung nur für das Gesamtunternehmen, da die einzelnen Unternehmensbereiche einer mittelständischen Bauunternehmung über keine eigene Liquidität verfügen und somit eine bereichsbezogene Betrachtung nicht sinnvoll erscheint.

Während die Planung der Einnahmen auf Grundlage der Absatzplanung erfolgt, sind die Ausgaben mit dem Entstehen von Kosten in Verbindung zu bringen. Die Ausgaben sind auf Basis der Kostenplanung, die sich in die Produktions-, Beschaffungs- und Bereichsplanung unterteilt, sowie mit Hilfe von Investitions- und Tilgungsplänen zu bestimmen. Zur zeitlichen und quantitativen Einordnung, wann und in welcher Höhe Leistungen bzw. Kosten zu Einnahmen bzw. Ausgaben werden, kann das Prinzip einer Transformationstabelle, die in Abbildung 3-24 dargestellt ist, herangezogen werden.

Planintervall (Monat) / Positionen	Jan.	Feb.	Mrz.	Apr.	Mai	Jun.	Jul.	Aug.	Sep.	Okt.	Nov.	Dez.
1. Zahlungskraft-Anfangsbestand (Überschuss / Fehlbetrag)												
Plan-Einnahmen .... **2. Summe Plan-Einnahmen**												
Plan-Ausgaben .... **3. Summe Plan-Ausgaben**												
4. Zahlungskraft-Endbestand (Überschuss / Fehlbetrag) 1. + 2. ./. 3.												

Abbildung 4-6: Grundschema einer direkten, mehrperiodischen Liquiditätsplanung[282]

282 In Anlehnung an Lachnit, L. (1989), S. 129.

Aus der Zusammenführung der geplanten Einnahmen und Ausgaben auf Jahresbasis lässt der höchste negative kumulierte Saldo zwischen Einnahmen und Ausgaben für das anstehende Geschäftsjahr ermitteln, der durch eine entsprechende Kontokorrentkreditlinie abgedeckt sein muss. Als Faustregel kann angenommen werden, dass der Kontokorrentkredit bei etwa 20 % der Jahresbauleistung liegen sollte.[283] Im Prinzip hat eine solche Liquiditätsplanung die Grundstruktur wie in Abbildung 4-6 dargestellt.

4.1.2 Operatives Unternehmenscontrolling und Steuerungsaufgaben

Allein das Erstellen einer gesamtbetrieblichen Planung und das Ausarbeiten von Budgets gewährleistet in mittelständischen Bauunternehmen noch keine Zielerreichung; vielmehr bedarf es hierzu der Durchsetzung dieser Planvorgaben. Idealtypisch betrachtet, ist die Steuerung im Hinblick auf den Willensbildungs- und Willensdurchsetzungsprozess der zweite Aufgabenbereich, den das operative Unternehmenscontrolling in mittelständischen Bauunternehmen controlling-gerecht mitzugestalten hat.

Die Steuerung soll dazu beizutragen, dass die einzelne Bausparte und/oder das Gesamtunternehmen in der Lage ist, „aus sich heraus" die gesetzten Erfolgs- und Liquiditätsziele durchzusetzen kann. Dafür werden durch das Unternehmenscontrolling in mittelständischen Bauunternehmen die Soll-Deckungsbeiträge aus der gesamtbetrieblichen Planung als Maßstäbe für die Steuerung von Bauvorhaben bereitgestellt. Durch die Verwendung dieses entscheidungsorientierten Maßstabs wird dem jeweiligen Entscheidungsträger bereits in der Phase der Angebotskalkulation deutlich, ob das kalkulierte Bauvorhaben zielkonform ist oder nicht.

4.1.2.1 Preissteuerung mit Hilfe der Deckungsbeitragsrechnung

Der Wettbewerb unter den mittelständischen Bauunternehmen findet immer vor der Produktion statt. Dieser Sachverhalt beinhaltet – wie bereits erläutert - ein Kalkulationsrisiko, da einerseits dem Wettbewerb und andererseits dem Wirtschaftlichkeitsgebot Rechnung getragen werden muss, obwohl die Produktionsumstände in zahlreichen Punkten unvollständig oder gar nicht bekannt sind. Die Preis- bzw. Angebotskalkulation ist der erste Schritt der technisch-wirtschaftlichen Projektbearbeitung. Ergo

283 Vgl. Arbeitskreis Controlling, (1998), S. X/16.

kommt ihr eine besondere Bedeutung zu, da sie die wertmäßige Grundlage für den auftragsbezogenen Erfolg oder Misserfolg bildet und letztendlich über den gesamtbetrieblichen Erfolg entscheidet.[284] Folglich muss eine Angebotskalkulation noch vor der Submission auf ihre betriebswirtschaftlichen Folgen beurteilt werden. Zu diesem Zweck ist die auf Vollkosten basierende Angebotskalkulation mit Hilfe der Deckungsbeitragsrechnung zu beurteilen.

Bei einer Preis- bzw. Angebotskalkulation, die sich auf eine Vollkostenrechnung stützt, stellen die ermittelten Selbstkosten die Preisuntergrenze dar. Diese Überlegung ist langfristig gesehen sicherlich richtig. Gleichwohl ist aber das Vollkostenprinzip bei der Betrachtung kurzfristig nicht veränderbarer Kapazitäten falsch. Sofern die Preisuntergrenze in Engpasssituationen, wie sie z.B. die auftragsschwachen Wintermonaten oder rezessiven Zeiten darstellen, entschieden werden muss, ist kurzfristig gesehen der Deckungsbeitrag, der durch einen hereingenommenen Auftrag erwirtschaftet werden kann, das alleinige Entscheidungskriterium.

Durch den Einsatz der Deckungsbeitragsrechnung ist es möglich, mit dem Angebotspreis für die Erlangung eines Auftrags soweit herunterzugehn, dass bei der Hereinnahme des betreffenden Auftrags für die Unternehmung keine zusätzlichen Kosten entstehen, d.h. es werden im äußersten Falle nur die leistungsabhängigen Kosten kalkuliert und somit die kostenorientierte Preisuntergrenze ermittelt.[285] Bei diesen kostenrechnerischen Überlegungen sind dennoch eventuelle Fernwirkungen und Gefahren nicht zu unterschätzen. Keinesfalls darf es bei der Angebotserstellung für ein Bauvorhaben allein darauf hinauslaufen, als Ziel einen positiven Deckungsbeitrag erwirtschaften zu wollen. Denn unangemessene Preiszugeständnisse können auf Dauer dazu führen, dass das Deckungsbeitragsvolumen der Baustellen den Deckungsbedarf des Unternehmung nicht deckt und somit Verluste realisiert werden.

Voraussetzungen für die Preissteuerung mit Hilfe der Deckungsbeitragsrechnung ist eine genaue Kostenanalyse der einzelnen Preis- bzw. Angebotskalkulation, um die kalkulierten „Einzelkosten der Teilleistungen“, „Gemeinkosten der Baustelle“ und „Allgemeine Geschäftskosten“ den Kostenkategorien der Deckungsbeitragsrechnung

---

284 Vgl. Hübers-Kemink, R. (1987), S. 37.

285 Allein die Kalkulation über die Angebotsendsumme ermöglicht durch die Aufteilung der Selbstkosten in Herstellkosten und „Allgemeine Geschäftskosten“ eine Preisfestsetzung im Sinne der Deckungsbeitragsrechnung (vgl. Spranz, D. (1998), S. 20).

zuordnen zu können. Dabei gilt es zu beachten, dass eine generelle Zuordnung dieser kalkulierten Kostenarten in die leistungsabhängigen und leistungsunabhängigen Kostenkategorien nicht möglich ist; dies muss daher unternehmensindividuell und näherungsweise erfolgen. Abbildung 4-7 zeigt für einige Kostenarten der Angebotskalkulation eine beispielhafte Kostenzuordnung in die Kostenkategorien der Deckungsbeitragsrechnung.

Kostenarten Angebotskalkulation / Zuordnung Kostenarten		leistungsabhängige Kosten	leistungsunabhängige Kosten
Einzelkosten der Teilleistungen			
Lohnkosten		●	
Materialkosten		●	
Gerätekosten	(Abschreibung + Verzinsung)		●
	(Reparatur + Betriebsstoffe)	●	
Fremdgerätekosten		●	
Fremdleistungskosten		●	
Sonstige Kosten		●	
Gemeinkosten der Baustelle			
Baustellenausstattung	(Abschreibung + Verzinsung)		●
	(Reparatur + Betriebsstoffe)	●	
Kleingerät und Werkzeug			●
Bauleitungskosten			●
Pkw-Kosten	(Abschreibung + Verzinsung)		●
	(Reparatur + Betriebsstoffe)	●	
Sonderwagnisse, Bauleistungsversicherung		●	
Sonstige Gemeinkosten der Baustelle (Strom, u.ä.)		●	
Allgemeine Geschäftskosten			
Personalkosten der Verwaltung, Raumkosten u.ä.			●

Abbildung 4-7: Kostenaufteilung der Angebotskalkulation nach Leistungsabhängigkeit[286]

Durch die projektbezogene Ermittlung der leistungsabhängigen Kosten verhilft diese Methode der Preisbeurteilung zu einer flexibleren Angebotspolitik, als dies die Vollkostenrechnung ermöglichen kann, da die über Kalkulationszuschläge in die Angebotssumme eingehenden anteiligen Beträge für die leistungsunabhängigen Kosten sowie für „Wagnis und Gewinn“ nicht mehr projektbezogen kalkuliert werden; sie wer-

286 In Anlehnung an Drees, G. / Paul, W. (2006), S. 285.

den lediglich mit der Steuerung des Soll-Deckungsbeitrages berücksichtigt. Je nach Marktsituation obliegen also der Preissteuerung mit Hilfe der Deckungsbeitragsrechnung folgende Aufgaben:

- Bei kritischer Marktsituation, wie sie beispielsweise in auftragsschwachen Zeiten vorliegt, ist die Auftragsgewinnung gezielt zu forcieren, indem man nur die leistungsabhängigen Kosten kalkuliert und somit die kostenorientierte Preisuntergrenze ermittelt. Davon ausgehend, ist es preispolitisch also denkbar, dass vereinzelt Bauaufträge mit minimiertem oder gar keinem Deckungsbeitrag angenommen werden können, wenn im Geschäftsjahr die Soll-Deckungsbeiträge der einzelnen Bausparten und/oder des Gesamtunternehmens bereits durch andere Bauaufträge erwirtschaftet wurden bzw. wenn sie kurzfristig absehbar durch andere Bauaufträge erreicht werden.
- Bei positiver Marktsituation, also bei ausreichendem Auftragsbestand, besteht die Aufgabe der Angebotsbeurteilung mittels Soll-Deckungsbeitrag darin, sich durch eine gezielte Auftragsauswahl für die Bauvorhaben mit höheren spezifischen Deckungsbeiträgen zu entscheiden und somit den Unternehmenserfolg zu erhöhen.

4.1.2.2 Preissteuerung zur Aufrechterhaltung der Liquidität

Aufgrund der schon in Abbildung 2-4 skizzierten Vorfinanzierungsspanne im Baugewerbe ist in mittelständischen Bauunternehmen die ständige Sicherung der Zahlungsfähigkeit ebenso wichtig wie die Erwirtschaftung der erforderlichen Soll-Deckungsbeiträge. Abgesehen von der kurzfristigen Liquiditätsplanung während der Bauausführung, sind in den mittelständischen Bauunternehmen auch schon vor der Bauausführung Entscheidungshilfen zur Aufrechterhaltung der Liquidität anzuwenden. Hier kommt der Preissteuerung zur Aufrechterhaltung der Liquidität eine besondere Bedeutung zu, die unter Berücksichtigung des festgelegten Liquiditätsziels bereits in der Phase der Angebotsbearbeitung ihre Aufmerksamkeit auf die Ermittlung und Steuerung der liquiditätsorientierten Preisuntergrenze von kalkulierten Bauvorhaben legt.

Grundsätzlich sollte der kalkulierte Angebotspreis für einen Bauvorhaben die kurzfristig ausgabewirksamen Kosten decken. Die kurzfristig ausgabewirksamen Kosten, sind die Kosten, die fortlaufend und/oder in unmittelbarer Zukunft zu Ausgaben führen.[287] Dazu zählen in den mittelständischen Bauunternehmen z.B. die Lohn-, Gehalts-, Material-, und Fremdleistungskosten. Dagegen gelten z.B. Zinsen auf das Eigenkapital sowie Abschreibungen auf Geräte, Maschinen und Grundstücke als langfristig ausgabewirksame Kosten.[288]

Kostenarten Angebotskalkulation \ Zuordnung Kostenarten		kurzfristig ausgabewirksame Kosten	langfristig ausgabewirksame Kosten
Einzelkosten der Teilleistungen			
Lohnkosten		●	
Materialkosten		●	
Gerätekosten	(Abschreibung + Verzinsung)		●
	(Reparatur + Betriebsstoffe)	●	
Fremdgerätekosten		●	
Fremdleistungskosten		●	
Sonstige Kosten		●	
Gemeinkosten der Baustelle			
Baustellenausstattung	(Abschreibung + Verzinsung)		●
	(Reparatur + Betriebsstoffe)	●	
Kleingerät und Werkzeug		●	
Bauleitungskosten		●	
Pkw-Kosten	(Abschreibung + Verzinsung)		●
	(Reparatur + Betriebsstoffe)	●	
Sonderwagnisse, Bauleistungsversicherung		●	
Sonstige Gemeinkosten der Baustelle (Strom, u.ä.)		●	
Allgemeine Geschäftskosten			
Personalkosten der Verwaltung, Raumkosten, u.ä.		●	

Abbildung 4-8: Kostenaufteilung der Angebotskalkulation nach Ausgabewirksamkeit[289]

Ziel der Preissteuerung zur Aufrechterhaltung der Liquidität ist es, mittelständische Bauunternehmen auch in Zeiten eines Konjunkturtales liquide zu halten, indem kurzfristig auf die Deckung der langfristig ausgabewirksamen Kosten verzichtet wird; allerdings sind hierbei die für ein kalkuliertes Bauvorhaben notwendigen Neuanschaffungen als kurzfristig ausgabewirksame Kosten zu berücksichtigen, da sie in der Regel

287 Vgl. Drees, G. / Paul, W. (2006), S. 285.

288 Vgl. Jacob, D. / Winter, C. / Stuhr, C. (2002), S. 6.

289 In Anlehnung an Drees, G. / Paul, W. (2006), S. 285.

kurzfristig die Liquidität vermindern.[290] Prinzipiell gilt es aber zu beachten, dass auf Dauer nicht auf dem Niveau der liquiditätsorientierten Preisuntergrenze gearbeitet werden darf, weil sonst nach wenigen Jahren die notwendigen betrieblichen Investitionen nicht mehr getätigt werden können.

Voraussetzung für die Ermittlung der Preisuntergrenze bei Aufrechterhaltung der Liquidität ist ebenfalls eine genaue Kostenanalyse der einzelnen Preis- bzw. Angebotskalkulation, um die kalkulierten „Einzelkosten der Teilleistungen", „Gemeinkosten der Baustelle" und „Allgemeine Geschäftskosten" nach ihrer Liquiditätswirksamkeit den kurzfristig bzw. langfristig ausgabewirksamen Kostenkategorien zuordnen zu können. Abbildung 4-8 zeigt eine mögliche Kostenzuordnung der kalkulierten Kostenarten nach ihrer Liquiditätswirksamkeit, die jedoch immer unternehmensindividuell zu konkretisieren ist.

4.1.3 Operatives Unternehmenscontrolling und Kontrollaufgaben

Das operative Unternehmenscontrolling in mittelständischen Bauunternehmen soll eine zukunftsorientierte Steuerung der Unternehmenstätigkeit unterstützen. Infolgedessen ist es für mittelständische Bauunternehmen wichtig, im laufenden Geschäftsjahr über wirtschaftliche Entwicklungen informiert zu sein, um gegebenenfalls Anpassungen an das Marktgeschehen rechtzeitig veranlassen zu können. Dies setzt allerdings voraus, dass die in mittelständischen Bauunternehmen eingeführten operativen Planungsaufgaben durch operative Kontrollaufgaben zu ergänzen sind.

In Analogie zu den eingeführten operativen Planungsaufgaben in mittelständischen Bauunternehmen werden die operativen Kontrollen hier in zwei Aufgabenbereiche unterschieden, nämlich in die Erfolgskontrolle und in die Liquiditätskontrolle. Beide Kontrollen sollen mit Hilfe von Soll/Ist-Vergleichen feststellen, inwieweit die Annahmen der operativen Planungen im laufenden Geschäftsjahr realisiert wurden, und ob Abweichungen vorliegen, die oberhalb einer im Unternehmen festgelegten Toleranzgrenze liegen. Entsprechende Abweichungen sind bezüglich ihrer Ursachen zu analysieren und Gegensteuerungsmaßnahmen zur Erfolgs- und Liquiditätssicherung rechtzeitig einzuleiten, und zwar bevor die nächste Planung beginnt.

---

290 Vgl. Drees, G. / Paul, W. (2006), S. 286.

Idealtypisch betrachtet, bildet also die Erfolgs- und Liquiditätskontrolle als dritter Aufgabenbereich, den das operative Unternehmenscontrolling in mittelständischen Bauunternehmen controlling-gerecht auszugestalten hat, den zirkularen und notwendigen Abschluss im Prozess von Willensbildung und Willensdurchsetzung.

4.1.3.1 Erfolgskontrolle und -sicherung

Als Ergebnis der eingeführten operativen Absatz-, Produktions-, Beschaffungs- und Bereichsplanung in mittelständischen Bauunternehmen steht das Erfolgsziel als Führungsgröße für das Unternehmenscontrolling. Dieses Erfolgsziel gilt es im Rahmen einer Erfolgskontrolle dahingehend zu beurteilen, ob in der jeweils betrachteten Abrechnungsperiode die für die einzelnen Bausparten und/oder für das Gesamtunternehmen geplanten Ergebnisse angesichts der angefallenen Kosten und Leistungen erreicht, über- oder unterschritten werden.

Methodisch bedient sich hier die Erfolgskontrolle des Soll/Ist-Vergleichs. Voraussetzung für eine funktionierende Erfolgskontrolle in mittelständischen Bauunternehmen ist allerdings die Kompatibilität von Plan- und Ist-Werten in bezug auf Inhalt und Abrechnungsperiode. Hierbei werden die in der Absatz-, Produktions-, Beschaffungs- und Bereichsplanung ermittelten Plan-Werte als Soll-Vorgaben interpretiert. Die Ist-Werte werden der Baubetriebsrechnung entnommen. In der Baubetriebsrechnung kommt dabei der Betriebsergebnisermittlung auf Teilkostenbasis die zentrale Bedeutung zu, da diese in der Lage ist, die Ist-Kosten und Ist-Leistung als Erfolgskomponenten für die einzelnen Bausparten und/oder für das Gesamtunternehmen in bezug auf Inhalt und Abrechnungsperiode zu liefern.

Will das Unternehmenscontrolling in mittelständischen Bauunternehmen zukunftsorientierte Steuerung der Unternehmenstätigkeit unterstützen, so ist eine regelmäßige und unterjährige Erfolgskontrolle notwendig. Entsprechend wird hier eine monatliche Erfolgskontrolle der wichtigsten Erfolgskomponenten unter dem Aspekt Kosten/Nutzen als sinnvoll erachtet, zumal dieser Zeitraum mit der vorgenommenen Periodisierung der eingeführten operativen Planungen und der Baubetriebsrechnung entspricht.[291]

---

291 Kürzere Kontrollperioden wären unwirtschaftlich. Längere Kontrollperioden (z.B. Quartal) würden wiederum die Möglichkeit von notwendigen Gegensteuerungsmaßnahmen einengen. Die Möglichkeiten einer zukunftsorientierte Steuerung der Unternehmenstätigkeit würde folglich zu stark eingeschränkt.

An die vorstehende Erfolgskontrolle schließt sich die Abweichungsanalyse an, die nach den Ursachen der festgestellten Abweichungen sucht, um dadurch Anhaltspunkte zu liefern, wie das Erreichen der Soll-Vorgaben sichergestellt werden kann. Es ist allerdings notwendig, Toleranzgrenzen in der Abweichungsanalyse zu berücksichtigen, damit nicht jede Abweichung von den Planungen zu werten und zu analysieren ist. Vielfältige Ursachen können das Erreichen der Soll-Vorgaben in mittelständischen Bauunternehmen stören. Ursachen für positive und negative Abweichungen können beispielsweise sein:

- unrealistische Planvorgaben,
- Störungen der Bauausführung (z.B. Witterungseinflüsse, Baustopp),
- Mängel in der Sachmittel- und Personalausstattung,
- Kontierungsfehler im baubetrieblichen Rechnungswesen.

Sind die Ursachen für die Abweichungen bestimmt, die oberhalb einer unternehmensindividuell festgelegten Toleranzgrenze liegen, erfolgt das Einleiten von Gegensteuerungsmaßnahmen zur Erfolgssicherung.

Dabei bleiben allerdings den mittelständischen Bauunternehmen manche Maßnahmen versperrt, die in anderen Wirtschaftszweigen gegeben sind. So ist durch die „standortgebundene, prototypische Einzelfertigung" eine Produktion auf Vorrat zum Ausgleich kurzfristiger Marktschwankungen und damit eine gleichmäßigere Auslastung der Unternehmenskapazitäten kaum möglich.[292] Auch leistungsspezifische Maßnahmen scheiden weitestgehend aus, da die Bauleistung in der Regel durch den Auftraggeber bestimmt wird.

Vor diesem Hintergrund werden in Abbildung 4-9 mögliche Maßnahmen aufgezeigt, die auch in mittelständischen Bauunternehmen kurzfristig zur Erfolgssicherung dienen können. Diese Gegensteuerungsmaßnahmen werden hier unterschieden in die Kategorien „Erlöserhöhung" und „Kostensenkung".

---

292 Vgl. Mertens, F. (1998), S. 109.

Maßnahmen zur Erfolgssicherung	
Erhöhung des Erlöses durch:	**Senkung der Kosten durch:**
Preiserhöhungen	Kurzarbeit, Abbau freiwilliger Sozialleistungen
Einschränkungen bei Rabatten und Preisnachlässen	Herabsetzung der Bevorratung
Vermeidung von Pauschalpreisangeboten	Aushandeln neuer Preisvereinbarungen mit bisherigen Lieferanten
Verkauf von nicht betriebsnotwendigem Umlaufvermögen	Suche neuer Lieferanten
Verkauf von nicht betriebsnotwendigem Anlagevermögen	Bildung von Einkaufsgemeinschaften / Kooperationen
Vermietung von nicht betriebsnotwendigem Anlagevermögen	effektivere Gestaltung der Arbeitsabläufe: Abfall, Ausschuss, Leerlaufzeiten verringern

Abbildung 4-9: Maßnahmen zur Erfolgssicherung in mittelständischen Bauunternehmen[293]

4.1.3.2 Liquiditätskontrolle und -sicherung

Die Liquiditätsplanung in mittelständischen Bauunternehmen ist ebenfalls wegen der „standortgebundenen, prototypischen Einzelfertigung“ immer unerwarteten Ereignissen ausgesetzt. Sie ist deshalb durch eine Liquiditätskontrolle zu ergänzen, die eine laufende Überwachung der Zahlungsfähigkeit und eine Analyse von Soll/Ist-Abweichungen ermöglichen soll.

Die Liquiditätskontrolle in mittelständischen Bauunternehmen erfolgt im laufenden Geschäftsjahr nur für das Gesamtunternehmen. Die Grundlage des Soll/Ist-Vergleichs bilden hier die Plan-Werte aus der eingeführten Jahresliquiditätsplanung, die als Soll-Vorgaben auslegt werden, sowie die Ist-Werte aus der kurzfristigen Liquiditätsplanung auf Monatsbasis.

Die durch den Soll/Ist-Vergleich festgestellten Abweichungen müssen auf ihre Ursachen hin analysiert werden. Ursachen können z.B. eine bloße zeitliche Verschiebungen von Einnahmen bzw. Ausgaben, Leistungsveränderungen oder durch entsprechende Leistungen nicht gedeckte Ausgabenerhöhungen sein. Wichtig ist, dass nach der Feststellung von wichtigen Abweichungsursachen die Liquiditätssicherung folgt.

Ziel der Liquiditätssicherung ist es, die Zahlungsfähigkeit von mittelständischen Bauunternehmen zu erhalten. Folglich sind ermittelte Finanzierungslücken, d.h. die Aus-

293 In Anlehnung an die Aufzählung von Haas, A. (1996), S. 48 und Nestler, R. (2004), S. 46.

gaben sind höher als die Einnahmen, durch entsprechende Gegensteuerungsmaßnahmen zu schließen. Abbildung 4-10 zeigt beispielhaft Maßnahmen zur Liquiditätssicherung.

Maßnahmen zur Liquiditätssicherung		
Einflussnahme auf Einnahmen	**Einflussnahme auf Ausgaben**	**Aufnahme neuer Mittel**
Einnahmen erhöhen durch Preiserhöhungen	Ausgaben kürzen z.B. durch Kurzarbeit oder den Abbau freiwilliger Sozialleistungen	Eigenkapitalerhöhung z.B. durch Aufnahme neuer Gesellschafter
Einnahmen erhöhen durch Einschränkung bei Rabatten und Preisnachlässen	Ausgaben kürzen z.B durch. Herabsetzung der Bevorratung	Fremdkapitalerhöhung z.B. durch Aufnahme neuer Bankkredite
Einnahmen zeitlich vorverlegen durch Vereinbarungen von Voraus- zahlungen oder durch zügige Rechnungsstellung	Ausgaben zeitlich verschieben durch z.B. Leasing	Veränderung der Finanzierungsrelationen z.B. durch Umfinanzierung

Abbildung 4-10: Maßnahmen zur Liquiditätssicherung bei einer Finanzierungslücke in mittelständische Bauunternehmen[294]

4.2 Gegenstand und Aufgaben des strategischen Unternehmenscontrolling in mittelständischen Bauunternehmen

Während im operativen Unternehmenscontrolling die mittelfristige Existenzerhaltung von mittelständischen Bauunternehmen im Vordergrund steht, ist die langfristige Sicherung der Unternehmensexistenz Gegenstand des strategischen Unternehmenscontrolling in mittelständischen Bauunternehmen. Die langfristige Existenzsicherung auch von mittelständischen Bauunternehmen erfolgt vor allem durch Erneuerung von Erfolgspotentialen. Als wesentliche Aufgaben des strategischen Unternehmenscontrolling in mittelständischen Bauunternehmen steht daher nicht mehr die Sicherung der operativen Führungsgrößen Erfolg und Liquidität im Mittelpunkt, sondern der Aufbau und Erhaltung der Führungsgröße Erfolgspotential, das nachfolgend als der optimale

294 In Anlehnung an die Aufzählung von Haas, A. (1996), S. 160.

Deckungsgrad von unternehmerischen Stärken und umweltbedingten Chancen verstanden wird.[295]

Konkret gestaltet sich der Aufbau und die Erhaltung von Erfolgspotentialen durch die Festlegung, mit welchem Produkt auf welchem Markt, mit welchen Ressourcen und mit welchen Aktivitäten das Unternehmen in Zukunft tätig sein will.[296] Da aber die Realisierung dieser Festlegung eine relativ lange Zeit benötigt, wird der Zukunftsaspekt des strategischen Unternehmenscontrolling in mittelständischen Bauunternehmen, der in der Gegenwart beginnt, hier in zeitlicher Hinsicht nicht eingeengt.

Analog zum operativen Unternehmenscontrolling unterstützt das strategische Unternehmenscontrolling in mittelständischen Bauunternehmen den Prozess der Willensbildung und Willensdurchsetzung. Folglich sind die strategischen Planungs-, Steuerungs- und Kontrollaufgaben durch das Unternehmenscontrolling in mittelständischen Bauunternehmen nach strategischen Gesichtspunkten controlling-gerecht auszugestalten.

4.2.1 Aufgaben des strategischen Unternehmenscontrolling in mittelständischen Bauunternehmen

Wie schon beim operativen Unternehmenscontrolling, so stellen auch beim strategischen Unternehmenscontrolling in mittelständischen Bauunternehmen die Planung, Steuerung und Kontrolle die Aufgabenbereiche dar, die das strategische Unternehmenscontrolling controlling-gerecht auszugestalten hat. Insofern scheinen oberflächlich im Rahmen einer controlling-gerechten Gestaltung dieser Aufgabenbereiche, bis auf das Erfolgspotential als Führungsgröße, keine Unterschiede erkennbar. Gleichwohl hat das strategische Unternehmenscontrolling in mittelständischen Bauunternehmen zu berücksichtigen, dass die strategischen Planungs-, Steuerungs- und Kontrollaufgaben einen anderen Aufgabencharakter und eine andere Gewichtung besitzen als die operativen Planungs-, Steuerungs- und Kontrollaufgaben. Im Vergleich zu diesen liegt die Gewichtung bei den strategischen Planungs-, Steuerungs- und Kontrollaufgaben eindeutig auf dem Aufgabenbereich der strategischen Planung.

Die strategische Planung auf Unternehmensebene gründet auf dem Gedanken, „Chancen und Risiken des Umfeldes mit Stärken und Schwächen des Gesamtunternehmens

---

295 Vgl. Baum, H.G. / Coenenberg, A.G. / Günther, T. (2007), S. 6.

296 Vgl. Hans, L. / Warschburger V. (1999), S. 52.

optimal abzustimmen."[297] Dementsprechend kann die strategische Planung als Prozess aufgefasst werden, in dem eine Analyse der gegenwärtigen Unternehmenssituation und der zukünftigen Chancen und Risiken erfolgt.[298] Am Ende dieses Prozesses steht die Formulierung und Auswahl von Strategien und Maßnahmen. Dieser Prozess der strategischen Planung erstreckt sich für mittelständischen Bauunternehmen hier über die Phasen der Umweltanalyse, Branchenanalyse, Marktanalyse, Unternehmensanalyse, Strategieformulierung und Strategieauswahl.

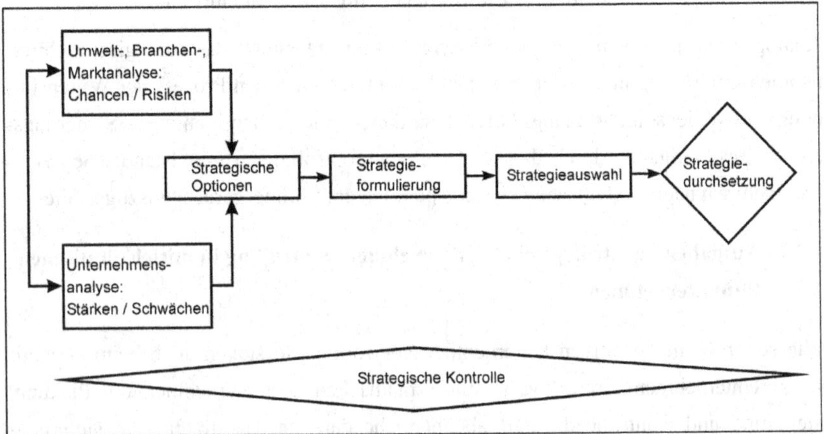

Abbildung 4-11: Strategischer Planungsprozess in mittelständischen Bauunternehmen[299]

Im Rahmen der Umwelt-, Branchen- und Marktanalyse wird das relevante, externe Umfeld von mittelständischen Bauunternehmens untersucht, um herauszufinden, wo es einerseits Anzeichen für Risiken des gegenwärtigen Geschäfts gibt und wo sich andererseits neue Chancen für die Zukunft ergeben. Die Unternehmensanalyse untersucht dagegen, wo die spezifischen Stärken und Schwächen von mittelständischen Bauunternehmen im Verhältnis zu ihren wichtigen Konkurrenten liegen.

Nach Abschluss der strategischen Analysen werden die Ergebnisse zusammengeführt, um im Rahmen der Strategieformulierung zu bestimmen, ob eine strategische Neuori-

297 Vgl. Baum, H.G. / Coenenberg, A.G. / Günther, T. (2007), S. 34.

298 Vgl. Peemöller, V. (2005), S. 122.

299 In Anlehnung an Steinmann, H. / Schreyögg, G. (2005), S. 172.

entierung erforderlich ist und welche strategische Option dann für das Handeln von mittelständischen Bauunternehmen möglich ist.

Aus den möglichen Strategiealternativen ist schließlich eine Strategie auszuwählen und zu beschließen, die in Anbetracht der Stärken und Schwächen eines mittelständischen Bauunternehmens und der zu erwartenden Risiken und/oder Chancen des Umfeldes den größten Erfolg verspricht. Unter einer Strategie wird hier ein Verhaltensmuster verstanden, das unter Beachtung der Umwelt und Ressourcen bestrebt ist, Erfolgspotentiale zu erschließen und zu sichern.[300]

Die Strategiedurchsetzung ist zwar nicht mehr Gegenstand der strategischen Planung in mittelständischen Bauunternehmen, wohl aber für ihren Erfolg von entscheidender Bedeutung. Für die Durchführung und Durchsetzung der beschlossenen Strategie in mittelständischen Bauunternehmen sind im Rahmen der strategischen Steuerung konkrete strategische Maßnahmenprogramme umzusetzen, deren Aufgabe darin besteht, die Eckpunkte für die operative Planung vorzugeben.[301]

In enger Verbindung zur strategischen Planung ist die strategische Kontrolle angesiedelt. Die strategische Kontrolle in mittelständischen Bauunternehmen ist allerdings nicht auf einen Soll/Ist-Vergleich zu beschränken, der in Form einer Feedback-Kontrolle die Übereinstimmung von strategischer Planung und Durchsetzung vergangenheitsorientiert beurteilt; vielmehr ist sie auch zukunftsorientiert ausgerichtet und erfolgt parallel zur strategischen Planung und Steuerung in mittelständischen Bauunternehmen. Es handelt sich hier also auch um eine Feedforward-Kontrolle, welche die Durchsetzbarkeit der strategischen Planung in mittelständischen Bauunternehmen überwacht bzw. schon frühzeitig Störungen identifiziert, die eine rechtzeitige Strategieanpassung notwendig machen.[302]

4.2.2 Strategische Optionen für das Handeln von mittelständischen Bauunternehmen

Das Unternehmensumfeld, in dem sich die mittelständischen Bauunternehmen bewegen, befindet sich seit Jahren in einem Strukturwandel. Die regional ungleiche wirt-

300 Vgl. Corsten, H. (1998), S. 5.

301 Vgl. Steinmann, H. / Schreyögg, G. (2005), S. 174.

302 Vgl. Peemöller, V. (2005), S. 198.

schaftliche Entwicklung, Veränderungen in der Wertschöpfungsstruktur gewerblicher und industrieller Unternehmen, die verstärkte privatwirtschaftliche Ausrichtung der öffentlichen Hand sowie der sich abzeichnende demographische Wandel schlagen sich in einer neuen Verteilung und Strukturierung der Bauinvestitionen nieder. So verlagern sich beispielsweise Betriebe und Bevölkerung zunehmend in wenige, wirtschaftlich attraktive Ballungsgebiete, was zur Folge hat, dass sich die Bauinvestitionen weitgehend auf deren regionales Umfeld verteilen. Zudem wandelt sich dazu die Struktur der Bauinvestitionen durch ergänzend nachgefragte Dienstleistungen.[303]

Vor diesem Hintergrund müssen mittelständische Bauunternehmen Strategien entwickeln und umsetzen, die dazu beitragen ihre Unternehmensexistenz langfristig zu sichern. Entsprechend werden in den nachfolgenden Ausführungen strategische Optionen für das Handeln von mittelständischen Bauunternehmen vorgestellt.

Als strategische Option gilt hier „ein situationsunabhängiges, idealtypisches Orientierungsmuster für die Ausrichtung des strategischen Handelns. Strategische Optionen sind Denk-Alternativen, die durch die Verabschiedung von in sich möglichst stimmigen Maßnahmen zu (situationsadäquaten) Strategien werden können.“[304]

Die strategischen Optionen lassen sich nach verschiedenen Kriterien unterscheiden, z.B nach organisatorischen Geltungsbereichen, Mitteleinsatz, Funktionsbereichen, Produkte/Märkte und Wettbewerbsvorteile. Die nachfolgenden Ausführungen sind in Anlehnung an die in Abbildung 4-12 aufgezeigten organisatorischen Geltungsbereiche gegliedert. Es werden unterscheiden:

- Unternehmensstrategien,
- Geschäftsfeldstrategien,
- Funktionalstrategien.

---

303 Vgl. Miegel, M. (2002), S. 51.

304 Vgl. Becker, W. (2004), S. 66.

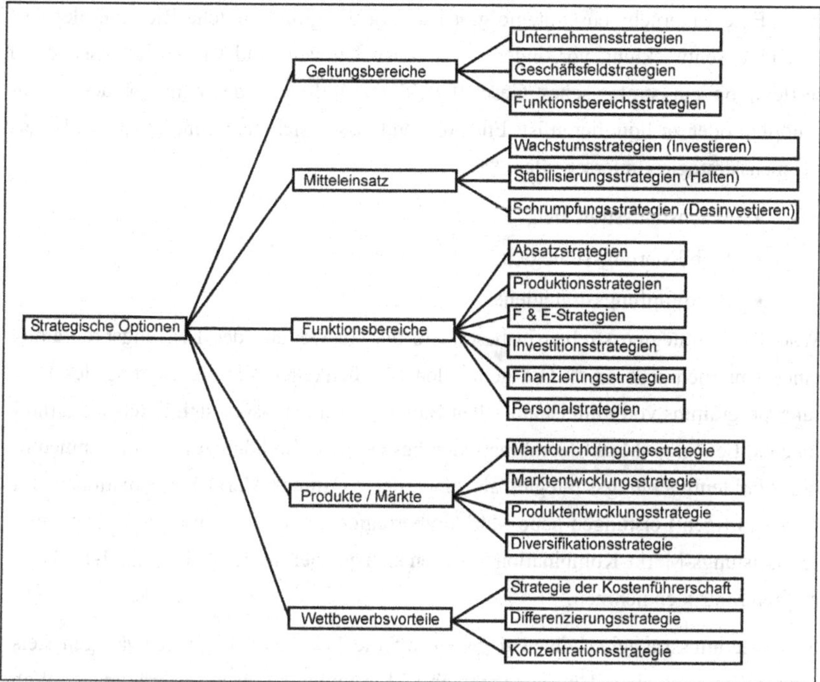

Abbildung 4-12: Überblick über strategische Optionen[305]

4.2.2.1 Unternehmensstrategien

Eine Unternehmensstrategie beschäftigt sich mit der Festlegung von strategischen Geschäftsfeldern eines Unternehmens und der Verteilung der Ressourcenpotentiale auf diese strategischen Geschäftsfelder, mit der strategischen Zielsetzung, Erfolgspotentiale erschließen zu können.[306] Als strategisches Geschäftsfeld eines mittelständischen Bauunternehmens wird nachfolgend eine Leistungs-Markt-Kombination eines Unternehmens verstanden,[307] das als Ganzes Gegenstand unternehmerischer Entscheidungen

---

305 In Anlehnung an die Gliederung von Kreikebaum, H. (1997), S. 58.

306 Vgl. Steinmann, H. / Schreyögg, G. (2005), S. 170.

307 Das strategische Geschäftsfeld vermittelt eine marktbezogene Strukturierung der aktuellen Unternehmensaktivitäten. Ihm steht innerhalb eines Unternehmens die strategische Geschäftseinheit als Pedant gegenüber. Die strategische Geschäftseinheit ist dabei nicht als organisatorische Einheit im Unternehmen, sondern als ein gedankliches Modell zur langfristigen effizienteren

ist.[308] Eine Unternehmensstrategie gibt insofern die grundsätzliche Richtung der Unternehmensentwicklung vor, indem sie je nach Umwelt- und Unternehmenssituation festlegt, ob ein strategisches Geschäftsfeld durch Investitionen auszubauen, abzuschöpfen oder zu liquidieren ist. Entsprechend lassen sich als Grundtypen von Unternehmensstrategien unterscheiden:[309]

- Wachstumsstrategien,
- Stabilisierungsstrategien,
- Schrumpfungsstrategien.

Wachstumsstrategien streben insbesondere die Ausweitung des Leistungsprogramms eines Unternehmens an.[310] Die generellen Möglichkeiten zur Ausweitung des Leistungsprogramms von mittelständischen Bauunternehmen lassen sich durch vier grundlegende Leistungs-Markt-Kombinationen beschreiben. So können z.B. im Rahmen einer Marktentwicklungsstrategie, als einer der Leistungs-Markt-Kombinationen, mit gegenwärtigen Leistungen neue Märkte überregional entschlossen werden. Die weiteren Leistungs-Markt-Kombinationen lassen sich aus der, in der Abbildung 4-13 dargestellten Matrix entnehmen.[311]

Stabilisierungsstrategien zielen dagegen auf die Festigung des gegenwärtigen Leistungsprogramms eines Unternehmens ab.[312] Sie umfassen zwei Ausprägungen: Wahrend Haltestrategien die (präventive) Erhaltung des gegenwärtigen Leistungsprogramm anstreben, bemühen sich die (eher kurativen) Konsolidierungsstrategien, insbesondere im Anschluss an starke Wachstumsphasen, um den gezielten Abbau von Überkapazitäten zur Festigung des Leistungsprogramms.[313] Dies kann in mittelständi-

---

Unternehmenssteuerung zu verstehen. (vgl. Müller-Stewens G. / Lechner, C. (2005), S. 159 und Kreikebaum, H. (1997), S. 198).

308 Vgl. Kreikebaum, H. (1997), S. 197. Einem strategischen Geschäftsfeld steht innerhalb eines Unternehmens die strategische Geschäftseinheit als Pedant gegenüber (vgl. Müller-Stewens G. / Lechner, C. (2005), S. 159).

309 Vgl. Jacob, M. (1995), S. 15

310 Vgl. Götze, U. / Mikus, B. (1999), S. 136.

311 Diese generell möglichen Strategierichtungen stammen von Ansoff, H.I. (1965) und wurden bereits 1965 veröffentlicht.

312 Vgl. Götze, U. / Mikus, B. (1999), S. 136.

313 Vgl. Becker, W. (1996a), S. 138.

schen Bauunternehmen z.B. in den Bereichen Lagerhaltung, Organisationsstruktur usw. geschehen.

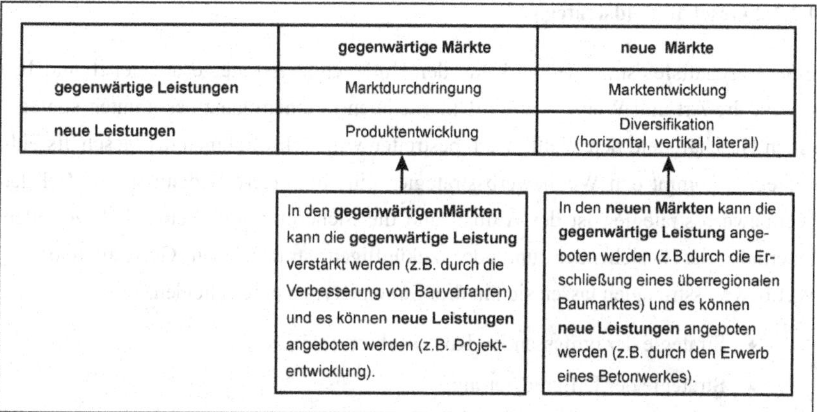

Abbildung 4-13: Wachstumsstrategien für mittelständische Bauunternehmen[314]

Haben die Stabilisierungsstrategien keine Aussicht auf Erfolg, dann ist es sinnvoll, Schrumpfungsstrategien einzuleiten. Schrumpfungsstrategien verfolgen eine freiwillige und kontrollierte Reduzierung des Leistungsprogramms,[315] indem einzelne strategische Geschäftsfelder verkauft oder zerschlagen werden. Ein Verkauf im Sinne einer Schrumpfungsstrategie liegt dann vor, wenn eine strategische Geschäftseinheit mit allen ihren Rechten an einen Käufer übergeht.[316] Dagegen spricht man von Zerschlagung, wenn es sich um die bleibende und geplante Einstellung der Tätigkeiten einer strategischen Geschäftseinheit handelt.[317] Für mittelständische Bauunternehmen kommt aufgrund der Unverkäuflichkeit vieler materieller und immaterieller Wirtschaftsgüter, die für die Weiterführung anderer strategischer Geschäftseinheiten benötigt werden oder im schrumpfenden Baumarkt nicht mehr absetzbar sind, in der Regel nur eine Zerschlagung einer strategischen Geschäftseinheit in Betracht, wenn sie sich

314 In Anlehnung an Jacob, D. / Mollenhauer, A. (2002), S. 58.

315 Vgl. Götze, U. / Mikus, B. (1999), S. 136.

316 Jacob, M. (1995), S. 114.

317 Jacob, M. (1995), S. 114.

freiwillig und kontrolliert aus verlustbringenden Geschäftsfeldern zurückziehen wollen.[318]

4.2.2.2 Geschäftsfeldstrategien

Eine Geschäftsfeldstrategie wird aus der Unternehmensstrategie abgeleitet und bestimmt die Art und Weise, wie ein Unternehmen in einem ganz bestimmten strategischen Geschäftsfeld den Wettbewerb bestreiten will.[319] Im Rahmen der Geschäftsfeldstrategien kommt den Wettbewerbsstrategien eine besondere Bedeutung zu. Ziel der Wettbewerbsstrategien ist der Aufbau und die Sicherung von Wettbewerbsvorteilen innerhalb der bestehenden und/oder zukünftigen strategischen Geschäftsfelder.[320] Wettbewerbsstrategien lassen sich in drei Strategietypen unterscheiden:[321]

- Strategie der umfassenden Kostenführerschaft,
- Strategie der Differenzierung,
- Strategie der Konzentration auf Schwerpunkte.

In Abbildung 4-14 sind die Wettbewerbsstrategien mit ihren jeweiligen Besonderheiten zusammenfassend dargestellt.

Mit der Strategie der umfassenden Kostenführerschaft strebt ein Unternehmen an, „einen umfassenden Kostenvorsprung innerhalb einer Branche durch eine Reihe von Maßnahmen zu erlangen,“[322] um der kostengünstigste Anbieter einer Branche zu werden. Erfolgsversprechend erscheint die Strategie der Kostenführerschaft für standardisierte Produkte, wo eine weitgehende Festschreibung des Kundennutzens und eine hohe Preistransparenz besteht. Hier dominiert der Preiswettbewerb zwischen den Konkurrenten, so dass alle Unternehmensaktivitäten auf niedrigere Kosten im Vergleich zu den Konkurrenten gerichtet sein müssen. Die Strategie der umfassenden Kostenführerschaft bietet sich für die mittelständischen Bauunternehmen nicht an, da sowohl durch die „standortgebundene, prototypische Einzelfertigung“ als auch durch die kleine Be-

318 In diesem Zusammenhang sei ausdrücklich darauf hingewiesen, dass das Formulieren und Umsetzen von Schrumpfungsstrategien nicht als Ausdruck wirtschaftlichen Versagens sondern vielmehr als frühzeitiges Agieren bezüglich einer geänderten Unternehmens- und Umweltsituation in mittelständischen Bauunternehmen anzusehen ist.

319 Vgl. Steinmann, H. / Schreyögg, G. (2005), S. 170.

320 Vgl. Langguth, H. (1994), S. 112.

321 Die drei Strategietypen gehen auf Porter zurück (vgl. Porter, M.E. (1999), S. 70 ff.).

triebsgröße ein umfassender Kostenvorsprung durch Kostendegressionseffekte innerhalb der Baubranche nicht zu realisieren ist.[323]

Die Strategie der Differenzierung zielt darauf ab, „das Produkt oder die Dienstlsietung des Unternehmens zu differenzieren und damit etwas zu schaffen, das in der ganzen Branche als einzigartig angesehen wird,“[324] damit der Produkt- oder Dienstleistungsabsatz trotz eines höheren Preises beim Kunden durchgesetzt werden kann. Ansätze zur Differenzierung können z.B. sein Produkt- und Dienstleistungsqualität, Garantie- und Serviceleistungen oder Flexibilität und Schnelligkeit. Für mittelständische Bauunternehmen sollte die Strategie der Differenzierung in ihrer branchenweiten Ausprägung nicht grundsätzlich ausgeschlossen werden, da sie für mittelständische Bauunternehmen, die als Spezialanbieter am Markt auftreten, durchaus denkbar ist.

		Wettbewerbsvorteile durch	
		niedrige Kosten	Differenzierung
Wettbewerbsfeld	branchenweit	**1. Umfassende Kostenführerschaft**	**2. Differenzierung**
		- Preise / Kosten - Standardprodukt	- Leistung / Qualität - Einzigartigkeit
	segmentspezfisch	**3a. Kozentration auf Schwerpunkte:** Kosten	**3b. Konzentration auf Schwerpunkte:** Differenzierung
		- begrenztes Bedürfnis - Preiselastizität	- spezifisches Bedürfnis - abnehmende Preiselastizität

Abbildung 4-14: Generische Wettbewerbsstrategien und ihre Besonderheiten nach Porter[325]

Die Strategie der Konzentration auf Schwerpunkte „besteht in der Konzentration auf Marktnischen, also auf bestimmte Abnehmergruppen, einen bestimmten Teil des Produktprogramms oder einen geographisch abgegrenzten Markt.“[326] Dieser Strategietyp zielt darauf ab, dass ein Unternehmen versucht, sich auf bestimmte Marktnischen zu spezialisieren, um sich dadurch einen dauerhaften Wettbewerbsvorteil gegenüber Kon-

322 Vgl. Porter, M.E. (1999), S. 71.

323 Vgl. Schwarz, W.U. (1998), S. 50.

324 Vgl. Porter, M.E. (1999), S. 73.

325 In Anlehnung an Pekrul, S. (2006), S. 86.

326 Vgl. Porter, M.E. (1999), S. 75.

kurrenten zu verschaffen, deren Wettbewerb breiter angelegt ist. Die Spezialisierung kann sowohl im Rahmen einer Kostenführerschaftsstrategie als auch im Rahmen einer Differenzierungsstrategie erfolgen.[327]

Als Beispiele für eine Spezialisierung von mittelständischen Bauunternehmen auf bestimmte Marktnischen werden hier die nachfolgenden Bauunternehmertypen vorgestellt:

- der Regionalmadator,
- der Segmentprofi,
- der Spezialist,
- der Systemanbieter,

Der „Regionalmadator“ setzt auf umfassende Kundenbetreuung in der Region, er bietet eine breite Dienstleistungspalette rund um das Bauprojekt an. Von der Erstellung des Bauprojekts bis hin zum Bauen im Bestand, vom Reparaturservice bis hin zu Hausmeisterdiensten beitet er kundenindividuelle, maßgeschneiderte Lösungen.[328]

Der „Segementprofi“ konzentriert sich auf bestimmte Bauprojekttypen. Er realisiert beträchtliche Kostensenkungspotentiale aus den Wiederholungsgraden der zu erstellenden Baukörper. Er setzt auf Stammkunden, die z.T. bundesweit gleichartige Bauprojekte nachfragen (Discountmärkte, Tankstellen).[329]

Der „Spezialist“ konzentriert sich auf technisch anspruchsvolle Baulösungen z.B. im Brandschutz oder im Spezialtiefbau.[330]

Der „Systemanbieter“ stellt die funktionale Baulösung in den Mittelpunkt seiner Marktbearbeitung, von der Projektentwicklung bis hin zum Betreiben z.T. komplexer Bauvorhaben.[331] Er verfügt in der Regel über eine hohe Finanzierungskompetenz und

---

327 Die Strategie der Kostenführerschaft und die Strategie der Differenzierung sind innerhalb des von Porter aufgespannten Wettbewerbskonzepts als sich gegenseitig ausschließende Strategietypen angelegt. Grundsätzlich warnt Porter nachdrücklich davor, beide Strategien gemeinsam anzustreben, da dies dazu führt, dass das Unternehmen „zwischen den Stühlen“ sitzen bleibt (vgl. Porter, M.E. (1999), S. 78 ff.).

328 Koukoudis, P. (2002b), S. 44.

329 Koukoudis, P. (2002b), S. 44.

330 Koukoudis, P. (2002a), S. 47.

331 Koukoudis, P. (2002a), S. 49.

konzentriert sich auf die Steuerung der Bauprojekte und weniger auf die Herstellung aus eigener Hand.

4.2.2.3 Funktionalstrategien

Mit einer Funktionalstrategie wird bestimmt, wie die beschlossene Geschäftsfeldstrategie in konkretes Handeln umgesetzt werden kann.[332] Dazu legt sie fest, in welcher Weise die einzelnen Funktionsbereiche des Unternehmens zur Erreichung und Absicherung des Wettbewerbsvorteils eines strategischen Geschäftsfelds beitragen sollen. Als Funktionsbereiche werden hier die Orte des täglichen Handelns verstanden, in denen der laufende Betrieb stattfindet. Entsprechend den Funktionsbereichen eines Unternehmens kann man Funktionalstrategien z.B. unterscheiden in:

- Absatzstrategien,
- Produktionsstrategien,
- Beschaffungsstrategien,
- Finanzierungsstrategien.

Allgemein kann festgehalten werden, dass die Funktionalstrategien sowohl die planerischen Konsequenzen aus der Unternehmens- und Geschäftsfeldstrategie für die Funktionsbereiche detailliert darstellen als auch eine (horizontale und vertikale) Abstimmung zwischen den verschiedenen strategischen Geschäftsfeldern und Funktionsbereichen herbeiführen.[333] Zudem fungieren sie als Schnittstelle zwischen Strategie und operativer Umsetzung.[334]

Auf die Vorstellung von Funktionalstrategien für mittelständische Bauunternehmen wird hier verzichtet, da diese nur unternehmensindividuell erstellt werden können. Eine Zusammenfassung und den Zusammenhang der aufgezeigten Unternehmens-, Geschäftsfeld- und Funktionalstrategien in mittelständischen Bauunternehmen zeigt abschließend Abbildung 4-15.[335]

---

332 Vgl. Welge, M.K. / Al-Laham, A. (2003), S. 408.

333 Vgl. Welge, M.K. / Al-Laham, A. (2003), S. 409.

334 Vgl. Welge, M.K. / Al-Laham, A. (2003), S. 409.

335 Es sei hier darauf hingewiesen, dass Unternehmens-, Geschäftsfeld- und Funktionalstrategien nicht überschneidungsfrei sind. So ist die aufgezeigte Unterscheidung zwischen Unternehmens- und Geschäftsfeldstrategie nicht notwendig, wenn ein Unternehmen nur über ein Geschäftsfeld verfügt oder in allen Geschäftsfeldern die gleiche Geschäftsfeldstrategie verfolgt.

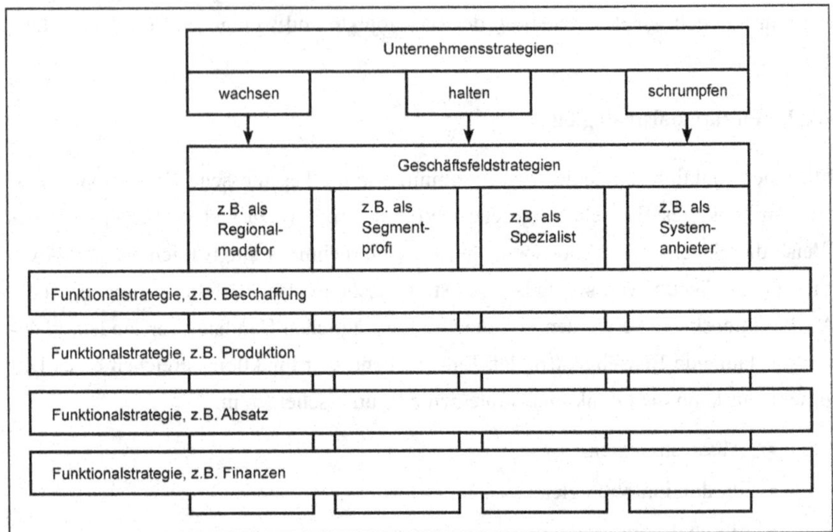

Abbildung 4-15: Zusammenfassung der strategischen Optionen für das Handeln von mittelständischen Bauunternehmen[336]

4.2.3 Strategieunterstützende Controllinginstrumente für mittelständische Bauunternehmen

Die Voraussetzung für die langfristige Existenzsicherung eines Unternehmens ist die rechtzeitige Anpassung an zukünftige, sich anbahnende Entwicklungen auf den relevanten Märkten und im Unternehmen selbst. Dafür müssen auch in mittelständischen Bauunternehmen diese Entwicklungen erkannt und entsprechende Strategien entwickelt und durchgesetzt werden, um rechtzeitig Erfolgspotentiale erschließen und realisieren zu können.

Die Erschließung von Erfolgspotentialen hängt wiederum von vielen Einflussfaktoren ab, die maßgeblich für den Erfolg oder Misserfolg eines Unternehmen sind. Diese Einflussfaktoren werden auch als kritische oder strategische Erfolgsfaktoren bezeichnet.[337] Die strategischen Erfolgsfaktoren können allgemein in umfeld- und unternehmensbezogene Erfolgsfaktoren eingeteilt werden. Umfeldbezogene Erfolgsfaktoren sind vom

---

336 Vgl. Baum, H.G. / Coenenberg, A.G./ Günther, T. (2007), S. 35.

337 Vgl. Fischer, T. (2000), S. 74.

Unternehmen nicht oder nur bedingt beeinflussbare Faktoren, wie Marktattraktivität, Marktlebenszyklus, Kunden- und Lieferantenstärke; deren Ausprägung stellen für das Unternehmen Chancen und Risiken dar.[338] Unternehmensbezogene Erfolgsfaktoren sind dagegen vom Unternehmen unmittelbar zu beeinflussende Faktoren, wie z.B. Unternehmensstruktur, Know-how und Finanzkraft; deren Ausprägung signalisieren die Stärken und Schwächen eines Unternehmens.[339]

Für die Strategieformulierung und Strategiedurchsetzung in mittelständischen Bauunternehmen sind die strategischen Erfolgsfaktoren bestehender und/oder neuer Erfolgspotentiale unternehmensindividuell zu identifizieren und zu beurteilen. Das strategische Unternehmenscontrolling in mittelständischen Bauunternehmen unterstützt dies durch die Bereitstellung strategieunterstützender Controllinginstrumente. Als strategieunterstützende Controllinginstrumente werden hier strategische Planungsinstrumente verstanden, die vom strategischen Unternehmenscontrolling in mittelständischen Bauunternehmen zur Wahrnehmung seiner Aufgaben benötigt werden. Demzufolge und vor dem Hindergrund, dass nur etwa jedes siebte (7 ≅ 14,9 %) der Antwort gebenden mittelständischen Bauunternehmen strategische Planungsinstrumente regelmäßig anwendet, werden anschließend strategieunterstützende Controllinginstrumente sowohl für die Analyse der Umwelt- und Unternehmenssituation als auch für Strategieformulierung und Strategieauswahl vorgestellt.

4.2.3.1 Umweltanalyse

Erfolgspotentiale werden maßgeblich durch die globale Umwelt beeinflusst. Daher ist es für die Strategieformulierung in mittelständischen Bauunternehmen von großer Bedeutung, Kenntnis von relevanten Entwicklungen in der globalen Umwelt zu erlangen. Als globale oder generelle Umwelt wird hier die Menge an Einflussfaktoren in einem geographischen Raum verstanden, „die für eine größere Anzahl von Unternehmen gelten und den Handlungsspielraum der Unternehmung sowohl direkt als auch indirekt beeinflussen."[340] Da aber nicht jeder Einflussfaktor in der globalen Umwelt für die Strategieentwicklung in mittelständischen Bauunternehmen von Bedeutung ist, müssen aus der Vielzahl der umweltbezogenen Einflussfaktoren diejenigen ausgewählt

338 Vgl. Fischer, T. (2000), S. 74.

339 Vgl. Fischer, T. (2000), S. 74.

340 Vgl. Welge, M. / A-Laham, A. (2003), S. 189.

werden, die als strategische Erfolgsfaktoren für die Erneuerung von Erfolgspotentialen von Bedeutung sein könnten.

Demzufolge obliegt der Umweltanalyse in mittelständischen Bauunternehmen die Aufgabe, aus der prinzipiell unüberschaubaren Fülle von umweltbezogenen Einflussfaktoren die relevanten strategischen Erfolgsfaktoren für ein mittelständisches Bauunternehmen herauszufiltern und ihre gegenwärtigen und zukünftigen Ausprägungen in Form von Chance und Risiko für das Unternehmen aufzuzeigen. Hierbei ist Begriff Chance im Sinne von Gewinnaussicht und der Begriff Risiko im Sinne von Verlustgefahr zu verstehen.[341]

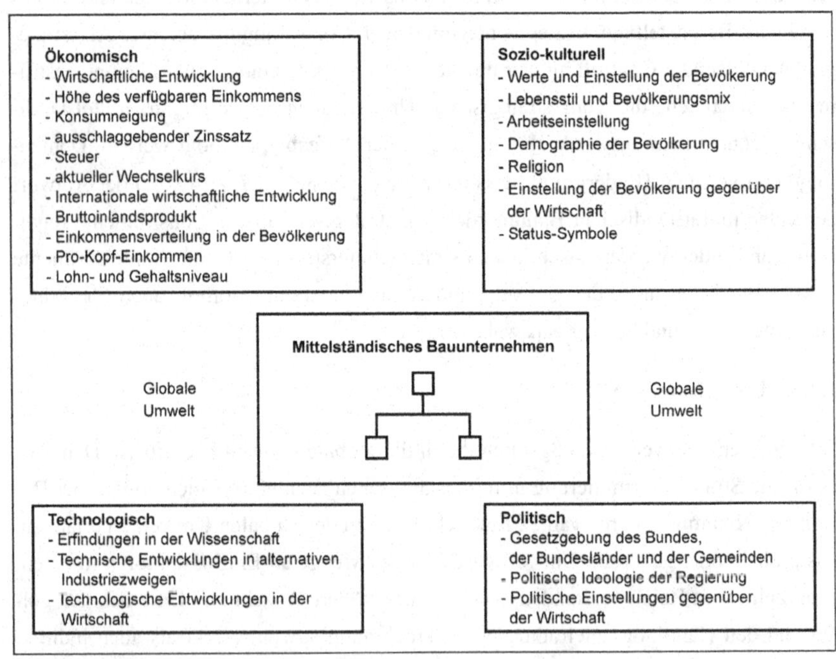

Abbildung 4-16: Segmente der globalen Umwelt[342]

Im Rahmen der Umweltanalyse in mittelständischen Bauunternehmen werden hier ökonomische, sozio-kulturelle, technologische und politische Gruppen von Einfluss-

341 Vgl. Rogler, S. (2002), S. 5.

342 In Anlehnung an Welge, M. / A-Laham, A. (2003), S. 190.

faktoren unterschieden. Eine exemplarische Aufzählung möglicher Einflussfaktoren, die bei einer Umweltanalyse in mittelständischen Bauunternehmen beachtet werden müssen, sind in Abbildung 4-16 zusammengefasst. Ob es sich bei den aus den umweltbezogenen Einflussfaktoren herausgefilterten strategischen Erfolgsfaktoren um zukünftige Chancen oder Risiken für ein mittelständisches Bauunternehmen handelt, ist mit Hilfe von persönlichen Erfahrungen, Presseveröffentlichungen, Verbandsmitteilungen, Berichte, Bücher usw. zu bewerten. Die Umweltanalyse bildet den Rahmen für die anschließende Branchen- und Marktanalyse in mittelständischen Bauunternehmen.

4.2.3.2 Branchenanalyse

Eine Branchenanalyse wird für die Branche durchgeführt, in denen ein Unternehmen gegenwärtig tätig ist oder in Zukunft tätig sein möchte. Als Branche wird hier eine Gruppe von Unternehmen verstanden, die ähnliche Produkte herstellen oder ähnliche Dienstleistungen anbieten, die sich gegenseitig annähernd ersetzen können.[343] Demzufolge wird bei der Branchenanalyse in mittelständischen Bauunternehmen das Blickfeld einer Umweltanalyse auf die für mittelständische Bauunternehmen relevante Branche, das Bauhauptgewerbe, eingeengt.

Aufgabe der Branchenanalyse in mittelständischen Bauunternehmen ist es, die Einflussfaktoren im Bauhauptgewerbe aufzuspüren, welche die Wettbewerbssituation zwischen den bauausführenden Unternehmen maßgeblich beeinflussen. Analog zur Umweltanalyse kommt es auch hier im wesentlichen darauf an, aus der großen Anzahl von möglichen branchenbezogenen Einflussfaktoren auf das Bauhauptgewerbe, diejenigen als strategische Erfolgsfaktoren zu identifizieren, die für eine Strategienformulierung in mittelständischen Bauunternehmen von Bedeutung sein können. Die Branchenanalyse in mittelständischen Bauunternehmen stützt sich hier auf das von Porter entwickelte Konzept der Branchenstrukturanalyse.

---

343 Vgl. Porter, M.E. (1999), S. 35.

Dieses beruht auf der Annahme, dass fünf grundlegende Wettbewerbskräfte die Art und Weise eines Branchenwettbewerbs bestimmen. Diese fünf Wettbewerbskräfte sind:[344]

- Rivalität unter den bestehenden Unternehmen,
- Verhandlungsmacht der Abnehmer,
- Verhandlungsstärke der Lieferanten,
- Bedrohung durch neue Konkurrenten,
- Bedrohung durch Ersatzprodukte.

Die Stärke jeder dieser Wettbewerbskräfte ergibt sich jeweils aufgrund einer Gruppe von Einflussfaktoren. So ist beispielsweise die Rivalität unter den bestehenden Wettbewerbern groß, wenn es z.B. zahlreiche gleich große Wettbewerber gibt, das Branchenwachstum langsam ist, hohe Fix- und Lagerkosten vorliegen, Differenzierungsmöglichkeiten fehlen und hohe Austrittsbarrieren in der Branche vorhanden sind.[345] Die zusammengefasste Stärke dieser fünf Wettbewerbskräfte bestimmt die Wettbewerbsintensität und damit das Gewinnpotential in der Branche, das sich im langfristigen Ertrag des eingesetzten Kapitals ausdrückt.[346] Eine hohe Wettbewerbsintensität bedeutet einen geringeren individuellen Unternehmenserfolg und umgekehrt. Einen Überblick über die im Rahmen der Branchenanalyse in mittelständischen Bauunternehmen zu erfassenden branchenbezogenen Einflussfaktoren soll Abbildung 4-17 vermitteln.[347]

Die Ausprägungen der einzelnen Wettbewerbskräfte lassen sich z.B. mittels Geschäftsberichte börsennotierter Bauunternehmen, Kunden-/Lieferantenbefragungen oder aber auch durch Internetrecherchen ermitteln. Als Ergebnis der Branchenanalyse in mittelständischen Bauunternehmen werden aus den Einflussfaktoren innerhalb einer Branche die strategischen Erfolgsfaktoren und deren Ausprägung (Chnace / Risiko) herausgearbeitet, die für die Erneuerung von Erfolgspotentialen in mittelständischen Bauunternehmen gegenwärtig und zukünftig maßgebend sein können.

---

344 Vgl. Porter, M.E. (1999), S. 34.

345 Vgl. Porter, M.E. (1999), S. 50 ff.

346 Vgl. Porter, M.E. (1999), S. 33.

347 Vergleiche hierzu die Ausführungen von Schmitt, P. (1993), S. 78 ff., der die fünf Wettbewerbskräfte bezogen auf Bauunternehmen beschreibt.

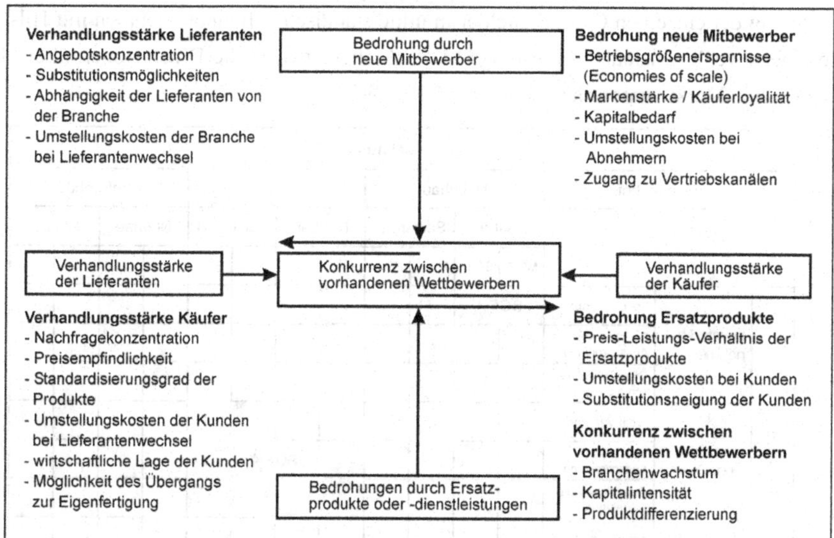

Abbildung 4-17: Branchenstrukturanalyse nach Porter[348]

4.2.3.3 Marktanalyse

Die Marktanalyse knüpft an die Branchenanalyse an. Ebenso wie die Umwelt- und Branchenanalyse dient auch die Marktanalyse in mittelständischen Bauunternehmen der Identifizierung und Beurteilung strategischer Erfolgsfaktoren aus dem Unternehmensumfeld. Dabei wird der Blickwinkel der Branchenanalyse auf einen für mittelständische Bauunternehmen relevanten Markt weiter eingeengt.

Die Basis der Marktanalyse in mittelständischen Bauunternehmen bildet die Segmentierung des Absatzmarktes in strategische Geschäftsfelder (Leistungs-Markt-Kombination). Ausgangspunkt der Geschäftsfeldsegmentierung in mittelständischen Bauunternehmen ist das bestehende Angebot.[349] Wie Abbildung 4-18 zeigt, erfolgt die Ab-

---

348 In Anlehnung an Porter, M.E. (1991), S. 57 und Hans, L. / Warschburger, V. (1999), S. 73 f.

349 Ist das bestehende Angebot eines Unternehmens der Ansatzpunkt für eine Geschäftsfeldsegmentierung, so spricht man von einer Inside-Out-Segmentierung. Sind hingegen die Anforderungen der Umwelt die Basis zur Abgrenzung einzelner Geschäftsfelder, spricht man von der Outside-In-Segmentierung. Der Vorteil des Inside-Out-Segmentierung liegt in der relativ einfachen Handhabung, da das bestehende Angebot eines Unternehmens leichter zu ermitteln ist als die Anforderungen der Umwelt (vgl. Müller-Stewens G. / Lechner, C. (2005), S. 161).

grenzung der einzelnen Geschäftsfelder in mittelständischen Bauunternehmen mit Hilfe einer zweidimensionalen Leistungs-Markt-Matrix, welche die Dimensionen „Leistung“ und „Markt“ unterscheidet.

Markt	Region	Leistungsangebot		Leistung: Hochbau				Tiefbau				Straßenbau			
				Neubau		Sanierung		Neubau		Sanierung		Neubau		Sanierung	
				MFH	EFH	MFH	EFH								
Markt	Region 1	private Abnehmer	Freie Vergabe	SGF 1	SGF 1										
			Beschränkte Ausschreibung												
			Öffentliche Ausschreibung												
		öffentliche Abnehmer	Freie Vergabe							SGF 4	SGF 4				
			Beschränkte Ausschreibung					SGF 4	SGF 4	SGF 4	SGF 4				
			Öffentliche Ausschreibung					SGF 4	SGF 4	SGF 4	SGF 4				
		gewerbliche Abnehmer	Freie Vergabe												
			Beschränkte Ausschreibung												
			Öffentliche Ausschreibung												
	Region 2	private Abnehmer	Freie Vergabe	SGF 3	SGF 3	SGF 3	SGF 3								
			Beschränkte Ausschreibung			SGF 3	SGF 3								
			Öffentliche Ausschreibung			SGF 3	SGF 3								
		öffentliche Abnehmer	Freie Vergabe												
			Beschränkte Ausschreibung												
			Öffentliche Ausschreibung											SGF 2	SGF 2
		gewerbliche Abnehmer	Freie Vergabe												
			Beschränkte Ausschreibung												
			Öffentliche Ausschreibung												

Abbildung 4-18: Leistung-Markt-Matrix für mittelständische Bauunternehmen

In der Leistungs-Dimension wird das Leistungsangebot eines mittelständischen Bauunternehmens betrachtet. Das Leistungsangebot kann in der ersten Differenzierungsstufe z.B. einzelne Bausparten, wie „Hochbau“, „Tiefbau“ oder „Straßenbau“ beschreiben. In einer zweiten Differenzierungsstufe werden diese weiter untergliedert und konkretisiert. So kann z.B. das Angebotsfeld „Hochbau“ in „Sanierung“ und „Neubau“ unterschieden werden, wobei das Feld „Neubau“ nochmals z.B. in die Angebotsfelder „Mehrfamilienhaus" und „Einfamilienhaus" zerlegt werden kann. Die Differenzierung des Leistungsangebots eines mittelständischen Bauunternehmen muss aber immer vor dem Hintergrund der spezifischen Situation unternehmensindividuell durchgeführt werden.

In der Markt-Dimension werden hier Abgrenzungskriterien herangezogen, die sich zur Klassifizierung von Teilmärkten im Bauhauptgewerbe eignen. Dabei bilden die räumliche Struktur der Baumärkte, wichtige Abnehmergruppen sowie die alternativen Vergabeformen von Bauaufträgen die wesentlichen Kriterien zur Abgrenzung der Teilmärkte. Die Aufteilung des Gesamtmarktes in geographische Gebiete wird vor dem Hintergrund des regionalen Wirkungskreises von mittelständischen Bauunternehmen als erste Differenzierungsstufe vorgenommen. Die Märkte, die nach geographischen Gebieten untergliedert wurden, werden in einer zweiten Differenzierungsstufe nach ihrer Abhängigkeit von wichtigen Abnehmergruppen untergliedert, da die privaten, öffentlichen und gewerblichen Abnehmergruppen in der Bauwirtschaft in der Regel durch ein unterschiedliches Nachfrageverhalten gekennzeichnet sind. Mit Hilfe einer dritten Differenzierungsstufe können die verschiedenen Abnehmergruppen weiter z.B. bezüglich alternativer Optionen der Auftragsvergabe unterschieden werden.

Nachdem der Gesamtmarkt in einzelne Leistungs-Markt-Kombinationen zerlegt wurde, können durch die Zusammenfassung von sich ergänzenden Leistungs-Markt-Kombinationen die strategischen Geschäftsfeldern identifiziert werden, die von mittelständischen Bauunternehmen aktuell bedient werden. Überdies können mittelständische Bauunternehmen durch die Geschäftsfeldsegmentierung Hinweise auf unbearbeitete, aber potentiell zu bearbeitende strategische Geschäftsfelder erhalten.

Im Anschluss an die Segmentierung von Geschäftsfeldern sind aus der Vielzahl von marktbezogenen Einflussfaktoren die strategischen Erfolgsfaktoren herauszufiltern und zu beurteilen, die das Erfolgspotential der strategischen Geschäftsfelder von mittelständischen Bauunternehmen maßgeblich beeinflussen können, wie z.B. Marktvolumen, Marktanteil, Marktwachstum, Kundenstruktur, Marktmacht der Kunden usw.. Deren Ausprägung (Chance / Risiko) lassen sich z.B. durch Auswerten von Auftragsbüchern und Submissionsergebnissen, Informationen aus der Tagespresse über geplante Bauvorhaben bzw. über Baumarktentwicklungen einschätzen.[350] Darüber hinaus

350 Vgl. Hake, B. (2004), S. 44.

können regelmäßige Gespräche mit Lieferanten wichtige Hinweise für eine Markteinschätzung liefern.

4.2.3.4 Unternehmensanalyse

Ergänzend zur Analyse der Umweltbedingungen mittels Umwelt-, Branchen- und Marktanalyse müssen sich mittelständische Bauunternehmen auch einen Überblick über die eigene Unternehmenssituation verschaffen. Der Unternehmensanalyse in mittelständischen Bauunternehmen obliegt somit die Aufgabe, aus der Vielzahl von betrieblichen Faktoren die strategischen Erfolgsfaktoren herauszufiltern, die für die Leistungsfähigkeit eines mittelständischen Bauunternehmens gegenwärtig und zukünftig bestimmend sein können. Die Gesamtheit der die Leistungsfähigkeit bestimmenden betrieblichen Faktoren wird als Potential bezeichnet,[351] das mit Hilfe einer Potentialanalyse untersucht und bewertet werden kann.

Checkliste zur Potentialanalyse	
Beschaffungsbereich	Einkauf
	Bauhof
	Werksatt
	Nachunternehmer
Produktionsbereich	Bauablauf
	Qualität der Leistung
	produktionstechnische Ausstattung
	Elastizität der Produktionsanlagen
	Termintreue
Absatzbereich	Akquisition
	Marketingkonzept
	Kundendienst
Finanzbereich	Baustellenergebnisse
	Liquidität
	Eigenkapitalausstattung
	Möglichkeiten der Beteiligungsfinanzierung
	Möglichkeiten der Fremdfinanzierung
Personalbereich	Altersstruktur der Belegschaft
	vorhandene Fähigkeiten
	Ausbildungsstand
	Motivation und Arbeitsfreude

Abbildung 4-19: Objekte der Potentialanalyse in mittelständischen Bauunternehmen[352]

351 Vgl. Bramsemann, R. (1993), S. 241.

352 In Anlehnung Jacob, M. (1995), S. 262.

Im Rahmen der Potentialanaylse werden die einzelnen Funktionsbereiche eines Unternehmens analysiert, also z.B. der Absatz-, Produktions-, Beschaffungs-, Finanz- und Personalbereich.[353]

Innerhalb dieser Funktionsbereiche sind die jeweils maßgeblichen betrieblichen Einflussfaktoren zu ermitteln und zu analysieren. Abbildung 4-19 zeigt eine Checkliste zur Potentialanalyse, die mögliche Einflussfaktoren innerhalb von mittelständischen Bauunternehmen nach Funktionsbereichen differenziert.

Neben der Potentialanalyse ist die Wertkettenanlyse ein anerkanntes Konzept der Unternehmensanalyse.[354] Die Wertkette beschreibt ein Unternehmen als eine Kombination von strategisch wichtigen Aktivitäten, die sogenannten Wertaktivitäten. Die Wertaktivitäten lassen sich in primäre und unterstüztende Aktivitäten unterteilen.[355] Während die primären Aktivitäten unmittelbar der Herstellung und dem Vertrieb der Leistungen eines Unternehmens dienen, erbringen die unterstützenden Aktivitäten, die Versorgungs- und Steuerungsdienste für die primären Aktivitäten. Zusätzlich wird die Gewinnspanne erfasst, die sich aus der Differenz zwischen den Kosten der Wertaktivitäten und dem am Marktpreis gemessenen Kundennutzen ergibt. Abbildung 4-20 zeigt die neun Kategorien primärer und unterstützender Aktivitäten im Konzept der Wertkettenanalyse.

Innerhalb jeder der neun Kategorien fallen wiederum unterschiedliche Aktivitäten an, die stark von den unternehmensindividuellen Gegebenheiten abhängen. So können in mittelständischen Bauunternehmen zur Kategorie Marketing und Verkauf z.B. Werbung, Preisgestaltung und Außendienst hinzugefügt werden.

Da jedes mittelständisches Bauunternehmen im Prinzip über eine spezifische Wertkette verfügt, besteht die Aufgabe der Wertkettenanalyse in mittelständischen Bauunternehmen zunächst darin, die jeweilige Wertkettenstruktur zu ermitteln. Dabei ist zu beachten, dass sich die jeweilige Wertkettenstruktur keineswegs mit der Organisationsstruktur des jeweiligen mittelständischen Bauunternehmens decken muss, vielmehr kommt es hierbei darauf an, dass mit Hilfe einer solchen Wertkettenstruktur die Wert-

---

353 Vgl. Baum, H.G. / Coenenberg, A.G. / Günther, T. (2007), S. 65.

354 Dieser wertorientierte Ansatz zur Analyse von Unternehmen wurde insbesondere von Porter in die betriebswirtschaftliche Diskussion eingebracht (vgl. Porter, M.E. (1991), S. 62 ff.).

355 Vgl. Porter, M.E. (1991), S. 62-67.

aktivitäten ausfindig gemacht werden, da diese für die Erneuerung von Erfolgspotentialen maßgeblich sein können. Gelingt es die wichtigsten Wertaktivitäten als betriebliche Faktoren zu identifizieren und diese besser oder billiger als seine Konkurrenten zu gestalten, können entweder in der Marktstellung oder auf der Kostenseite Wettbewerbsvorteile (Differenzierung / Kostenführerschaft) geschaffen werden.

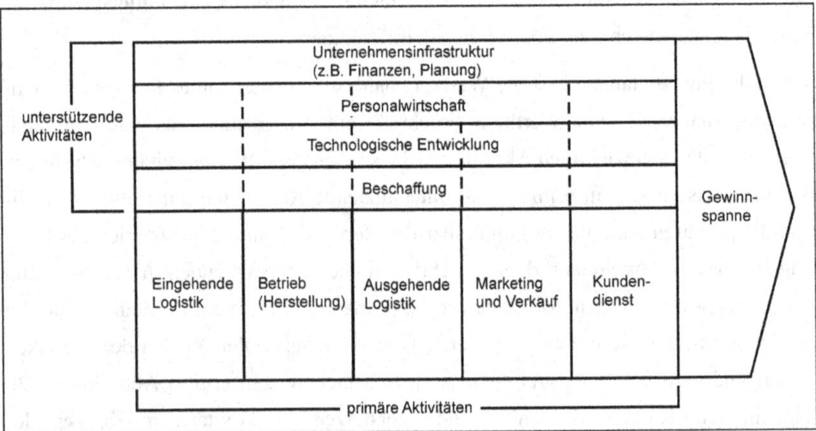

Abbildung 4-20: Grundstruktur der Wertkette nach Porter[356]

4.2.3.5 Stärken-Schwächen-Analyse

Die Unternehmensanalyse in mittelständischen Bauunternehmen hat die Aufgabe die strategischen Erfolgsfaktoren zu finden und zu bewerten, die Leistungsfähigkeit eines mittelständischen Bauunternehmens maßgeblich bestimmen; sie würde jedoch zu kurz greifen, wollte sie sich nur darauf beschränken. So stellen im Unternehmen vorhandene strategische Erfolgsfaktoren prinzipiell Stärken, nicht vorhandene oder weniger stark ausgeprägte strategische Erfolgsfaktoren Schwächen eines Unternehmens dar.[357] Gleichwohl lassen sich die Stärken und Schwächen eines Unternehmens absolut nur schwer bestimmen. Stärken und Schwächen eines Unternehmens sind eher als relative Größen zu betrachten: Wird z.B. der moderne Fuhr- und Maschinenpark in mittelständischen Bauunternehmen vermeintlich als absolute Stärke gesehen, so wandelt sich

356 In Anlehnung an Porter, M.E. (1991), S. 63.

357 Vgl. Bramsemann, R. (1993), S. 241.

diese vermeintliche Stärke zu einer relativen Schwäche, wenn die wichtigsten Konkurrenten über ein noch moderneren Fuhr- und Maschinenpark verfügen.

Vor diesem Hintergrund ist es erforderlich auch die relativen Stärken und Schwächen von mittelständischen Bauunternehmen herauszuarbeiten. Dazu dient die Stärken-Schwächen-Analyse. Die Stärken-Schwächen-Analyse in mittelständischen Bauunternehmen hat die Aufgabe, die im Rahmen der Unternehmensanalyse ermittelten strategischen Erfolgsfaktoren im Vergleich zu den wichtigsten Konkurrenten als relative Stärke oder Schwäche zu bewerten. Als wichtigste Konkurrenten werden hier mittelständische Bauunternehmen verstanden, die in gleichen strategischen Geschäftsfeldern ihre Leistung erbringen und dem eigenen Unternehmen auch in ihrer Unternehmensgröße und -struktur grundsätzlich ähnlich sind.[358]

Zur Durchführung der Stärken-Schwächen-Analyse in mittelständischen Bauunternehmen wird auf das in der Potentialanalyse und/oder Wertkettenanalyse entwickelte Funktionsbereichsraster aus Abbildung 4-19 zurückgegriffen.

Mit Hilfe dieses Funktionsbereichsrasters kann ein Vergleich der strategischen Erfolgsfaktoren mit denen der wichtigsten Konkurrenten tabellarisch und/oder in Kombination mit einem Polaritätenprofil erfolgen. Das Beispiel in Abbildung 4-21 zeigt ein Polaritätenprofil, das auf Basis der ermittelten strategischen Erfolgsfaktoren aus der Unternehmensanalyse die relativen Stärken/Schwächen gegenüber dem wichtigsten Konkurrenten ausweist.

Um der Gefahr einer „Betriebsblindheit" vorzubeugen, sollte die Stärken-Schwächen-Analyse nicht nur auf Basis subjektiver Urteile vorgenommen werden. Aufwendiger, dafür aber auch aussagekräftiger, ist die Ermittlung der Stärken und Schwächen, wenn sie anhand nachprüfbarer, d.h. quantitativer Werte vorgenommen wird. Hierfür müssen i.d.R. Beratungsfirmen hinzugezogen werden, da diese Zugang zu Zahlenmaterial von mehreren Firmen haben, was z.B. den betriebswirtschaftlichen Bereich mit seiner Eigenkapitalquote und Kapazitätsauslastung betrifft.

---

358 Insofern findet die Konkurrenzanalyse, obschon diese zur Analyse des Unternehmensumfeldes gehört, im Rahmen der Stärken- Schwächen-Analyse von mittelständischen Bauunternehmen ihren Platz.

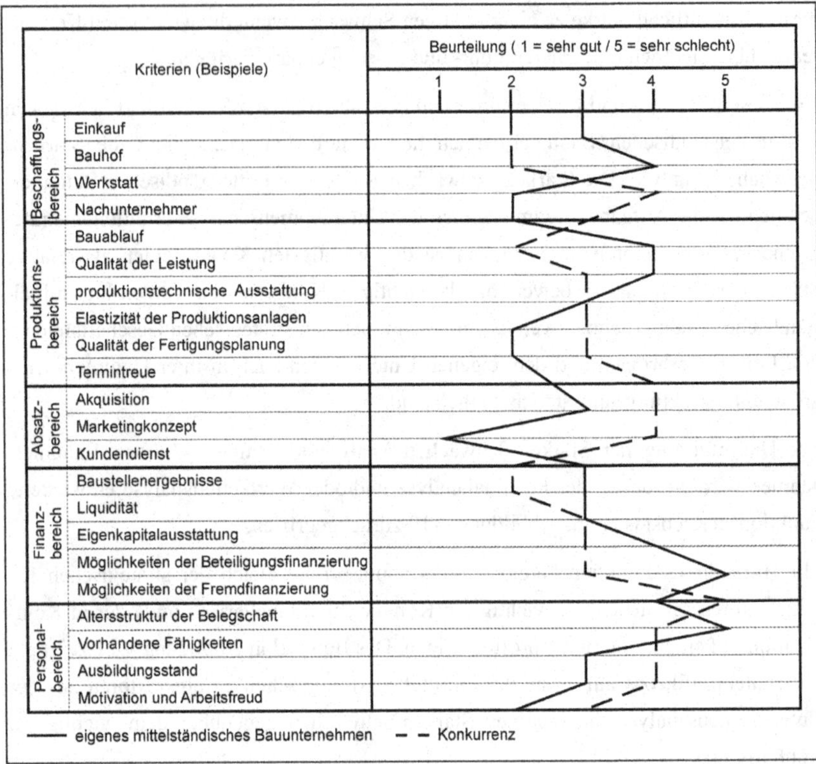

Abbildung 4-21: Stärken-Schwächen-Profil für mittelständische Bauunternehmen

4.2.3.6 SWOT-Analyse

Aus der Umwelt-, Branchen-, Markt- und Unternehmensanalyse gehen die strategischen Erfolgsfaktoren für mittelständische Bauunternehmen hervor. Mit der Kenntnis der strategischen Erfolgsfaktoren sind jedoch noch keine Strategien für ein Unternehmen entwickelt; ihre dokumentierten Ausprägungen in Form von Chancen und Risiken der Umweltentwicklung bzw. Stärken und Schwächen des Unternehmens dienen vielmehr als Datenbasis für die Strategienformulierung in mittelständischen Bauunternehmen.

Eine Strategieformulierung kann in mittelständischen Bauunternehmen u.a. mit Hilfe einer SWOT-Analyse (Strengths (S), Weakness (W), Opportunities (O), Threats(T)) durchgeführt werden.[359]

In der SWOT-Analyse werden den Chancen und Risiken der Umweltentwicklung die Stärken und Schwächen des Unternehmens gegenübergestellt. Die Gegenüberstellung der Chancen und Risiken mit den Stärken und Schwächen erfolgt in einer sogenannten SWOT-Matrix. Die SWOT-Matrix ist zweidimensional in eine Umfeld- und eine Unternehmensdimension aufgespannt. Beide Dimensionen sind jeweils in ein positives und negatives Feld unterteilt, was dazu führt, dass sich die Unternehmensdimension in Strengths (Stärken) und Weakness (Schwächen) und die Umweltdimension in Opportunities (Chancen) und Threats (Bedrohungen / Risiken) gliedert.

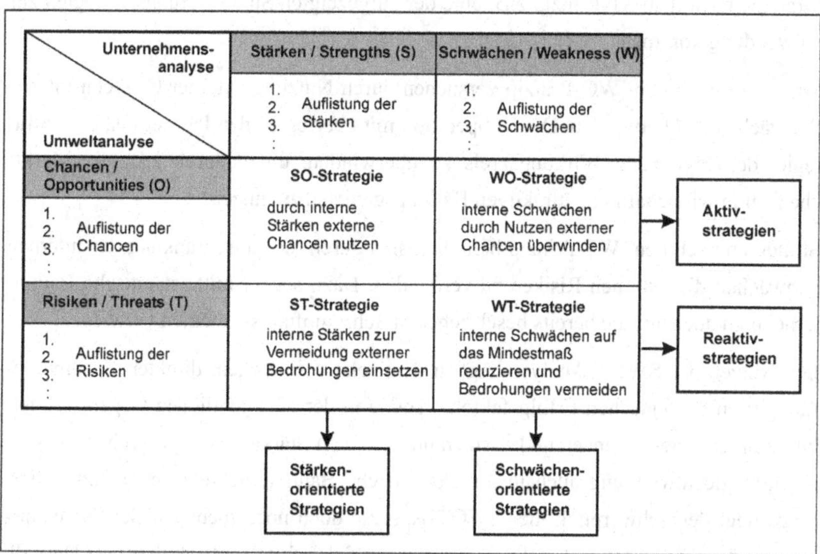

Abbildung 4-22: SWOT-Matrix zur Formulierung unterschiedlicher Strategien[360]

Die SWOT-Matrix, wie sie in Abbildung 4-22 dargestellt wird, beinhaltet die strategischen Erfolgsfaktoren, die man im Zuge der Umwelt-, Branchen-, Markt-, Unternehmensanalyse in mittelständischen Bauunternehmen ermittelt hat. Durch das Zusam-

---

359 Vgl. Horváth, P. & Partners (2006), S. 216 f.

menführen der strategischen Erfolgsfaktoren in der SWOT-Matrix lassen sich vier Grundprinzipien der Strategieentwicklung ableiten, die als Ausgangspunkt zur Strategieformulierung in mittelständischen Bauunternehmen dienen können. Die vier Grundprinzipien der Strategieentwicklung folgen dabei dem Grundsatz, sowohl die Chancen und Stärken zu maximieren als auch Risiken und Schwächen zu minimieren.

So werden bei Strategien nach dem SO-Prinzip die internen Stärken eingesetzt, um externe Chancen zu nutzen. Als typische Strategien auch für mittelständische Bauunternehmen seien hier die bereits darlegten Wachstumsstrategien genannt.

Strategien nach dem ST-Prinzip zielen darauf ab, durch die Nutzung der internen Stärken die externe Risiken abzuwehren. Werden in mittelständischen Bauunternehmen für ein Geschäftsfeld das Erfolgspotential ohne Zuwachs eingeschätzt, so kann als eine Strategie nach dem ST-Prinzip z.B. eine der aufgezeigten Stabilisierungsstrategien zur Anwendung kommen.

Strategien nach dem WO-Prinzip versuchen durch Nutzung externer Chancen interne Schwächen zu überwinden. Die Kooperation mit überregionalen Partnern ist eine Strategie, den regionalen Wirkungskreis zu überwinden, um dadurch z.B. die Marktchancen in wirtschaftlich, attraktiven Ballungsgebieten zu nutzen.

Strategien nach dem WT-Prinzip bemühen sich durch die Einschränkung der internen Schwächen die externen Risiken zu vermeiden. Dazu sei für mittelständische Bauunternehmen auch auf die bereits beschriebenen Schrumpfungsstrategien verwiesen.

Der Nutzen der SWOT-Analyse liegt in dem relativ einfachen, direkten Zusammenführen von strategischen Erfolgsfaktoren sowie in der übersichtlichen Gegenüberstellung von externen Chancen und Risiken und internen Stärken und Schwächen, was eine Strategieentwicklung auch in mittelständische Bauunternehmen untersützt. Allerdings liegt der Schwerpunkt der SWOT-Analyse doch noch mehr auf der Systematisierung der strategischen Erfolgsfaktoren als auf der Strategieformulierung. Deshalb wird ergänzend nachfolgend die Portfolio-Analyse vorgestellt, die ausdrücklich auf Strategienformulierung abzielt.

360 In Anlehnung an Horváth, P. & Partners (2006), S. 217 und Götze, U. / Mikus, B. (1999), S. 57.

4.2.3.7 Portfolio-Analyse

Der Grundgedanke der Portfolio-Analyse ist aus dem finanzwirtschaftlichen Bereich entlehnt, wo der Begriff „Portefeuille" die optimale Mischung von Wertpapieranlagen beschreibt.[361]

Der Grundgedanke einer optimalen Mischung von Wertpapieranlagen wird bei der Portfolio-Analyse sinngemäß so übertragen, dass ein Unternehmen mit mehreren strategischen Geschäftsfeldern eine bestmögliche Mischung dieser Geschäftsfelder anstrebt, um ein optimales Verhältnis von Chancen und Risiken sowie Stärken und Schwächen zu schaffen.

Analog zur SWOT-Analyse bilden die Umwelt-, Branchen-, Markt- und Unternehmensanalyse Datenbasis für eine Portfolio-Analyse in mittelständischen Bauunternehmen, da sie die strategischen Erfolgsfaktoren in Form von Chancen und Risiken der Umweltentwicklung sowie Stärken und Schwächen des Unternehmens liefern.

Diese strategischen Erfolgsfaktoren werden im Rahmen der Portfolio-Analyse jeweils auf zwei möglichst repräsentative Schlüsselfaktoren verdichtet, wovon der eine die Umwelt- und der andere die Unternehmensdimension in einer zweidimensionalen Portfolio-Matrix darstellt.[362] In der Portfolio-Matrix selbst, die in der Regel aus vier oder neun Feldern besteht, werden die einzelnen strategischen Geschäftsfelder durch einen Chancenwert der Umwelt und einen Stärkenwert des Geschäftsfeldes positioniert und in Form von Kreisen eingetragen.[363] Die Größe der Kreise wird entsprechend dem anteiligen Deckungsbeitragsvolumen oder Umsatzanteil bemessen, um die Bedeutung der strategischen Geschäftsfelder für die Ergebnislage des Gesamtunternehmens zu verdeutlichen. Anhand der Position der einzelnen strategischen Geschäftsfelder innerhalb der Portfolio-Matrix lassen sich Unternehmens- bzw. Normstrategien ableiten. Die Normstrategien empfehlen entsprechend der Position eines strategischen Geschäftsfelds im Portfolio, ob dieses auszubauen, zu halten, abzuschöpfen oder aber zu liquidieren ist.

---

361 Vgl. Kreikebaum, H. (1997), S. 74.

362 Vgl. Welge, M.K. / Al-Laham, A. (2003), S. 340.

363 Vgl. Welge, M.K. / Al-Laham, A. (2003), S. 340.

Die verschiedenen Arten von Portfolio-Analysen lassen sich nach den verwendeten Schlüsselfaktoren zur Positionierung der einzelnen Geschäftsfelder unterscheiden. Als bekannteste Arten von Portfolio-Analysen gelten zum einen das Konzept des Marktwachstums-Martkanteils-Portfolio und zum anderen das Konzept des Marktattraktivitäts-Wettbewerbsvorteils-Portfolio.

Im Rahmen des Unternehmenscontrolling in mittelständischen Bauunternehmen wird das Konzept der Marktattraktivitäts-Wettbewerbsvorteil-Portfolio als das geeignetere Portfolio angesehen, da es mit seiner Neun-Felder-Matrix genauere Hinweise über die strategischen Stoßrichtungen des Unternehmens bzw. seiner einzelnen Geschäftsfelder als die Vier-Felder-Matrix des Marktwachstums-Marktanteils-Portfolios geben kann. Zudem handelt es sich beim Marktattraktivitäts-Wettbewerbsvorteils-Portfolio um ein Multifaktoren-Konzept, was eine wesentlich differenziertere Berücksichtigung der strategischen Erfolgsfaktoren als die Verwendung des Marktwachstums-Marktanteils-Portfolios zulässt.[364]

Abbildung 4-23 zeigt ein Beispiel für ein Marktattraktivitäts-Wettbewerbsvorteils-Portfolio für mittelständische Bauunternehmen, dem die Normstrategien des Marktattraktivitäts-Wettbewerbsvorteils-Portfolio zugrunde liegen.

Es muss jedoch darauf hingewiesen werden, dass mittelständische Bauunternehmen in der Regel ein kleines Portfolio von strategischen Geschäftsfelder aufweisen; im Extremfall verfügt ein mittelständisches Bauunternehmen lediglich über ein strategisches Geschäftsfeld, das stellvertretend für das Gesamtunternehmen steht.[365] Aber auch in einem solchen Fall eignet sich das Marktattraktivitäts-Wettbewerbsvorteils-Portfolio zur Darstellung der strategischen Position des Unternehmens und damit zur Ableitung einer Unternehmens- bzw. Normstrategie.

---

364 Das Marktwachstums-Marktanteils-Portfolio basiert auf der Annahme, dass sich die Umweltsituation eines Geschäftsfeldes durch das Marktwachstum und die Unternehmenssituation durch den relativen Marktanteil beschreiben lassen. Damit baut es im wesentlichen auf dem Marktlebenszyklus-Konzept und dem Erfahrungskurven-Konzept auf (vgl. Aeberhard, K. (1996), S. 187).

365 Vgl. Lanz, R. (1992), S. 224.

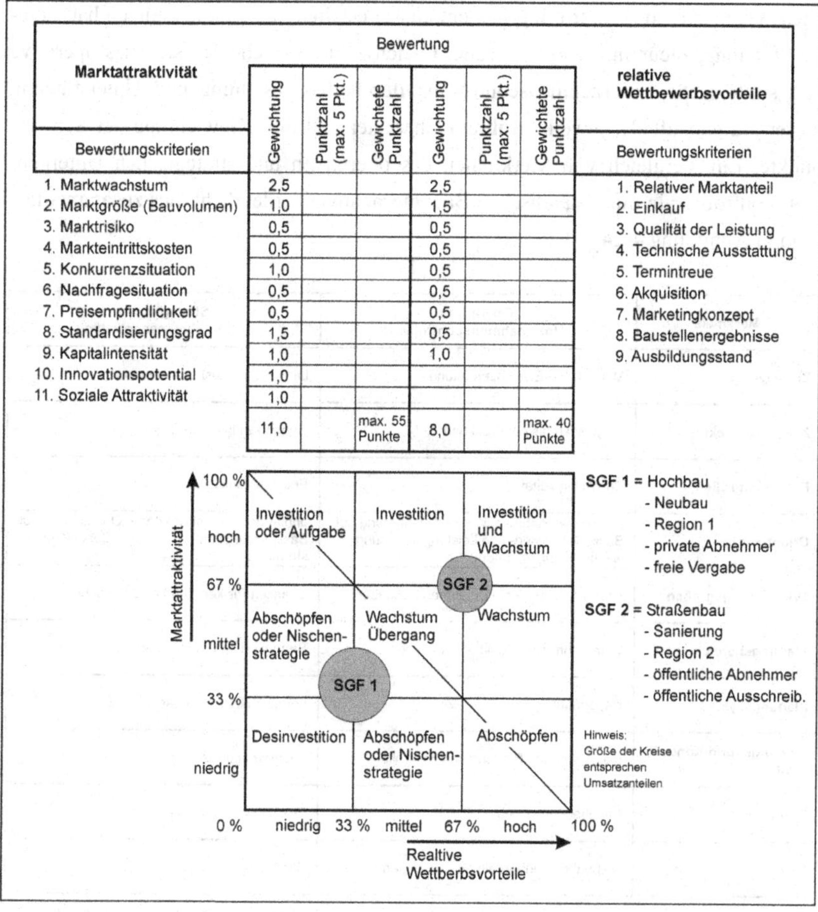

Marktattraktivität – Bewertungskriterien	Gewichtung	Punktzahl (max. 5 Pkt.)	Gewichtete Punktzahl	Gewichtung	Punktzahl (max. 5 Pkt.)	Gewichtete Punktzahl	relative Wettbewerbsvorteile – Bewertungskriterien
1. Marktwachstum	2,5			2,5			1. Relativer Marktanteil
2. Marktgröße (Bauvolumen)	1,0			1,5			2. Einkauf
3. Marktrisiko	0,5			0,5			3. Qualität der Leistung
4. Markteintrittskosten	0,5			0,5			4. Technische Ausstattung
5. Konkurrenzsituation	1,0			0,5			5. Termintreue
6. Nachfragesituation	0,5			0,5			6. Akquisition
7. Preisempfindlichkeit	0,5			0,5			7. Marketingkonzept
8. Standardisierungsgrad	1,5			0,5			8. Baustellenergebnisse
9. Kapitalintensität	1,0			1,0			9. Ausbildungsstand
10. Innovationspotential	1,0						
11. Soziale Attraktivität	1,0						
	11,0		max. 55 Punkte	8,0		max. 40 Punkte	

Abbildung 4-23: Positionierung der strategischen Geschäftsfelder SGF 1 und SGF 2 in der Portfolio-Matrix[366]

4.3 Verzahnung des operativen und strategischen Unternehmenscontrolling in mittelständischen Bauunternehmen

Die vorangegangnen Ausführungen haben gezeigt, dass das operative und das strategische Unternehmenscontrolling in mittelständischen Bauunternehmen formal die glei-

366 In Anlehnung an Diederichs, C.J. (1996b), S. 62 f.

chen Aufgabenfelder controlling-gerecht auszugestalten und zu unterstützen hat, nämlich Planung, Steuerung und Kontrolle. Gleichwohl unterscheiden sich das operative und strategische Unternehmenscontrolling durch die Gestaltung und Unterstützung dieser Aufgabenfelder jeweils in ihrem Charakter und ihrer Gewichtung der Schwerpunkte. Ein Vergleich von Merkmalen des operativen und strategischen Unternehmenscontrolling in mittelständischen Bauunternehmen verdeutlicht dies zusammenfassend in Abbildung 4-24.

Merkmale	Operatives Unternehmenscontrolling	Strategisches Unternehmenscontrolling
Zielsetzung	Mittelfristige Existenzerhaltung	Langfristige Existenzsicherung
Zukunftsaspekt	Gegenwart bis nahe Zukunft	Gegenwart bis ferne Zukunft
Führungsgrößen	Erfolg, Liquidität	Erfolgspotential
Orientierung	primär unternehmensinterne Orientierung auf Basis der Kosten- und Leistungsrechnung sowie der Finanzrechnung	primär unternehmensexterne Orientierung auf Basis strategieunterstützender Controllinginstrumente
Orientierungsgrößen	Kosten/Leistungen, Einnahmen/Ausgaben	Chancen/Risiken, Stärken/Schwächen
Planungsbereich	Unternehmens-, Funktionsbereiche	Strategisches Geschäftsfeld
Planungszyklus	Regelmäßig	unregelmäßig, fallweise
Planungs- und Kontrollgrad	gleichermaßen Planung und Kontrolle	überwiegend Planung
Kontrolle	Feedback-Kontrolle	Feedforward-Kontrolle
Resultat	Maßnahmen innerhalb der Strategien	Strategien

Abbildung 4-24: Vergleich strategisches und operatives Unternehmenscontrolling in mittelständischen Bauunternehmen

Zusammenfassend betrachtet dient also das operative Unternehmenscontrolling im mittelständischen Bauunternehmen der mittelfristigen Existenzerhaltung durch ständige Erfolgsrealisierung und Liquiditätssicherung, während das strategische Unternehmenscontrolling in mittelständischen Bauunternehmen die langfristige Existenzsicherung durch die Erneuerung von Erfolgspotentialen unterstützt.

Beides ist jedoch nur durch ein abgestimmtes Zusammenwirken des operativen und des strategischen Unternehmenscontrolling in mittelständischen Bauunternehmen zu erreichen, da Erfolgsrealisierung und Liquiditätssicherung ebenso der Existenzsicherung dienen, wie bestehende und neue Erfolgspotentiale der Existenzerhaltung. Die Notwendigkeit eines abgestimmten Zusammenwirkens von operativen und strategischen Unternehmenscontrolling in mittelständischen Bauunternehmen ergibt sich somit aus den in Abbildung 2-9 dargestellten Beziehungen von Erfolgspotential, Erfolg und Liquidität.

Das aufeinander abgestimmte Zusammenwirken des operativen und strategischen Unternehmenscontrolling in mittelständischen Bauunternehmen wird über eine Verzahnung des operativen und des strategischen Regelkreises aus Planung, Steuerung und Kontrolle erreicht. Abbildung 4-25 veranschaulicht die Verzahnung des operativen und strategischen Unternehmenscontrolling in mittelständischen Bauunternehmen:

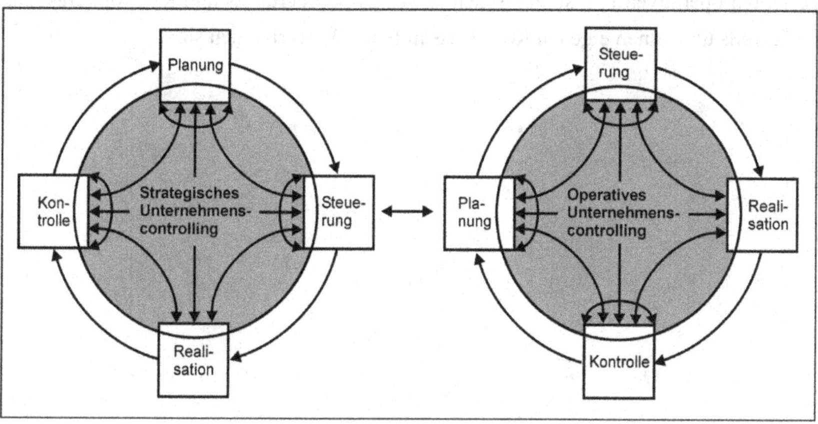

Abbildung 4-25: Verzahnung des strategischen und operativen Unternehmenscontrolling in mittelständischen Bauunternehmen[367]

Die Verzahnung erfolgt zwischen der operativen Planung und der Strategiedurchsetzung als strategische Steuerung. Die im Rahmen der strategischen Planung ausgewählten Strategien bestimmen die operativen Planungen in mittelständischen Bauunternehmen. Gleichzeitig können die ausgewählten Strategien durch die Erkenntnisse aus der operativen Planung auf ihre Durchsetzbarkeit überprüft werden. Hierin ist der Übergang von der Gegensteuerung bei eingetretenen Abweichungen zur Gegensteue-

367 In Anlehnung an Müller, A. (1996), S. 76.

rung bei potentiellen Abweichungen zu sehen. Die verzahnende Wechselwirkung zwischen operativen und strategischen Unternehmenscontrolling verläuft also grundsätzlich in beide Richtungen.

Durch die so sichergestellte Verzahnung des operativen und des strategischen Unternehmenscontrolling in mittelständischen Bauunternehmen wird die Geschlossenheit des Wertschöpfungskreislaufes aus den Führungsgrößen Erfolg, Liquidität und Erfolgspotential hergestellt. Im Sinne eines solchen Wertschöpfungskreislaufes obliegt nunmehr dem Unternehmenscontrolling in mittelständischen Bauunternehmen als originäre Funktion die permanente Lokomotion unternehmerischen Handelns. Die Lokomotionsfunktion vollzieht sich im „laufenden" Controllingbetrieb letztlich über die aktive Unterstützung und Optimierung der in dieser Arbeit als controlling-gerecht vorgestellten operativen und strategischen Planungs-, Steuerungs- und Kontrollaufgaben, die jeweils über einen eigenen Regelkreis miteinander verbunden sind.

5. Betrachtung der eigenen empirischen Untersuchungen in mittelständischen Bauunternehmen im zeitlichen Vergleich

Ausgangspunkt einer theoriegeleiteten, aber zugleich anwendungsbezogenen Entwicklung und Gestaltung eines Unternehmenscontrolling in mittelständischen Bauunternehmen war eine empirische Untersuchung aus dem Jahr 1998 über den Verbreitungsgrad und Entwicklungstand des Unternehmenscontrolling in der untersuchungsrelevanten Unternehmensgrößenklasse von 20 bis 99 Beschäftigten.

Im Rahmen dieser empirischen Untersuchung wurden im Bundesland Hessen die 1.780 Mitgliedsbetriebe des Verband baugewerblicher Unternehmer Hessen e.V. (VBU) mittels eines standardisierten Fragebogens bezüglich der Bedeutung, der Verbreitung und Ausgestaltung eines Unternehmenscontrolling postalisch befragt.

Zum Zeitpunkt der für diese Untersuchung durchgeführten empirischen Erhebung im Jahr 1998 verschärfte sich der starke Strukturwandel, dem das deutsche Bauhauptgewerbe bis heute unterworfen ist, bereits spürbar. Dieser Strukturwandel wirkte sich gerade bei den mittelständischen Bauunternehmen der Unternehmensgrößenklasse von 20 bis 99 Beschäftigten am stärksten aus, was am proportional stärksten feststellbaren Rückgang der Anteile dieser Betriebe bezogen auf die Gesamtzahl der Betriebe im deutschen als auch im hessischen Bauhauptgewerbe abzulesen war.

Es stand daher zu vermuten, dass in einer solchen Situation mittelständische Bauunternehmen betriebswirtschaftliche Instrumente für ein Unternehmenscontrolling bereits in einem solchen Maß einsetzen, dass sie sich dem Strukturwandel zukunftsorientiert anpassen können. Die Auswertungsergebnisse der ersten Erhebung im Jahr 1998 zeigten jedoch, dass bei der Anwendung und der Ausgestaltung der für ein Unternehmenscontrolling benötigten betriebswirtschaftlichen Instrumente bei vielen mittelständischen Bauunternehmen deutliche Defizite festzustellen sind.

Da sich im Zeitraum nach der ersten Erhebung der Strukturwandel im deutschen Bauhauptgewerbe noch erheblich verschärfte, was zu einer weiteren Verringerung der Anzahl mittelständischer Bauunternehmen geführt hat, wie Abbildung 5-1 zeigt, war es erforderlich vor dem Abschluss der vorliegenden Arbeit in einem zeitlichen Vergleich zu untersuchen, ob sich in der untersuchungsrelevanten Unternehmensgrößenklasse die im Jahr 1998 festgestellte Einstellung zur Nutzung eines Unternehmenscontrolling in mittelständischen Bauunternehmen, den Zwängen des Marktes folgend, gewandelt hat.

Daher wurden zum Ende des Jahres 2006, wiederum im Bundesland Hessen, die zu diesem Zeitpunkt 1.227 im VBU organisierten Unternehmen erneut mittels eines Fragebogens befragt, der identisch mit dem Fragbogen der Erhebung aus dem Jahr 1998 war.

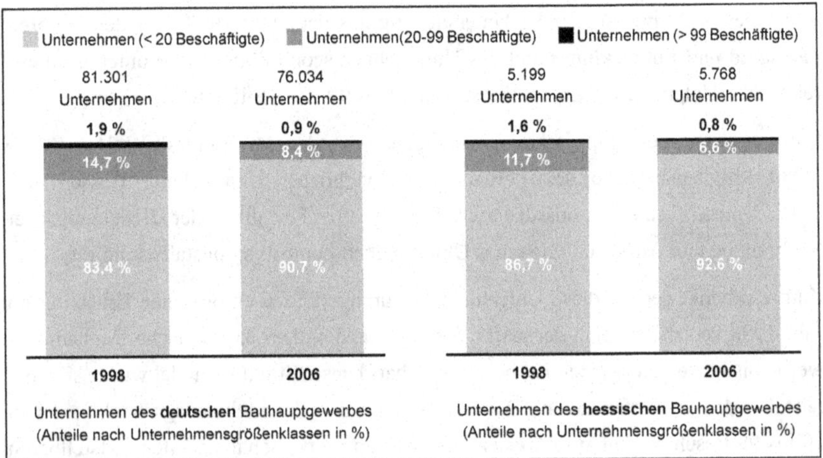

Abbildung 5-1: Anteile der Unternehmensgrößenklassen am Bauhauptgewerbe 1998 und 2006[368]

Hierzu wurden im Oktober 2006 noch einmal an alle Mitgliedsbetriebe des VBU der neunseitiger Fragebogen postalisch verschickt. Die angeschriebenen Mitgliedsbetriebe wurden gebeten, den Fragebogen innerhalb von drei Wochen ausgefüllt an den VBU zurückzusenden.

Von den angeschriebenen Mitgliedsbetrieben des VBU, die hier zugleich als Grundgesamtheit der Erhebung im Jahr 2006 gelten, wurden 54 Fragebögen qualifiziert ausgefüllt und zurückgeschickt. Dieser Rücklauf entspricht einer Rücklaufquote von rund 4 % der Grundgesamtheit; er bildet den Stichprobenumfang der Erhebung im Jahr 2006 ab.

Wie im Jahr 1998 haben im Vergleich zur Grundgesamtheit in der Stichprobe 2006 auch die größeren Bauunternehmen tendenziell häufiger als die kleineren Bauunternehmen geantwortet, was Tabelle 1-2 zeigt.

368 Vgl. Zentralverband des deutschen Baugewerbes (Hrsg., 1999), S. 165, Zentralverband des Deutschen Baugewerbes e.V. (Hrsg., 2007), S. 53 und Verband baugewerblicher Unternehmer Hessen e.V. (Hrsg., 2006), S. 1.

Es liegt folglich auch im Jahr 2006 die Vermutung nahe, dass der Fragebogen vornehmlich von solchen Bauunternehmen ausgefüllt und zurückgeschickt wurde, die dem Untersuchungsthema Unternehmenscontrolling in mittelständischen Bauunternehmen aufgeschlossen gegenüberstehen (Positivauslese).

Aufgrund dieser im Verhältnis zur Grundgesamtheit abweichenden Beteiligung von größeren Bauunternehmen kann der eigenen empirischen Erhebung im Jahr 2006 ebenfalls keine Repräsentativität unterstellt werden, da der Stichprobenumfang eine andere Struktur als die Grundgesamtheit im Hinblick auf die Unternehmensgrößeklasse nach Beschäftigten aufweist.

Auch wenn weder die Grundgesamtheit und der Stichprobenumfang aus den zwei eigenen empirischen Erhebungen gleich sind, noch die Repräsentativität durch diese empirischen Erhebungen gewährleistet werden kann, erlauben die Ergebnisse der eigenen empirischen Erhebungen aus den Jahren 1998 und 2006 Vergleiche, die durchaus Hinweise auf Veränderungen im Zeitverlauf der vorliegenden Arbeit geben können und zwar in bezug auf:

- das Erscheinungsbild von mittelständischen Bauunternehmen,
- den Stellenwert und Umsetzung des Controlling in mittelständischen Bauunternehmen,
- die Bedeutung und Verbreitung der Führungsinstrumente des baubetrieblichen Rechnungswesens in mittelständischen Bauunternehmen,
- das baubetriebliche Rechnungswesen als Informationsbasis für das Unternehmenscontrolling in mittelständischen Bauunternehmen.

5.1 Erscheinungsbild von mittelständischen Bauunternehmen

Wie auch im Jahr 1998 weist das deutsche Bauhauptgewerbe in 2006 mit seinen 76.034 Betrieben und 729.062 Beschäftigten und das hessische Bauhauptgewerbe mit seinen 5.768 Betrieben und 47.128 Beschäftigten immer noch eine kleinbetriebliche Struktur auf. Tabelle 5-1 zeigt die Struktur im deutschen und hessischen Bauhauptgewerbe im Jahr 2006.

Diese kleinbetriebliche Struktur hat sich im hessischen Bauhauptgewerbe im Zeitraum zwischen den beiden Erhebungen verstärkt; wurden im Jahr 1998 schon 5.199 Betriebe mit 66.810 Beschäftigten im hessischen Bauhauptgewerbe gezählt, so hat sich deren

Anzahl bis zum Jahr 2006 um 569 (≅ + 10,9 %) auf 5.768 Betriebe erhöht, wobei aber die Beschäftigtenzahl um 19.682 (≅ - 29,5 %) auf 47.128 gesunken ist.

Bauhauptgewerbe 2006	Betriebe 2006				Beschäftigte 2006			
Unternehmensgrößeklasse nach Beschäftigten	Deutschland		Hessen		Deutschland		Hessen	
	abs.	in %	abs.	in %	abs.	in %	abs.	in %
< 20	68.910	90,7	5.340	92,6	347.703	47,7	23.834	50,6
20 – 99	6.404	8,4	382	6,6	242.593	33,3	14.343	30,4
> 99	720	0,9	46	0,8	138.766	19,0	8.951	19,0
Σ	76.034	100,0	5.768	100,0	729.062	100,0	47.128	100,0

Tabelle 5-1: Struktur im deutschen und hessischen Bauhauptgewerbe 2006[369]

Diese Entwicklung ist gerade für die mittelständischen Bauunternehmen um so folgenschwerer, als dass gerade die hier untersuchungsrelevante Unternehmensgrößenklasse mit 20 bis 99 Beschäftigten seit dem Jahr 1998 überproportional Anteile an der Gesamtzahl der Betriebe verloren hat.

Während im Jahr 1998 zu den mittelständischen Bauunternehmen mit 20 bis 99 Beschäftigten bundesweit 11.982 (hessenweit 610) Betriebe zählten, wurden in 2006 bundesweit nur noch 6.404 (hessenweit 382) Betriebe statistisch erfasst.

Bezogen auf die Gesamtzahl der Betriebe im Bauhauptgewerbe ist der Anteil der mittelständischen Bauunternehmen der Unternehmensgrößenklasse 20 bis 99 Beschäftigte proportional am stärksten zurückgegangen.

Lag im Jahr 1998 dieser Anteil bundesweit noch bei 14,7 % (hessenweit 11,7 %), so konnte im Jahr 2006 bundesweit nur noch ein Anteil von 8,4 % (hessenweit 6,6 %) dieser Unternehmensgrößenklasse bezogen die Gesamtzahl der Betriebe im Bauhauptgewerbe erfasst werden; seit dem Jahr 1998 hat sich durch den Strukturwandel in der Bauwirtschaft somit eine Verschiebung der Unternehmensgrößenstruktur zugunsten der kleineren Unternehmensgrößengruppe vollzogen.

Gleichwohl hat sich diese Verschiebung der Unternehmensgrößenstruktur nicht sonderlich auf das Erscheinungsbild von mittelständischen Bauunternehmen im Jahr 2006 ausgewirkt, das aus den erhobenen Strukturdaten entworfen werden kann. In Tabelle 5-2 werden die entworfenen Erscheinungsbilder von mittelständischen Bauunternehmen aus den Jahren 1998 und 2006 gegenübergestellt.

369 Vgl. Zentralverband des Deutschen Baugewerbes e.V. (Hrsg., 2007), S. 53 und Verband baugewerblicher Unternehmer Hessen e.V. (Hrsg., 2006), S. 1 f.

Wesens- und Strukturmerkmale	Unternehmensgrößenklasse nach Beschäftigten					
	20 - 99			20 - 99		
	Untersuchung 2006			Untersuchung 1998		
Rechtsform	GmbH & Co.KG			GmbH & Co.KG		
	abs.	abs.	in %	abs.	abs.	in %
	26	11	42,3	67	25	37,3
Ø Anzahl Mitarbeiter	≅ 44			≅ 42		
davon Ø gewerbliche Mitarbeiter	≅ 36			≅ 36		
davon Ø technische Angestellte	≅ 5			≅ 3		
davon Ø kaufmännische Angestellte	≅ 4			≅ 3		
Jahresumsatz (EUR)	1 ≤ x ≤ 5 Mio.			1 ≤ x ≤ 5 Mio.		
	abs.	abs.	in %	abs.	abs.	in %
	26	18	69,2	67	49	73,3
Verteilung Jahresumsatz						
Ø auf öffentliche Hand	43,8 %			33,8 %		
Ø auf privater Wohnungsbau	26,8 %			26,3 %		
Ø auf gewerblicher Wohnungsbau	6,4 %			16,2 %		
Ø auf Industrie & Wirtschaft	23,0 %			23,7 %		
Wirkungskreis	25 ≤ x ≤ 50 km			25 ≤ x ≤ 50 km		
	abs.	abs.	in %	abs.	abs.	in %
	26	10	38,5	66	36	54,5
Ø Angebotserfolgsquote	18,0 %			18,5 %		
Spartenanzahl	> 1			> 1		
	abs.	abs.	in %	abs.	abs.	in %
	26	14	70	59	31	52,5

Tabelle 5-2: Erscheinungsbild mittelständischer Bauunternehmen in den Stichproben 2006 und 1998

5.2 Stellenwert und Umsetzung des Controlling in mittelständischen Bauunternehmen

Analog zur Erhebung im Jahr 1998 gibt bei der Erhebung im Jahr 2006 die Mehrzahl (20 ≅ 76,9 %) der antwortenden mittelständischen Bauunternehmen an, noch immer einen niedrigen bis mittleren Kenntnisstand im Hinblick auf das Themenfeld Controlling zu haben.

Auch wird die Bedeutung von Controlling offensichtlich noch immer in den mittelständischen Bauunternehmen unterschätzt. Wurden im Jahr 1998 von rund 34 % (23 ≅ 34,3 %) der Antwort gebenden mittelständischen Bauunternehmen dem Controlling eine hohe bis sehr hohe Bedeutung eingeräumt, so hat auch im Jahr 2006 das Controlling nur bei etwa 39 % (10 ≅ 38,5 %) der antwortenden mittelständischen Bauunternehmen einen hohen bis sehr hohen Stellenwert.

Gleichwohl wird bei der Erhebung im Jahr 2006 von fast drei Viertel (19 ≅ 73,1 %) der antwortenden mittelständischen Bauunternehmen angegeben, dass in ihrem Unternehmen über die Einführung bzw. Umsetzung von Controlling diskutiert wird; bei der Erhebung im Jahr 1998 antwortete noch fast jedes zweite (27 ≅ 40,3 %) der mittelständischen Bauunternehmen, dass es sich nicht mit der Einführung bzw. Umsetzung von Controlling beschäftigt.

Als Hauptgrund für den Einsatz von Controlling wird in den mittelständischen Bauunternehmen mehrheitlich sowohl bei der Erhebung 1998 (38 ≅ 69,1 %) als auch 2006 (18 ≅ 60,3 %) der Grund genannt, das der Kosten-/Leistungsdruck dies erforderlich macht.

In Anbetracht der Tatsache, dass aber bei der Erhebung 1998 (53 ≅ 79,1 %) und 2006 (20 ≅ 76,9 %) etwa drei Viertel der mittelständischen Bauunternehmen ihren Kenntnisstand in bezug auf Controlling als sehr gering bis mittel einschätzen, liegt die Vermutung nahe, dass immer noch zu wenig controllingbezogene Vorkenntnisse in den mittelständischen Bauunternehmen vorhanden sind. Ausgehen davon erscheint die Beschäftigung mit den Grundlagen zum Controlling für mittelständische Bauunternehmen immer noch als unerlässlich.

In den nachfolgenden Tabellen werden die Ausführungen zum Stellenwert und Umsetzung des Controlling in mittelständischen Bauunternehmen ergänzend veranschaulicht, indem die diesbezüglichen Ergebnisse der zwei eigenen empirischen Erhebungen aus den Jahren 1998 und 2006 gegenübergestellt und daraus resultierende Veränderungen im zeitlichen Vergleich aufgezeigt werden:

Was verbinden Sie mit dem Begriff Controlling?	Unternehmensgrößenklasse nach Beschäftigten				Veränderung zu 1998
	20 - 99		20 - 99		
	Untersuchung 2006		Untersuchung 1998		
Antwort gebende Unternehmen	abs.	in %	abs.	in %	
	26	100,0	67	100,0	
Anzahl Nennungen	abs.	in %	abs.	in %	in %-Punkte
Planung	14	16,9	38	21,6	-4,7
Kontrolle	22	26,5	50	28,4	-1,9
Organisation	21	25,3	41	23,3	2,0
Leitung	11	13,3	24	13,6	-0,4
Informationsversorgung	13	15,7	19	10,8	4,9
Sonstiges	2	2,4	4	2,3	0,1
Σ	83	100,0	176	100,0	

Tabelle 5-3: Begriffsverständnis Controlling in den Stichproben 2006 und 1998 im zeitlichen Vergleich

Woher erhalten Sie Informationen zum Themenfeld Controlling?	Unternehmensgrößenklasse nach Beschäftigten				Veränderung zu 1998
	20 - 99		20 - 99		
	Untersuchung 2006		Untersuchung 1998		
Antwort gebende Unternehmen	abs.	in %	abs.	in %	
	26	100,0	67	100,0	
Anzahl Nennungen	abs.	in %	abs.	in %	in %-Punkte
andere Unternehmen	6	12,5	3	2,5	10,0
Fachzeitschriften	12	25,0	46	38,3	-13,3
Verbandsmitteilungen	17	35,4	41	34,2	1,3
Aus-/Fortbildung	10	20,8	22	18,3	2,5
keine Information	2	4,2	4	3,3	0,8
Sonstiges	1	2,1	4	3,3	-1,3
Σ	48	100,0	120	100,0	

Tabelle 5-4: Informationsquellen zum Controlling in den Stichproben 2006 und 1998 im zeitlichen Vergleich

Wie stufen Sie den Kenntnisstand zum Thema Controlling in Ihrem Baubetrieb ein?	Unternehmensgrößenklasse nach Beschäftigten				Veränderung zu 1998
	20 - 99		20 - 99		
	Untersuchung 2006		Untersuchung 1998		
	abs.	in %	abs.	in %	in %-Punkte
sehr gering	2	7,7	5	7,5	0,2
gering	4	15,4	15	22,4	-7,0
mittel	14	53,8	33	49,3	4,6
hoch	4	15,4	11	16,4	-1,0
sehr hoch	2	7,7	3	4,5	3,2
Σ	26	100,0	67	100,0	

Tabelle 5-5: Kenntnisstand Controlling in den Stichproben 2006 und 1998 im zeitlichen Vergleich

Welche Bedeutung hat Controlling in Ihrem Bauunternehmen?	Unternehmensgrößenklasse nach Beschäftigten				Veränderung zu 1998
	20 - 99		20 - 99		
	Untersuchung 2006		Untersuchung 1998		
	abs.	in %	abs.	in %	in %-Punkte
sehr gering	3	11,5	5	7,5	4,1
gering	4	15,4	16	23,9	-8,5
mittel	9	34,6	23	34,3	0,3
hoch	6	23,1	15	22,4	0,7
sehr hoch	4	15,4	8	11,9	3,4
Σ	26	100,0	67	100,0	

Tabelle 5-6: Bedeutung Controlling in den Stichproben 2006 und 1998 im zeitlichen Vergleich

Wird in Ihrem Bauunternehmen über die Einführung bzw. Umsetzung von Controlling diskutiert?	Unternehmensgrößenklasse nach Beschäftigten				Veränderung zu 1998
	20 - 99		20 - 99		
	Untersuchung 2006		Untersuchung 1998		
	abs.	in %	abs.	in %	in %-Punkte
ja	19	73,1	40	59,7	13,4
nein	7	26,9	27	40,3	-13,4
Σ	26	100,0	67	100,0	

Tabelle 5-7: Nutzung von Controlling in den Stichproben 2006 und 1998 im zeitlichen Vergleich

Wird in Ihrem Bauunternehmen über die Einführung bzw. Umsetzung von Controlling diskutiert? Ja, seit:	Unternehmensgrößenklasse nach Beschäftigten				Veränderung zu 1998
	20 - 99		20 - 99		
	Untersuchung 2006		Untersuchung 1998		
	abs.	in %	abs.	in %	in %-Punkte
< 2 Jahre	1	5,6	5	13,9	-8,3
2 - 5 Jahre	4	22,2	21	58,3	-36,1
> 5 Jahre	13	72,2	10	27,8	44,4
Σ	18	100,0	36	100,0	

Tabelle 5-8: Zeitraum der Nutzung von Controlling in den Stichproben 2006 und 1998 im zeitlichen Vergleich

Auf welche Gründe führen Sie die Notwendigkeit der Einführung bzw. Umsetzung von Controlling in Ihrem Bauunternehmen zurück?	Unternehmensgrößenklasse nach Beschäftigten				Veränderung zu 1998
	20 - 99		20 - 99		
	Untersuchung 2006		Untersuchung 1998		
Antwort gebende Unternehmen	abs.	in %	abs.	in %	
	19	100,0	40	100,0	
Anzahl Nennungen	abs.	in %	abs.	in %	in %-Punkte
Informationsdefizit	8	26,7	13	23,6	3,0
Kosten-/Leistungsdruck	18	60,0	38	69,1	-9,1
stagnierende Nachfrage	4	13,3	4	7,3	6,1
Σ	30	100,0	55	100,0	

Tabelle 5-9: Gründe für die Nutzung von Controlling in den Stichproben 2006 und 1998 im zeitlichen Vergleich

Welche Gründe sprechen dafür, dass in Ihrem Baubetrieb die Einführung bzw. Umsetzung von Controlling abgelehnt wurde?	Unternehmensgrößenklasse nach Beschäftigten				Veränderung zu 1998
	20 - 99		20 - 99		
	Untersuchung 2006		Untersuchung 1998		
Antwort gebende Unternehmen	abs.	in %	abs.	in %	
	19	100,0	27	100,0	
Anzahl Nennungen	abs.	in %	abs.	in %	in %
fehlende fachliche Voraussetzungen	4	30,8	8	26,7	4,1
fehlende techn. Voraussetzungen	3	23,1	4	13,3	9,7
keine wesentliche Vorteile	3	23,1	12	40,0	-16,9
finanzielle Erwägungen	3	23,1	6	20,0	3,1
Σ	13	100,0	30	100,0	

Tabelle 5-10: Gründe für die Nicht-Nutzung von Controlling in den Stichproben 2006 und 1998 im zeitlichen Vergleich

5.3 Verbreitung der Führungsinstrumente des baubetrieblichen Rechnungswesens in mittelständischen Bauunternehmen

In bezug auf die Finanzbuchhaltung als erstes der betrachteten Führungsinstrumente des baubetrieblichen Rechnungswesens zeigt der Vergleich der Erhebungsergebnisse aus den Jahren 1998 (39 ≅ 58,2 %) und 2006 (18 ≅ 69,2 %), dass in den mittelständischen Bauunternehmen die notwendigen buchhalterischen Aufgaben inzwischen bei mehr Unternehmen eigenverantwortlich wahrgenommen werden. Allerdings geben im Jahr 2006 noch fast zwei Drittel der antwortenden mittelständischen Bauunternehmen (16 ≅ 61,5 %) an, über keine tagfertige Buchführung zu verfügen; die tagfertige Buchführung bildete in den antwortenden mittelständischen Bauunternehmen auch schon im Jahr 1998 die Ausnahme (17 ≅ 25,8 %).

Als Zeitrückstand der Finanzbuchhaltung geben die meisten mittelständischen Bauunternehmen im Jahr 1998 (21 ≅ 46,7 %) und 2006 (9 ≅ 56,3 %) einen Zeitraum von vier bis acht Wochen an. Überdies benötigen sowohl im Jahr 1998 (38 ≅ 59,6 %) als auch im Jahr 2006 (15 ≅ 57,7 %) mehr als die Hälfte der Antwort gebenden mittelständischen Bauunternehmen für die Erstellung ihres Jahresabschlusses länger als sechs Monate nach dem Geschäftsjahresende.

Die vorstehenden Erhebungsergebnisse verdeutlichen, dass in einem großen Teil der Antwort gebenden mittelständischen Bauunternehmen fortwährend die Bereitstellung von Informationen für eine kurz- und mittelfristige Steuerung des betrieblichen Handelns mittels der Finanzbuchhaltung nur stark eingeschränkt vorhanden ist und das hierzu benötigte Zahlenmaterial von fehlender Aktualität bestimmt wird.

Im Rahmen der Kosten- und Leistungsrechnung als zweites der betrachteten Führungsinstrumente des baubetrieblichen Rechnungswesens, verfügen zwar im Jahr 2006 (15 ≅ 57,7 %) im Verhältnis mehr mittelständische Bauunternehmen über eine Baubetriebsrechnung als im Jahr 1998 (32 ≅ 48,5 %), dennoch verzichten im Jahr 2006 immer noch 42 % (11 ≅ 42,3 %) der Antwort gebenden mittelständischen Bauunternehmen auf diese unternehmensbezogene Kontrollrechnung; dieser Verzicht wirkt sich nicht nur nachteilig auf die Unternehmenssteuerung aus, sondern erhöht zusätzlich das Kalkulationsrisiko bei der projektbezogenen Errechnung eines Angebotspreise aus. So überrascht auch nicht das Ergebnis der Erhebung im Jahr 2006, dass in den Antwort gebenden mittelständischen Bauunternehmen immer noch überwiegend die Erfahrungs- und Schätzwerte (54 ≅ 83,1 %) als Datenbasis für ihre Preisermittlung von Bauvorhaben genannt werden.

Dieser Umstand ist mit dem Erhebungsergebnis im Jahr 1998 (122 ≅ 85,3 %) im Verhältnis fast deckungsgleich. Demgemäss agieren viele der Antwort gebenden mittelständischen Bauunternehmen sowohl im Jahr 1998 als auch im Jahr 2006 nur als Preisanpasser, ohne dabei die betriebseigenen Kalkulationsspielräume zu kennen.

Im bezug auf die Finanzrechnung als drittes der betrachteten Führungsinstrumente des baubetrieblichen Rechnungswesens zeigt ein Vergleich der Erhebungsergebnisse der Jahre 1998 und 2006, dass im Jahr 2006 (10 ≅ 34,4 %) im Verhältnis sogar eine etwas höhere Anzahl Antwort gebende mittelständische Bauunternehmen auf den Einsatz von Finanzplänen zur Ermittlung der Zahlungsbereitschaft verzichten als im Jahr 1998 (18 ≅ 23,1 %).

Daraus kann geschlossen werden, dass immer noch in vielen der befragten mittelständischen Bauunternehmen diese notwendigen und wichtigen Methoden zur Aufrechterhaltung der Zahlungsfähigkeit offenssichtlich weiterhin nicht bekannt sind.

Nachfolgend werden die Ausführungen zur Verbreitung der Führungsinstrumente des baubetrieblichen Rechnungswesens in mittelständischen Bauunternehmen ergänzend veranschaulicht, indem in folgenden Tabellen die diesbezüglichen Ergebnisse der beiden eigenen empirischen Erhebungen aus den Jahren 1998 und 2006 gegenübergestellt und dabei festgestellte Veränderungen im zeitlichen Vergleich aufgezeigt werden.

Ist die Finanzbuchhaltung Ihres Bauunternehmens auf einen externen Dienstleister ausgelagert?	Unternehmensgrößenklasse nach Beschäftigten				Veränderung zu 1998
	20 - 99		20 - 99		
	Untersuchung 2006		Untersuchung 1998		
	abs.	in %	abs.	in %	in %-Punkte
ja	8	30,8	28	41,8	-11,0
nein	18	69,2	39	58,2	11,0
Σ	26	100,0	67	100,0	

Tabelle 5-11: Auslagerung der Finanzbuchhaltung in den Stichproben 2006 und 1998 im zeitlichen Vergleich

Ist die Finanzbuchhaltung Ihres Bauunternehmens auf einen externen Dienstleister ausgelagert? Ja, sie wird geführt von:	Unternehmensgrößenklasse nach Beschäftigten				Veränderung zu 1998
	20 - 99		20 - 99		
	Untersuchung 2006		Untersuchung 1998		
Antwort gebende Unternehmen	abs.	in %	abs.	in %	
	8	100,0	28	100,0	
Anzahl Nennungen	abs.	in %	abs.	in %	in %-Punkte
Kooperation (andere Unternehmen)	3	30,0	0	0,0	30,0
Rechenzentrum	3	30,0	8	27,6	2,4
Steuerberater	4	40,0	21	72,4	-32,4
Sonstige	0	0,0	0	0,0	0,0
Σ	10	100,0	29	100,0	

Tabelle 5-12: Externe Dienstleister für die Finanzbuchhaltung in den Stichproben 2006 und 1998 im zeitlichen Vergleich

Warum ist die Finanzbuchhaltung ausgelagert?	Unternehmensgrößenklasse nach Beschäftigten				Veränderung zu 1998
	20 - 99		20 - 99		
	Untersuchung 2006		Untersuchung 1998		
Antwort gebende Unternehmen	abs.	in %	abs.	in %	
	8	100,0	28	100,0	
Anzahl Nennungen	abs.	in %	abs.	in %	in %-Punkte
fehlende fachliche Voraussetzungen	3	33,3	10	33,3	0,0
fehlende techn. Voraussetzungen	2	22,2	6	20,0	2,2
keine wesentliche Vorteile	4	44,4	11	36,7	7,8
finanzielle Erwägungen	0	0,0	3	10,0	-10,0
Σ	9	100,0	30	100,0	

Tabelle 5-13: Gründe für die Auslagerung der Finanzbuchhaltung in den Stichproben 2006 und 1998 im zeitlichen Vergleich

Ist Ihre Finanzbuchhaltung tagfertig und abrufbar?	Unternehmensgrößenklasse nach Beschäftigten				Veränderung zu 1998
	20 - 99		20 - 99		
	Untersuchung 2006		Untersuchung 1998		
	abs.	in %	abs.	in %	in %-Punkte
ja	10	38,5	17	25,8	12,7
nein	16	61,5	49	74,2	-12,7
Σ	26	100,0	66	100,0	

Tabelle 5-14: Abrufbarkeit der Finanzbuchhaltung in den Stichproben 2006 und 1998 im zeitlichen Vergleich

Ist Ihre Finanzbuchhaltung tagfertig und abrufbar? Der Zeitrückstand der Finanzbuchhaltung beträgt:	Unternehmensgrößenklasse nach Beschäftigten				Veränderung zu 1998
	20 - 99		20 - 99		
	Untersuchung 2006		Untersuchung 1998		
	abs.	in %	abs.	in %	in %-Punkte
< 1 Woche	2	12,5	9	20,0	-7,5
1 < x < 4 Wochen	2	12,5	14	31,1	-18,6
4 < x < 8 Wochen	9	56,3	21	46,7	9,6
> 8 Wochen	3	18,8	1	2,2	16,5
Σ	16	100,0	45	100,0	

Tabelle 5-15: Zeitrückstand Finanzbuchhaltung in den Stichproben 2006 und 1998 im zeitlichen Vergleich

Wie viele Monate nach Abschluss des Geschäftsjahres liegt der Jahresabschluss vor?	Unternehmensgrößenklasse nach Beschäftigten				Veränderung zu 1998
	20 - 99		20 - 99		
	Untersuchung 2006		Untersuchung 1998		
	abs.	in %	abs.	in %	in %-Punkte
< 3 Monate	3	11,5	5	7,8	3,7
3 < x < 6 Monate	8	30,8	21	32,8	-2,0
6 < x < 9 Monate	8	30,8	28	43,8	-13,0
9 < x < 12 Monate	7	26,9	10	15,6	11,3
> 12 Monate	0	0,0	0	0,0	0,0
Σ	26	100,0	64	100,0	

Tabelle 5-16: Zeitrückstand Jahresabschluss in den Stichproben 2006 und 1998 im zeitlichen Vergleich

Welche Kalkulationsformen werden während der Auftragsabwicklung verwendet?	Unternehmensgrößenklasse nach Beschäftigten				Veränderung zu 1998
	20 - 99		20 - 99		
	Untersuchung 2006		Untersuchung 1998		
Antwort gebende Unternehmen	abs.	in %	abs.	in %	
	67	100,0	24	100,0	
Anzahl Nennungen	abs.	in %	abs.	in %	in %-Punkte
Angebotskalkulation	16	29,1	67	41,6	-12,5
Auftragskalkulation	3	5,5	8	5,0	0,5
Arbeitskalkulation	3	5,5	13	8,1	-2,6
Nachtragskalkulation	15	27,3	31	19,3	8,0
Nachkalkulation	17	30,9	42	26,1	4,8
Sonstiges	1	1,8	0	0,0	1,8
Σ	55	100,0	161	100,0	

Tabelle 5-17: Nutzung Kalkulationsformen in den Stichproben 2006 und 1998 im zeitlichen Vergleich

Auf welcher Datenbasis beruht in Ihrem Baubetrieb die Angebotskalkulation?	Unternehmensgrößenklasse nach Beschäftigten				Veränderung zu 1998
	20 - 99		20 - 99		
	Untersuchung 2006		Untersuchung 1998		
Antwort gebende Unternehmen	abs.	in %	abs.	in %	
	25	100,0	67	100,0	
Anzahl Nennungen	abs.	in %	abs.	in %	in %-Punkte
Submissionsergebnisse	16	24,6	37	25,9	-1,3
Aufträge aus der Vergangenheit	18	27,7	39	27,3	0,4
Standardgrößen Verband	2	3,1	1	0,7	2,4
Standardisierte Kalkulationsposition	18	27,7	41	28,7	-1,0
Baubetriebsrechnung	11	16,9	21	14,7	2,2
Sonstiges	0	0,0	4	2,8	-2,8
Σ	65	100,0	143	100,0	

Tabelle 5-18: Datenbasis Angebotskalkulation in den Stichproben 2006 und 1998 im zeitlichen Vergleich

Wird nach der Leistungserstellung eine kaufmännische Nachkalkulation erstellt?	Unternehmensgrößenklasse nach Beschäftigten				Veränderung zu 1998
	20 - 99		20 - 99		
	Untersuchung 2006		Untersuchung 1998		
	abs.	in %	abs.	in %	in %-Punkte
ja	21	84,0	57	85,1	-1,1
nein	4	16,0	10	14,9	1,1
Σ	25	100,0	67	100,0	

Tabelle 5-19: Nutzung kaufmännische Nachkalkulation in den Stichproben 2006 und 1998 im zeitlichen Vergleich

Wird nach der Leistungserstellung eine kaufmännische Nachkalkulation erstellt? Ja, nach:	Unternehmensgrößenklasse nach Beschäftigten				Veränderung zu 1998
	20 - 99		20 - 99		
	Untersuchung 2006		Untersuchung 1998		
Antwort gebende Unternehmen	abs.	in %	abs.	in %	
	21	100,0	57	100,0	
Anzahl Nennungen	abs.	in %	abs.	in %	in %-Punkte
Arbeitsvorgang	3	13,0	7	9,2	3,8
Auftragsabschnitt	2	8,7	14	18,4	-9,7
Auftrag	17	73,9	49	64,5	9,4
Sparte	1	4,3	3	3,9	0,4
Sonstiges	0	0,0	3	3,9	-3,9
Σ	23	100,0	76	100,0	

Tabelle 5-20: Differenzierung kaufmännische Nachkalkulation in den Stichproben 2006 und 1998 im zeitlichen Vergleich

Fließen die Ergebnisse des Projekt-Controlling in eine Gesamtbeurteilung des Unternehmens ein?	Unternehmensgrößenklasse nach Beschäftigten				Veränderung zu 1998
	20 - 99		20 - 99		
	Untersuchung 2006		Untersuchung 1998		
	abs.	in %	abs.	in %	in %-Punkte
ja	16	66,7	39	58,2	8,5
nein	8	33,3	28	41,8	-8,5
Σ	24	100,0	67	100,0	

Tabelle 5-21: Nutzung der Ergebnisse des Projekt-Controlling in den Stichproben 2006 und 1998 im zeitlichen Vergleich

Fließen der Ergebnisse des Projekt-Controlling in eine Gesamtbeurteilung des Unternehmens ein? Ja, sie fließen ein in ein(e):	Unternehmensgrößenklasse nach Beschäftigten				Veränderung zu 1998
	20 - 99		20 - 99		
	Untersuchung 2006		Untersuchung 1998		
Antwort gebende Unternehmen	abs.	in %	abs.	in %	
	67	100,0	24	100,0	
Anzahl Nennungen	abs.	in %	abs.	in %	in %-Punkte
Unternehmensplanung	8	36,4	30	51,7	-15,4
Unternehmenscontrolling	10	45,5	23	39,7	5,8
Qualitätsmanagement	1	4,5	4	6,9	-2,4
Sonstiges	3	13,6	1	1,7	11,9
Σ	22	100,0	58	100,0	

Tabelle 5-22: Art der Nutzung Ergebnisse des Projekt-Controlling in den Stichproben 2006 und 1998 im zeitlichen Vergleich

Verfügen Sie über eine betriebsindividuelle Baubetriebsrechnung?	Unternehmensgrößenklasse nach Beschäftigten				Veränderung zu 1998
	20 - 99		20 - 99		
	Untersuchung 2006		Untersuchung 1998		
	abs.	in %	abs.	in %	in %-Punkte
ja	15	57,7	32	48,5	9,2
nein (weiter mit Frage 4.20)	11	42,3	34	51,5	-9,2
Σ	26	100,0	66	100,0	

Tabelle 5-23: Nutzung Baubetriebsrechnung in den Stichproben 2006 und 1998 im zeitlichen Vergleich

Verfügen Sie über eine betriebsindividuelle Baubetriebsrechnung? Ja, seit:	Unternehmensgrößenklasse nach Beschäftigten				Veränderung zu 1998
	20 - 99		20 - 99		
	Untersuchung 2006		Untersuchung 1998		
	abs.	in %	abs.	in %	in %-Punkte
< 2 Jahre	0	0,0	2	8,7	-8,7
2 < x < 5 Jahre	0	0,0	3	13,0	-13,0
> 5 Jahre	14	100,0	18	78,3	21,7
Σ	14	100,0	23	100,0	

Tabelle 5-24: Zeitraum der Nutzung Baubetriebsrechnung in den Stichproben 2006 und 1998 im zeitlichen Vergleich

Erstellen Sie Finanzpläne? Welche Planungszeiträume legen Sie zugrunde?	Unternehmensgrößenklasse nach Beschäftigten				Veränderung zu 1998
	20 - 99		20 - 99		
	Untersuchung 2006		Untersuchung 1998		
Antwort gebende Unternehmen	abs.	in %	abs.	in %	
	26	100,0	65	100,0	
Anzahl Nennungen	abs.	in %	abs.	in %	in %-Punkte
täglicher Finanzplan (1-10 Tage)	5	17,2	16	20,5	-3,3
kurzfristiger Finanzplan (1-12 Mon.)	11	37,9	32	41,0	-3,1
langfristiger Finanzplan (1-5 Jahre)	3	10,3	12	15,4	-5,0
kein Finanzplan	10	34,5	18	23,1	11,4
Σ	29	100,0	78	100,0	

Tabelle 5-25: Nutzung Finanzpläne in den Stichproben 2006 und 1998 im zeitlichen Vergleich

Wie hat sich das Kostenbewusstsein - Ihrer persönlichen Einschätzung nach - in ihrem Bauunternehmen entwickelt?	Unternehmensgrößenklasse nach Beschäftigten				Veränderung zu 1998
	20 - 99		20 - 99		
	Untersuchung 2006		Untersuchung 1998		
	abs.	in %	abs.	in %	in %-Punkte
gesunken	0	0,0	8	11,9	-11,9
gestiegen	15	57,7	42	62,7	-5,0
gleich geblieben	11	42,3	10	14,9	27,4
keine Beurteilung möglich	0	0,0	7	10,4	-10,4
Σ	26	100,0	67	100,0	

Tabelle 5-26: Kostenbewusstsein in den Stichproben 2006 und 1998 im zeitlichen Vergleich

Welche betriebswirtschaftlichen Instrumente setzen Sie derzeit eigenverantwortlich in Ihrem Unternehmen ein?		Unternehmensgrößenklasse nach Beschäftigten				Veränderung zu 1998
		20 - 99		20 - 99		
		Untersuchung 2006		Untersuchung 1998		
		abs.	in %	abs.	in %	in %-Punkte
Finanzbuchhaltung	intensive Nutzung	22	88,0	50	83,3	4,7
	gelegentliche Nutzung	2	8,0	9	15,0	-7,0
	seltene Nutzung	0	0,0	1	1,7	-1,7
	keine Nutzung	1	4,0	0	0,0	4,0
	Σ	25	100,0	60	100,0	
Lohnbuchhaltung	intensive Nutzung	19	76,0	41	69,5	6,5
	gelegentliche Nutzung	3	12,0	13	22,0	-10,0
	seltene Nutzung	2	8,0	4	6,8	1,2
	keine Nutzung	1	4,0	1	1,7	2,3
	Σ	25	100,0	59	100,0	
Anlagenbuchhaltung	intensive Nutzung	6	24,0	13	27,1	-3,1
	gelegentliche Nutzung	6	24,0	10	20,8	3,2
	seltene Nutzung	9	36,0	17	35,4	0,6
	keine Nutzung	4	16,0	8	16,7	-0,7
	Σ	25	100,0	48	100,0	
Bauauftragsrechnung	intensive Nutzung	9	42,9	21	46,7	-3,8
	gelegentliche Nutzung	2	9,5	6	13,3	-3,8
	seltene Nutzung	3	14,3	12	26,7	-12,4
	keine Nutzung	7	33,3	6	13,3	20,0
	Σ	21	100,0	45	100,0	
Deckungsbeitragsrechnung	intensive Nutzung	6	27,3	15	31,9	-4,6
	gelegentliche Nutzung	8	36,4	11	23,4	13,0
	seltene Nutzung	4	18,2	13	27,7	-9,5
	keine Nutzung	4	18,2	8	17,0	1,2
	Σ	22	100,0	47	100,0	
Plankostenrechnung	intensive Nutzung	3	14,3	7	17,9	-3,7
	gelegentliche Nutzung	7	33,3	4	10,3	23,1
	seltene Nutzung	3	14,3	11	28,2	-13,9
	keine Nutzung	8	38,1	17	43,6	-5,5
	Σ	21	100,0	39	100,0	
Soll-/Ist-Vergleich	intensive Nutzung	15	60,0	26	52,0	8,0
	gelegentliche Nutzung	8	32,0	19	38,0	-6,0
	seltene Nutzung	1	4,0	2	4,0	0,0
	keine Nutzung	1	4,0	3	6,0	-2,0
	Σ	25	100,0	50	100,0	

Tabelle 5-27: Nutzung betriebswirtschaftliche Instrumente in den Stichproben 2006 und 1998 im zeitlichen Vergleich (Fortsetzung nachfolgend)

Fortsetzung: Welche betriebswirtschaftlichen Instrumente setzen Sie derzeit eigenverantwortlich in Ihrem Unternehmen ein?		Unternehmensgrößenklasse nach Beschäftigten				Veränderung zu 1998
		20 - 99		20 - 99		
		Untersuchung 2006		Untersuchung 1998		
		abs.	in %	abs.	in %	in %-Punkte
Finanzplan	intensive Nutzung	8	33,3	19	40,4	-7,1
	gelegentliche Nutzung	6	25,0	13	27,7	-2,7
	seltene Nutzung	5	20,8	6	12,8	8,1
	keine Nutzung	5	20,8	9	19,1	1,7
	Σ	24	100,0	47	100,0	
Kapitalflussrechnung	intensive Nutzung	2	9,1	2	4,8	4,3
	gelegentliche Nutzung	5	22,7	8	19,0	3,7
	seltene Nutzung	5	22,7	15	35,7	-13,0
	keine Nutzung	10	45,5	17	40,5	5,0
	Σ	22	100,0	42	100,0	
Investitionsrechnung	intensive Nutzung	2	9,1	5	10,9	-1,8
	gelegentliche Nutzung	5	22,7	13	28,3	-5,5
	seltene Nutzung	8	36,4	14	30,4	5,9
	keine Nutzung	7	31,8	14	30,4	1,4
	Σ	22	100,0	46	100,0	
Kennzahlen	intensive Nutzung	7	29,2	8	17,0	12,1
	gelegentliche Nutzung	9	37,5	21	44,7	-7,2
	seltene Nutzung	5	20,8	14	29,8	-9,0
	keine Nutzung	3	12,5	4	8,5	4,0
	Σ	24	100,0	47	100,0	
Budgetierung	intensive Nutzung	3	13,6	4	10,3	3,4
	gelegentliche Nutzung	6	27,3	6	15,4	11,9
	seltene Nutzung	6	27,3	14	35,9	-8,6
	keine Nutzung	7	31,8	15	38,5	-6,6
	Σ	22	100,0	39	100,0	
Berichtswesen	intensive Nutzung	9	36,0	15	34,1	1,9
	gelegentliche Nutzung	6	24,0	11	25,0	-1,0
	seltene Nutzung	4	16,0	9	20,5	-4,5
	keine Nutzung	6	24,0	9	20,5	3,5
	Σ	25	100,0	44	100,0	
strategische Planungsinstr.	intensive Nutzung	2	10,0	7	14,9	-4,9
	gelegentliche Nutzung	3	15,0	20	42,6	-27,6
	seltene Nutzung	5	25,0	12	25,5	-0,5
	keine Nutzung	10	50,0	8	17,0	33,0
	Σ	20	100,0	47	100,0	

Tabelle 5-27: Nutzung betriebswirtschaftliche Instrumente in den Stichproben 2006 und 1998 im zeitlichen Vergleich (Fortsetzung)

Welche betriebswirtschaftlichen Instrumente setzen Sie derzeit eigenverantwortlich in Ihrem Unternehmen ein? Entwicklungstendenz der Verwendung:		Unternehmensgrößeklasse nach Beschäftigten				Veränderung zu 1998
		20 - 99		20 - 99		
		Untersuchung 2006		Untersuchung 1998		
		abs.	in %	abs.	in %	in %
Finanzbuchhaltung	mehr Nutzung	6	28,6	16	35,6	-7,0
	gleiche Nutzung	15	71,4	27	60,0	11,4
	weniger Nutzung	0	0,0	2	4,4	-4,4
	Σ	21	100,0	45	100,0	
Lohnbuchhaltung	mehr Nutzung	4	20,0	10	23,3	-3,3
	gleiche Nutzung	16	80,0	30	69,8	10,2
	weniger Nutzung	0	0,0	3	7,0	-7,0
	Σ	20	100,0	43	100,0	
Anlagenbuchhaltung	mehr Nutzung	2	10,0	4	11,8	-1,8
	gleiche Nutzung	18	90,0	28	82,4	7,6
	weniger Nutzung	0	0,0	2	5,9	-5,9
	Σ	20	100,0	34	100,0	
Bauauftragsrechnung	mehr Nutzung	3	18,8	10	30,3	-11,6
	gleiche Nutzung	13	81,3	21	63,6	17,6
	weniger Nutzung	0	0,0	2	6,1	-6,1
	Σ	16	100,0	33	100,0	
Deckungsbeitragsrechnung	mehr Nutzung	5	26,3	13	37,1	-10,8
	gleiche Nutzung	14	73,7	20	57,1	16,5
	weniger Nutzung	0	0,0	2	5,7	-5,7
	Σ	19	100,0	35	100,0	
Plankostenrechnung	mehr Nutzung	1	5,9	5	17,2	-11,4
	gleiche Nutzung	16	94,1	22	75,9	18,3
	weniger Nutzung	0	0,0	2	6,9	-6,9
	Σ	17	100,0	29	100,0	
Soll-/Ist-Vergleich	mehr Nutzung	7	35,0	18	50,0	-15,0
	gleiche Nutzung	13	65,0	16	44,4	20,6
	weniger Nutzung	0	0,0	2	5,6	-5,6
	Σ	20	100,0	36	100,0	

Tabelle 5-28: Entwicklungstendenz der Nutzung betriebswirtschaftlicher Instrumente in den Stichproben 2006 und 1998 im zeitlichen Vergleich (Fortsetzung nachfolgend)

Fortsetzung: Welche betriebswirtschaftlichen Instrumente setzen Sie derzeit eigenverantwortlich in Ihrem Unternehmen ein? Entwicklungstendenz der Verwendung:		Unternehmensgrößeklasse nach Beschäftigten				Veränderung zu 1998
		20 - 99		20 - 99		
		Untersuchung 2006		Untersuchung 1998		
		abs.	in %	abs.	in %	in %
Finanzplan	mehr Nutzung	3	14,3	9	27,3	-13,0
	gleiche Nutzung	18	85,7	22	66,7	19,0
	weniger Nutzung	0	0,0	2	6,1	-6,1
	Σ	21	100,0	33	100,0	
Kapitalflußrechnung	mehr Nutzung	1	5,9	5	16,7	-10,8
	gleiche Nutzung	16	94,1	22	73,3	20,8
	weniger Nutzung	0	0,0	3	10,0	-10,0
	Σ	17	100,0	30	100,0	
Investitionsrechnung	mehr Nutzung	2	10,5	9	28,1	-17,6
	gleiche Nutzung	17	89,5	21	65,6	23,8
	weniger Nutzung	0	0,0	2	6,3	-6,3
	Σ	19	100,0	32	100,0	
Kennzahlen	mehr Nutzung	4	21,1	11	30,6	-9,5
	gleiche Nutzung	15	78,9	22	61,1	17,8
	weniger Nutzung	0	0,0	3	8,3	-8,3
	Σ	19	100,0	36	100,0	
Budgetierung	mehr Nutzung	2	10,5	2	6,9	3,6
	gleiche Nutzung	17	89,5	25	86,2	3,3
	weniger Nutzung	0	0,0	2	6,9	-6,9
	Σ	19	100,0	29	100,0	
Berichtswesen	mehr Nutzung	5	25,0	6	20,0	5,0
	gleiche Nutzung	15	75,0	22	73,3	1,7
	weniger Nutzung	0	0,0	2	6,7	-6,7
	Σ	20	100,0	30	100,0	
strategische Planungsinstr.	mehr Nutzung	2	11,8	15	45,5	-33,7
	gleiche Nutzung	15	88,2	17	51,5	36,7
	weniger Nutzung	0	0,0	1	3,0	-3,0
	Σ	17	100,0	33	100,0	

Tabelle 5-28: Entwicklungstendenz der Nutzung betriebswirtschaftlicher Instrumente in den Stichproben 2006 und 1998 im zeitlichen Vergleich (Fortsetzung)

5.4 Das baubetriebliche Rechnungswesen als Informationsbasis für das Unternehmenscontrolling in mittelständischen Bauunternehmen

Vergleicht man die Ergebnisse der beiden Erhebungen aus den Jahren 1998 und 2006 in bezug auf die Ausgestaltung des baubetrieblichen Rechnungswesens als Informationsquelle für das Unternehmenscontrolling in mittelständischen Bauunternehmen, so ergeben sich auch hier kaum Unterschiede. Nur bei einigen wenigen Ergebnissen sind erhebliche Abweichungen zwischen den beiden Untersuchungen feststellbar.

So verwendet zwar die Mehrheit der antwortenden mittelständische Bauunternehmen in Jahren 1998 (42 ≅ 64,6 %) und 2006 (20 ≅ 76,9 %) einen bauspezifischen Kontenrahmen, allerdings können im Jahr 2006 rund 24 % (6 ≅ 23,1 %) der Antwort gebenden mittelständischen Bauunternehmen nicht beurteilen, welcher Kontenrahmen in ihrem Baubetrieb eingesetzt wird. Folglich kann man davon ausgehen, dass im Jahr 2006 in etwa jedem vierten Antwort gebenden mittelständischen Bauunternehmen immer noch bewusst oder unbewusst eine bauspezifische Datenerfassung vernachlässigt wird. Auch führen im Jahr 2006 immer noch rund 36 % (5 ≅ 35,7 %) der antwortenden mittelständischen Bauunternehmen ihre Baubetriebsrechnung mit der Finanzbuchhaltung zusammen in einem Einkreis-System durch; dieses Erhebungsergebnis ist im Verhältnis identisch mit dem Erhebungsergebnis im Jahr 1998 (10 ≅ 35,7 %). Der Nachteil, dass mit dem Einkreis-System innerbetriebliche Bewegungen nicht exakt erfasst werden können, besteht folglich noch in jedem dritten antwortenden mittelständischen Bauunternehmen.

Im Rahmen der Kostenartenrechnung zeigt ein Vergleich der Erhebungsergebnisse der Jahre 1998 und 2006 in bezug auf die Verwendung von kalkulatorischen Kostenarten, dass im Jahr 2006 im Verhältnis mehr Antwort gebende mittelständische Bauunternehmen kalkulatorische Kostenarten im Rahmen ihrer Baubetriebsrechnung als im Jahr 1998 verwenden. Allerdings verzichten im Jahr 2006 nicht wenige der Antwort gebenden mittelständischen Bauunternehmen auf die Berechnung von kalkulatorischen Unternehmerlohn (6 ≅ 42,8 %), kalkulatorischer Miete (4 ≅ 28,6 %), kalkulatorischen Einzelwagnisse (9 ≅ 64,3 %) und kalkulatorischen Zinsen (10 ≅ 71,4 %). Der Verzicht auf diese kalkulatorische Kostenarten im Rahmen der Baubetriebsrechnung erhöht aber in den antwortenden mittelständischen Bauunternehmen insbesondere das Kalkulationsrisiko bezüglich nicht kostendeckender Preise.

Im Hinblick auf Kostenstellenrechnung überwiegt in den antwortenden mittelständischen Bauunternehmen sowohl im Jahr 1998 (19 ≅ 50,0 %) als auch im Jahr 2006 (7 ≅ 43,8 %) die Kostenstellenbildung nach Funktionen. Außerdem führen die antwortenden mittelständischen Bauunternehmen in den Erhebungen 1998 (12 ≅ 36,4 %) und 2006 (11 ≅ 52,4 %) das Kostenstellenumlageverfahren als das bevorzugte Verfahren für eine innerbetriebliche Leistungsverrechnung an. Ein Nachteil des Kostenstellenumlageverfahren besteht aber darin, dass der gegenseitige Leistungsaustausch nicht in ausreichender Weise berücksichtigt wird.

In bezug auf die Kostenträgerstückrechnung (Kalkulation) wird im Jahr 1998 (60 ≅ 78,9 %) und im Jahr 2006 (25 ≅ 78,2 %) die Zuschlagskalkulation auf Lohnbasis oder auf breiter Basis am meisten als das in den antwortenden mittelständischen Bauunternehmen verwendete Kalkulationsverfahren genannt. Also verzichtet eine große Mehrheit der Antwort gebenden mittelständischen Bauunternehmen noch immer auf das aufwendigere, aber genauere Verfahren, der Kalkulation über die Angebotsendsumme.

Was die Leistungsrechnung in den antwortenden mittelständischen Bauunternehmen betrifft, zeigt der Vergleich der Erhebungsergebnisse der Jahre 1998 und 2006, dass im Jahr 2006 (11 ≅ 73,3 %) im Verhältnis weniger Antwort gebende mittelständische Bauunternehmen über eine strukturierte Bauleistungsrechnung als im Jahr 1998 (14 ≅ 50,0 %) verfügen; in den meisten antwortenden mittelständischen Bauunternehmen wird somit auf eine sinnvolle Leistungserfassung verzichtet.

Im Rahmen der Ergebnisrechnung (Erfolgsrechnung) dient in den Antwort gebendenden mittelständischen Bauunternehmen sowohl im Jahr 1998 (27 ≅ 84,4 %) als auch im Jahr 2006 (10 ≅ 76,9 %) allgemein das Gesamtkostenverfahren zur Betriebsergebnisermittlung, wobei im Jahr 2006 (8 ≅ 53,3 %) im Verhälntis mehr antwortende mittelständische Bauunternehmen ihre Betriebsergebnisrechnung wöchentlich oder monatlich erstellen als im Jahr 1998 (12 ≅ 38,7 %).

In bezug auf die Ausgestaltung der Finanzrechnung zeigt der Vergleich der Erhebungsergebnisse der Jahre 1998 und 2006 ebenfalls kaum Unterschiede. So wird die Aufstellung eines Finanzstatus im Jahr 1998 lediglich von jedem fünften (16 ≅ 20,5 %) und im Jahr 2006 von jedem sechsten (5 ≅ 17,2 %) der antwortenden mittelständischen Bauunternehmen durchgeführt. Auch ein kurzfristiger Finanzplan auf Monatsbasis wird im Jahr 1998 nur von 41 % (32 ≅ 41,0 %) und im Jahr 2006 von etwa 38 % (11 ≅ 37,9 %) der Antwort gebenden mittelständischen Bauunternehmen erstellt.

Nachfolgend werden die Ausführungen zur Ausgestaltung des baubetrieblichen Rechnungswesens sowie der Finanzrechnung als Informationsquelle für das Unternehmenscontrolling in mittelständischen Bauunternehmen ergänzend konkretisiert, indem in den folgenden Tabellen die diesbezüglichen Ergebnisse der beiden eigenen empirischen Erhebungen aus den Jahren 1998 und 2006 gegenübergestellt und die sich daraus ergebende Veränderungen im zeitlichen Vergleich dokumentiert werden.

Verfügt Ihre Finanzbuchhaltung über einen nach baubetrieblichen Gesichtspunkten aufgebauten Kontenrahmen?	Unternehmensgrößenklasse nach Beschäftigten				Veränderung zu 1998
	20 - 99		20 - 99		
	Untersuchung 2006		Untersuchung 1998		
	abs.	in %	abs.	in %	in %-Punkte
branchenbezogen	20	76,9	42	64,6	12,3
nicht branchenbezogen	0	0,0	19	29,2	-29,2
keine Beurteilung möglich	6	23,1	4	6,2	16,9
Σ	26	100,0	65	100,0	

Tabelle 5-29: Nutzung branchenbezogene Kontenrahmen in den Stichproben 2006 und 1998 im zeitlichen Vergleich

Verfügt Ihre Finanzbuchhaltung über einen nach baubetrieblichen Gesichtspunkten aufgebauten Kontenrahmen? Ja, branchenbezogen nach:	Unternehmensgrößenklasse nach Beschäftigten				Veränderung zu 1998
	20 - 99		20 - 99		
	Untersuchung 2006		Untersuchung 1998		
	abs.	in %	abs.	in %	in %-Punkte
Datev SKR 03 Bau	6	33,3	15	37,5	-4,2
Datev SKR 04 Bau	0	0,0	6	15,0	-15,0
BKR 87	5	27,8	11	27,5	0,3
MKR Bau	1	5,6	6	15,0	-9,4
Sonstige	6	33,3	2	5,0	28,3
Σ	18	100,0	40	100,0	

Tabelle 5-30: Nutzung bestimmter branchenbezogener Kontenrahmen in den Stichproben 2006 und 1998 im zeitlichen Vergleich

Wie ist die Baubetriebsrechnung mit der Finanzbuchhaltung verbunden?	Unternehmensgrößenklasse nach Beschäftigten				Veränderung zu 1998
	20 - 99		20 - 99		
	Untersuchung 2006		Untersuchung 1998		
	abs.	in %	abs.	in %	in %-Punkte
Ein-Kreissystem	5	35,7	10	35,7	0,0
Zwei-Kreissystem	6	42,9	10	35,7	7,1
Losgelöst	2	14,3	8	28,6	-14,3
Sonstiges	1	7,1	0	0,0	7,1
Σ	14	100,0	28	100,0	

Tabelle 5-31: Schnittstellensystem Finanzbuchhaltung / Baubetriebsrechnung in den Stichproben 2006 und 1998 im zeitlichen Vergleich

Welche kalkulatorischen Kostenarten berücksichtigen Sie in Ihrer Baubetriebsrechnung?	Unternehmensgrößenklasse nach Beschäftigten				Veränderung zu 1998
	20 - 99		20 - 99		
	Untersuchung 2006		Untersuchung 1998		
Antwort gebende Unternehmen	abs.	in %	abs.	in %	
	14	100,0	31	100,0	
Anzahl Nennungen	abs.	in %	abs.	in %	in %-Punkte
kalkulatorischer Unternehmerlohn	8	20,0	16	16,7	3,3
kalkulatorische Abschreibung	12	30,0	30	31,3	-1,3
kalkulatorische Miete	10	25,0	16	16,7	8,3
kalkulatorisches Wagnis	5	12,5	15	15,6	-3,1
Kalkulatorische Zinsen	4	10,0	13	13,5	-3,5
Sonstiges	1	2,5	6	6,3	-3,8
Σ	40	100,0	96	100,0	

Tabelle 5-32: Berücksichtigung kalkulatorischer Kosten in der Baubetriebsrechnung in den Stichproben 2006 und 1998 im zeitlichen Vergleich

Nach welchen Kriterien haben Sie Ihre Kostenstellen gebildet?	Unternehmensgrößenklasse nach Beschäftigten				Veränderung zu 1998
	20 – 99		20 - 99		
	Untersuchung 2006		Untersuchung 1998		
Antwort gebende Unternehmen	abs.	In %	abs.	in %	
	13	100,0	31	100,0	
Anzahl Nennungen	abs.	In %	abs.	in %	in %
rechentechnischen Erwägungen	2	12,5	11	28,9	-16,4
räumlichen Gesichtspunkten	1	6,3	2	5,3	1,0
Funktionen	7	43,8	19	50,0	-6,3
Verantwortungsbereichen	3	18,8	3	7,9	10,9
Sonstige	3	18,8	3	7,9	10,9
Σ	16	100,0	38	100,0	

Tabelle 5-33: Kostenstellenbildung in den Stichproben 2006 und 1998 im zeitlichen Vergleich

Wie werden die Verrechnungspreise angesetzt?	Unternehmensgrößenklasse nach Beschäftigten				Veränderung zu 1998
	20 – 99		20 - 99		
	Untersuchung 2006		Untersuchung 1998		
Antwort gebende Unternehmen	abs.	In %	abs.	in %	
	14	100,0	30	100,0	
Anzahl Nennungen	abs.	In %	abs.	in %	in %-Punkte
Kostenpreis	13	50,0	22	71,0	-21,0
Marktpreis	12	46,2	9	29,0	17,1
anderer Preis	1	3,8	0	0,0	3,8
Σ	26	100,0	31	100,0	

Tabelle 5-34: Art der Nutzung von Verrechnungspreise in der Baubetriebsrechnung in den Stichproben 2006 und 1998 im zeitlichen Vergleich

Welches Verfahren der innerbetrieblichen Leistungsverrechnung setzen Sie ein?	Unternehmensgrößenklasse nach Beschäftigten				Veränderung zu 1998
	20 – 99		20 - 99		
	Untersuchung 2006		Untersuchung 1998		
Antwort gebende Unternehmen	abs.	in %	abs.	in %	
	14	100,0	29	100,0	
Anzahl Nennungen	abs.	in %	abs.	in %	in %-Punkte
Kostenartenverfahren	4	19,0	11	33,3	-14,3
Kostenstellenumlageverfahren	11	52,4	12	36,4	16,0
Kostenträgerverfahren	5	23,8	9	27,3	-3,5
Sonstiges	1	4,8	1	3,0	1,7
Σ	21	100,0	33	100,0	

Tabelle 5-35: Nutzung Verfahren der innerbetrieblichen Leistungsverfahren in den Stichproben 2006 und 1998 im zeitlichen Vergleich

Welches Kalkulationsverfahren verwenden Sie in der Phase der Angebotskalkulation?	Unternehmensgrößenklasse nach Beschäftigten				Veränderung zu 1998
	20 - 99		20 - 99		
	Untersuchung 2006		Untersuchung 1998		
Antwort gebende Unternehmen	abs.	in %	abs.	in %	
	24	100,0	67	100,0	
Anzahl Nennungen	abs.	in %	abs.	in %	in %-Punkte
Zuschlagskalkulation (Lohn)	7	21,9	26	34,2	-12,3
Zuschlagskalkulation (breite Basis)	18	56,3	34	44,7	11,5
Angebotsendsumme	6	18,8	13	17,1	1,6
Sonstiges	1	3,1	3	3,9	-0,8
Σ	32	100,0	76	100,0	

Tabelle 5-36: Nutzung von Kalkulationsverfahren in den Stichproben 2006 und 1998 im zeitlichen Vergleich

Verfügt ihre Bauunternehmung über eine strukturierte Bauleistungsrechnung?	Unternehmensgrößenklasse nach Beschäftigten				Veränderung zu 1998
	20 - 99		20 - 99		
	Untersuchung 2006		Untersuchung 1998		
	abs.	in %	abs.	in %	in %-Punkte
ja	4	26,7	14	50,0	-23,3
nein	11	73,3	14	50,0	23,3
Σ	15	100,0	28	100,0	

Tabelle 5-37: Bauleistungsrechnung in den Stichproben 2006 und 1998 im zeitlichen Vergleich

Verfügt ihre Bauunternehmung über eine strukturierte Bauleistungsrechnung? Ja, nach:	Unternehmensgrößenklasse nach Beschäftigten				Veränderung zu 1998
	20 - 99		20 - 99		
	Untersuchung 2006		Untersuchung 1998		
Antwort gebende Unternehmen	abs.	in %	abs.	in %	
	4	100,0	30	100,0	
Anzahl Nennungen	abs.	in %	abs.	in %	in %-Punkte
Leistungsarten	1	20,0	4	26,7	-6,7
Leistungsstellen	4	80,0	11	73,3	6,7
andere Strukturierung	0	0,0	0	0,0	0,0
Σ	5	100,0	15	100,0	

Tabelle 5-38: Strukturierung Bauleistungsrechnung in den Stichproben 2006 und 1998 im zeitlichen Vergleich

Wie erfolgt die Bewertung der unfertigen Bauleistung in Ihrem Baubetrieb?	Unternehmensgrößenklasse nach Beschäftigten				Veränderung zu 1998
	20 - 99		20 - 99		
	Untersuchung 2006		Untersuchung 1998		
	abs.	in %	abs.	in %	in %-Punkte
progressive Methode	9	64,3	19	63,3	1,0
retrograde Methode	5	35,7	11	36,7	-1,0
Σ	14	100,0	30	100,0	

Tabelle 5-39: Leistungsbewertung innerhalb der Baubetriebsrechnung in den Stichproben 2006 und 1998 im zeitlichen Vergleich

Welches Verfahren verwenden Sie für eine kurzfristige Erfolgsrechnung?	Unternehmensgrößenklasse nach Beschäftigten				Veränderung zu 1998
	20 - 99		20 - 99		
	Untersuchung 2006		Untersuchung 1998		
	abs.	in %	abs.	in %	in %-Punkte
Gesamtkostenverfahren	10	76,9	27	84,4	-7,5
Umsatzkostenverfahren	2	15,4	4	12,5	2,9
Sonstige	1	7,7	1	3,1	4,6
Σ	13	100,0	32	100,0	

Tabelle 5-40: Verfahren zur Erfolgsrechnung in den Stichproben 2006 und 1998 im zeitlichen Vergleich

Wie oft im Jahr erstellen Sie eine kurzfristige Erfolgsrechnung?	Unternehmensgrößenklasse nach Beschäftigten				Veränderung zu 1998
	20 - 99		20 - 99		
	Untersuchung 2006		Untersuchung 1998		
	abs.	in %	abs.	in %	in %-Punkte
wöchentliche Erstellung	0	0,0	1	3,2	-3,2
monatliche Erstellung	8	53,3	11	35,5	17,8
quartalsweise Erstellung	7	46,7	11	35,5	11,2
jährliche Erstellung	0	0,0	8	25,8	-25,8
Σ	15	100,0	31	100,0	

Tabelle 5-41: Intervalle der Erfolgsrechnung in den Stichproben 2006 und 1998 im zeitlichen Vergleich

6. Zusammenfassung

Ziel der Arbeit ist es, unter Berücksichtigung von eigenen empirischen Untersuchungen über den Verbreitungsgrad und Entwicklungstand des Controlling in mittelständischen Bauunternehmen ein Unternehmenscontrolling für diese Unternehmen zu entwickeln und zu gestalten, welches Hilfestellung bei der Anpassung an zukünftige, sich anbahnende Entwicklungen auf den relevanten Märkten und im Unternehmen selbst leistet. Hierbei sind die brachenbedingten Einflüsse auf das Handeln von mittelständischen Bauunternehmen zu berücksichtigen. Zu diesen Einflüssen zählen insbesondere der Preiswettbewerb vor der Produktion beim Absatz der Leistung, die aus der standortgebundenen, prototypischen Einzelfertigung resultierenden produktions- und beschaffungsbedingten Einflüsse sowie die aus der Vorfinanzierungspflicht herrührenden finanzierungsbedingten Einflüsse.

Hierbei wird die Untersuchungsgruppe der mittelständischen Bauunternehmen gegenüber anderen bauausführenden Unternehmen zum einen durch qualitative Kriterien, wie der Unternehmensleitung durch einen Eigentümerunternehmer, die hochgradig personengeprägte Unternehmensstruktur sowie die Überschaubarkeit der Organisationsstruktur dieser Unternehmen und zum anderen quantitativ insbesondere über eine Unternehmensgrößenklasse von 20 bis 99 Beschäftigten abgegrenzt.

Da mittels der empirischen Untersuchungen dieser Arbeit in der Untersuchungsgruppe der mittelständischen Bauunternehmen auf dem Gebiet des Controlling ein Nachholbedarf festgestellt wurde, dort auch keine einheitliche Auffassung zum Begriff Controlling zu bestimmen war und der überwiegende Teil dieser Unternehmen ihren diesbezüglichen Kenntnisstand lediglich als sehr gering bis mittel einschätzten, ist als Basis für das Unternehmenscontrolling in mittelständischen Bauunternehmen ein theoretischer Bezugsrahmen festzulegen. Hierfür ist die Betrachtung verschiedener Controlling-Konzeptionen erforderlich.

Aufgrund der hochgradig personengeprägten Unternehmensstruktur und der Überschaubarkeit der Organisationsstruktur in den eigentümergeführten mittelständischen Bauunternehmen, wird die wertschöpfungsorientierte Controlling-Konzeption nach Becker als geeigneter theoretischer Bezugrahmen für das Unternehmenscontrolling in mittelständischen Bauunternehmen festgelegt.

Entsprechend dieser wertschöpfungsorientierten Controlling-Konzeption obliegt dem Unternehmenscontrolling in mittelständischen Bauunternehmen als originäre Funktion die permanente Lokomotion unternehmerischen Handelns im Sinne eines Wertschöpfungskreislaufes. Dieser Kreislauf setzt sich aus den operativen Führungsgrößen Erfolg, Liquidität und der strategischen Führungsgröße Erfolgspotential zusammen. Die Wahrnehmung der angeführten Lokomotionsfunktion, also das initialisierende Anstoßen sowie das wertschöpfungsorientierte Ausrichten des betrieblichen Handelns, setzt ausdrücklich die begleitende Erfüllung der derivativen Abstimmungs- und Informationsfunktion voraus.

Bei der Erfüllung der derivativen Abstimmungs- und Informationsfunktion in mittelständischen Bauunternehmen ist allerdings davon auszugehen, dass aufgrund der vergleichsweise geringen Anzahl von Beschäftigten in den mittelständischen Bauunternehmen nur eine personenorientierte Abstimmung mittels Weisungen üblich ist und in der Regel nur auf mündliche, sogenannte „weiche" Informationen zurückgegriffen werden kann.

Daher hat das Unternehmenscontrolling in mittelständischen Bauunternehmen vor der Aufnahme des „laufenden" Controllingbetriebs im Sinne der wertschöpfungsorientierten Controlling-Konzeption innerhalb seiner derivativen Abstimmungs- und Informationsfunktion zunächst folgende Voraussetzungen für die Wahrnehmung der originären Lokomotionsfunktion zu schaffen: Das baubetriebliche Rechnungswesen ist als Informationsbasis controlling-gerecht auszurichten. Die mit einer zukunftsorientierten Steuerung der Unternehmenstätigkeit verbundenen Planungs-, Steuerungs- und Kontrollaufgaben sind controlling-gerecht mitzugestalten.

Durch eine controlling-gerechte Gestaltung des baubetrieblichen Rechnungswesens wird die Informationsbasis geschaffen, auf der die zur Steuerung der Unternehmenstätigkeit benötigten Führungsgrößen Erfolg und Liquidität ermittelt werden können. Da aber im Rahmen der eigenen empirischen Untersuchungen bei den mittelständischen Bauunternehmen die, für das baubetriebliche Rechnungswesen benötigten Führungsinstrumente nur lückenhaft festgestellt werden konnten, werden diese Führungsinstrumente, die Unternehmensrechnung, die Kosten- und Leistungsrechnung sowie die Finanzrechnung, vorgestellt. Die controlling-gerechte Gestaltung des baubetrieblichen Rechnungswesens erfordert zudem den Einsatz von weiterführenden entscheidungsorientierten Führungsrechnungen, wie Deckungsbeitrags-, Kennzahlen-, Vergleichsrechnung und Abweichungsanalyse. Hierbei liegt der Schwerpunkt auf der Darstellung der Grundformen der Deckungsbeitragsrechnung sowie auf der Bestimmung von leistungsabhängigen und leistungsunabhängigen Kosten als eine zweckmäßige Kostenauflösung für eine Deckungsbeitragsrechnung in mittelständischen Bauunternehmen.

Zur Ermittlung und Steuerung der Führungsgröße Erfolg benötigt das Unternehmenscontrolling in mittelständischen Bauunternehmen als Informationsquelle eine Kosten- und Leistungsrechnung, die controlling-gerecht in ihren Bestandteilen Kostenarten-, Kostenstellen-, Kostenträger-, Leistungs- und Ergebnisrechnung ausgestaltet ist. Bei der controlling-gerechten Gestaltung der Ergebnisrechnung ist die Betriebsergebnisermittlung auf Vollkostenbasis durch eine Betriebsergebnisermittlung auf Teilkostenbasis zu ergänzen. Nur eine Betriebsergebnisermittlung auf Teilkostenbasis ist in der Lage, den Erfolgsbeitrag von Baustellen und Bausparten in der Rückschau verursachungsgerecht zu ermitteln. Damit liefert sie wertmäßige und zusätzlich entscheidungsorientierte Informationen.

Zur Ermittlung und Steuerung der Führungsgröße Liquidität ist die Finanzrechnung als Informationsquelle für das Unternehmenscontrolling in mittelständischen Bauunternehmen durch kontinuierliche Erstellung von Liquiditätsstati und regelmäßig aufzustellenden kurzfristigen Liquiditätsplänen controlling-gerecht auszugestalten.

Hierbei besitzt diese controlling-gerechte Finanzrechnung jedoch nur einen feststellenden Charakter. Ebenso ist eine controlling-gerechte Kosten- und Leistungsrechnung nur in der Lage, vergangenheitsbezogene wertmäßige und zusätzlich entscheidungsorientierte Informationen zu liefern. Dadurch ist lediglich ein Reagieren, aber kein Agieren mittelständischer Bauunternehmen im Sinne einer Anpassung an zukünftige, sich anbahnende Entwicklungen auf den relevanten Märkten und im Unternehmen selbst möglich.

Damit aber auch mittelständische Bauunternehmen weniger reagierend als vielmehr agierend gesteuert werden können, muss ein Unternehmenscontrolling in mittelständischen Bauunternehmen auch die Planungs-, Steuerungs- und Kontrollaufgaben, die über einen Regelkreis miteinander verbunden sind, controlling-gerecht mitgestalten. Im Hinblick auf die operativen Führungsgrößen Erfolg und Liquidität bzw. auf die strategische Führungsgröße Erfolgspotential wird das operative und das strategische Unternehmenscontrolling in mittelständischen Bauunternehmen durch die Gestaltung der operativen bzw. strategischen Planungs-, Steuerungs- und Kontrollaufgaben abgegrenzt, die jeweils über einen eigenen Regelkreis miteinander verbunden sind.

Die Planungsaufgaben sind im operativen Unternehmenscontrolling in mittelständischen Bauunternehmen marktbezogen derart auszugestalten, dass bezüglich der Führungsgröße Erfolg bei den untereinander vernetzten operativen Einzelplanungen Absatz-, Produktions-, Beschaffungs- und Bereichsplanung mit der Absatzplanung zu beginnen ist. Dies ist damit begründet, dass sich mittelständische Bauunternehmen weitgehend in regionalen, gesättigten Käufermärkten bewegen. Die Planung der Führungsgröße Liquidität wird bestimmt durch die Liquiditätsplanung, die sich aus den anderen operativen Einzelplanungen ableitet.

Die Steuerungsaufgaben im operativen Unternehmenscontrolling in mittelständischen Bauunternehmen sind im Hinblick auf die Führungsgröße Erfolg durch die Bereitstellung von differenzierten Soll-Deckungsbeiträgen für die Angebotskalkulation auszugestalten, die der Beurteilung der Auswirkungen von preispolitischen Maßnahmen auf das geplante Betriebsergebnis dienen. Der Angebotskalkulation kommt im Rahmen dieser Steuerungsaufgaben deshalb eine besondere Bedeutung zu, da diese die wertmäßige Grundlage für den auftragsbezogenen Erfolg oder Misserfolg bildet und letztendlich über den gesamtbetrieblichen Erfolg als Führungsgröße entscheidet. Bei der Angebotskalkulation sind preispolitische Maßnahmen bezüglich ihrer Auswirkungen auf die Führungsgröße Liquidität zu steuern.

Die Kontrollaufgaben im operativen Unternehmenscontrolling in mittelständischen Bauunternehmen in bezug auf die Führungsgrößen Erfolg und Liquidität erfolgen über Soll/Ist-Vergleiche auf Basis der Plan-Werte der operativen Einzelplanung sowie der Ist-Werte aus der controlling-gerechten Kosten- und Leistungsrechnung und aus der Finanzrechnung. Bei diesen Vergleichen festgestellte signifikante Abweichungen müssen eine methodische Abweichungsanalyse zur Folge haben, mit welcher die Abweichungsursachen aufgedeckt werden, um in einem nächsten Schritt Gegensteuerungsmaßnahmen zur Erfolgs- und Liquiditätssicherung einzuleiten.

Während beim operativen Unternehmenscontrolling die mittelfristige Existenzerhaltung von mittelständischen Bauunternehmen durch die Sicherung der Führungsgrößen Erfolg und Liquidität im Vordergrund steht, dient das strategische Unternehmenscontrolling in mittelständischen Bauunternehmen der Erneuerung der Führungsgröße Erfolgspotential zur langfristigen Sicherung der Unternehmensexistenz.

Wie beim operativen Unternehmenscontrolling sind auch beim strategischen Unternehmenscontrolling in mittelständischen Bauunternehmen die mit der zukunftsorientierten Steuerung der Unternehmenstätigkeit verbundenen Planungs-, Steuerungs- und Kontrollaufgaben controlling-gerecht zu gestalten. Der Schwerpunkt liegt hierbei auf der controlling-gerechten Gestaltung der strategischen Planungsaufgaben. Im Rahmen der strategischen Planungsaufgaben sind aus einer Vielzahl von strategischen Optionen für das Handeln von mittelständischen Bauunternehmen geeignete Strategiealternativen mittels strategieunterstützender Controllinginstrumente zu formulieren und daraus eine situationsadäquate Strategie auszuwählen.

Abschließend betrachtet, dient also das operative Unternehmenscontrolling im mittelständischen Bauunternehmen der ständigen Erfolgsrealisierung und Liquiditätssicherung, während das strategische Unternehmenscontrolling in mittelständischen Bauunternehmen die Erneuerung von Erfolgspotentialen unterstützt.

Die Erfolgsrealisierung, die Liquiditätssicherung sowie die Erneuerung von Erfolgspotentialen sind jedoch nur durch ein abgestimmtes Zusammenwirken des operativen und des strategischen Unternehmenscontrolling in mittelständischen Bauunternehmen zu erreichen. Ein abgestimmtes Zusammenwirken des operativen und des strategischen Unternehmenscontrolling in mittelständischen Bauunternehmen wird durch die Verzahnung des operativen und des strategischen Regelkreises aus Planung, Steuerung und Kontrolle erreicht. Hierbei erfolgt die Verzahnung über die operative Planung und die Strategiedurchsetzung als strategische Steuerung. Die im Rahmen der strategischen Planung ausgewählten Strategien bestimmen die operativen Planungen in mittelständischen Bauunternehmen. Gleichzeitig können die ausgewählten Strategien durch die Erkenntnisse aus der operativen Planung auf ihre Durchsetzbarkeit überprüft werden.

Durch die so sichergestellte Verzahnung des operativen und des strategischen Unternehmenscontrolling in mittelständischen Bauunternehmen wird die Geschlossenheit des Wertschöpfungskreislaufes aus den Führungsgrößen Erfolg, Liquidität und Erfolgspotential hergestellt. Im Sinne eines solchen Wertschöpfungskreislaufes obliegt nunmehr dem Unternehmenscontrolling in mittelständischen Bauunternehmen als originäre Funktion die permanente Lokomotion unternehmerischen Handelns. Die Lokomotionsfunktion vollzieht sich im „laufenden“ Controllingbetrieb letztlich über aktive Unterstützung und Optimierung der in dieser Arbeit als controlling-gerecht vorgestellten operativen und strategischen Planungs-, Steuerungs- und Kontrollaufgaben, die jeweils über einen eigenen Regelkreis miteinander verbunden sind.

Da in mittelständischen Bauunternehmen kontinuierliche Defizite beim Unternehmenscontrolling empirisch feststellbar sind, soll diese Arbeit einen theoriegeleiteten und anwendungsbezogenen Rahmen für die Entwicklung und Gestaltung eines Unternehmenscontrolling in mittelständischen Bauunternehmen geben, das Hilfestellung bei der Anpassung an zukünftige, sich anbahnende Entwicklungen auf den relevanten Märkten und im Unternehmen selbst leistet.

Technische Universität Bergakademie Freiberg
Lehrstuhl für Allgemeine Betriebswirtschaftslehre,
insbesondere Baubetriebslehre
Prof. Dr.-Ing. Dipl.-Kfm. Dieter Jacob
Lessingstraße 45
D - 09596 Freiberg

Verantwortung und Durchführung
Diplom-Kaufmann Christian Keidel

**Wissenschaftliche Erhebung der
Technischen Universität Bergakademie Freiberg
mit der Unterstützung des
Verband baugewerblicher Unternehmer Hessen e.V.
zur Untersuchung
„Unternehmenscontrolling in mittelständischen Bauunternehmen"**

Wir bitten um die Rückgabe des ausgefüllten Fragebogens an den Verband baugewerblicher Unternehmer Hessen e.V. in 60439 Frankfurt:

per FAX: (069) 95 809 - ...

oder per Post an die Anschrift: Verband baugewerblicher Unternehmer Hessen e.V.
Emil-von-Behring-Straße 5
60439 Frankfurt am Main

bis spätestens zum: April 1998 (Oktober 2006)

Selbstverständlich werden Ihre Angaben vertraulich behandelt. Alle Angaben werden lediglich in anonymisierter Form in eine statistische, wissenschaftliche Gesamtauswertung eingehen.

Vielen Dank für Ihre Unterstützung.

1. Allgemeine Angaben zum Baubetrieb

1.1 **In welcher Region befindet sich Ihr Bauunternehmen?**

☐ Nordhessen ☐ Mittelhessen ☐ Osthessen ☐ Rhein-Main ☐ Südhessen

1.2 **Bei Ihrem Betrieb handelt es sich um:**

☐ eine Niederlassung eines übergeordneten Bauunternehmens/Baukonzerns

☐ ein selbständiges Bauunternehmen ☐ ohne / ☐ mit folgende(n) Organisationselemente(n):

Organisationselemente:			
☐ Niederlassung(en)	☐ Spartentrennung	☐ Nebenbetrieb(e)	☐ Hilfsbetrieb(e)
☐ Projektierung	☐ Bauträger	☐ Sonstige: ______________	

1.3 **Welche Rechtsform besitzt Ihr bauausführendes Unternehmen?**

☐ Einzelunternehmen ☐ GbR ☐ oHG ☐ KG ☐ GmbH ☐ GmbH & Co. KG

☐ Betriebsaufspaltung ☐ AG ☐ KGaA ☐ Sonstige: ______________________

1.4 **Wo ordnen Sie Ihren Baubetrieb in der Bauwirtschaft ein?**

a) ☐ Bauindustrie ☐ Baugewerbe ☐ Bauhandwerk

b) ☐ Bauhauptgewerbe ☐ Baunebengewerbe

1.5 **Wie viele Mitarbeiter waren in 1997 (2005) in Ihrem Bauunternehmen insgesamt beschäftigt? Welche Beschäftigtenstruktur lag in 1997 (2005) vor?**

Mitarbeiter insgesamt:	davon:
____	a) gewerbliche Arbeitnehmer: ____ b) technische Angestellte: ____ c) kaufmännische Angestellte: ____

1.6 **Wie hoch war der Gesamtumsatz (netto) in 1997 (2005)? (in Mio. EUR)**

❑ < 0,99 ❑ 1,00-2,49 ❑ 2,50-4,99 ❑ 5,00-9,99 ❑ 10,00-19,99 ❑ > 20,00

1.7 **Wie groß ist der durchschnittliche Wirkungskreis Ihres Bauunternehmens?**

❑ < 25 km ❑ 25-50 km ❑ 51-75 km ❑ 76-100 km ❑ > 100 km ❑ international

1.8 **In welchen Sparten ist Ihr Baubetrieb schwerpunktmäßig tätig?**

Sparten:	Rohbau:	GU / TU / SF:	Bauträger:
a) Hochbau:	❑	❑	❑
b) Tiefbau:	❑	❑	❑
c) Straßen- oder Bahnbau:	❑	❑	❑
d) Aus- und Spezialbau:	❑	❑	❑
f) Fertigteilbau:	❑	❑	❑
h) andere Tätigkeiten, und zwar:			

* **Hinweis:** TU/GU/SF-Bau beinhaltet alle Aufträge, die im Verfahren als Totalunternehmer (TU), Generalunternehmer (GU) oder Schlüsselfertigbauer (SF), also komplett, inkl. zugehörigem Rohbau, Haustechnik, Ausbau, usw. ausgeführt werden.

1.9 **Wie verteilte sich Ihr Gesamtumsatz in 1997 (2005) ca. auf die einzelnen Auftraggeber?**

Auftraggeber:	Struktur:
a) Öffentliche Auftraggeber:	_____ %
b) Industrie- und Wirtschaft:	_____ %
c) Gewerblicher Wohnungsbau:	_____ %
d) Privater Wohnungsbau:	_____ %
Summe:	100 %

2. Allgemeine Angaben zum Controlling

2.1 **Was verbinden Sie mit dem Begriff Controlling?**

❑ Planung ❑ Kontrolle ❑ Organisation ❑ Leitung ❑ Informationsversorgung

❑ Sonstiges: ______________________________

2.2 **Woher erhalten Sie Informationen zum Themenfeld Controlling?**

❑ andere Unternehmen ❑ Fachzeitschriften ❑ Verbandsmitteilungen

❑ Aus-/Fortbildung ❑ erhalte keine Informationen ❑ Sonstiges: ____________________

2.3 **Wie stufen Sie den Kenntnisstand zum Thema Controlling in Ihrem Baubetrieb ein?**

1 2 3 4 5 (1 = sehr gering / 3 = mittel / 5 = sehr hoch)

2.4 **Welche Bedeutung hat Controlling in Ihrem Bauunternehmen?**

1 2 3 4 5 (1 = sehr gering / 3 = mittel / 5 = sehr hoch)

2.5 **Wird in Ihrem Bauunternehmen über die Einführung bzw. Umsetzung von Controlling diskutiert?**

❑ ja, seit 19 _____ (/ seit 20_____) ❑ nein

sofern: ja	sofern: nein
Auf welche Gründe führen Sie die Notwendigkeit der Einführung bzw. Umsetzung von Controlling in Ihrem Bauunternehmen zurück?	Welche Gründe sprechen dafür, dass in Ihrem Baubetrieb die Einführung bzw. Umsetzung von Controlling ganz oder teilweise abgelehnt wurde?
❑ Informationsdefizit	❑ die fachlichen Voraussetzungen sind nicht gegeben
❑ Kosten-/Leistungsdruck	❑ die technischen Voraussetzungen sind nicht gegeben
❑ tendenziell stagnierende Nachfrage	❑ wesentliche Neuerungen und Vorteile sind nicht zu erkennen
	❑ finanzielle Erwägungen

3. Angaben zum Projektcontrolling

3.1 **Wie hoch ist die Erfolgsquote Ihrer Angebote?**

______ % Erfolgsquote * insgesamt

______ % Erfolgsquote * aufgrund von Sondervorschlägen/Nebenangeboten

* **Hinweis:** Unter Erfolgsquote versteht man das Verhältnis von erhaltenen Aufträgen zu abgegebenen Angeboten.

3.2 **Welche Kalkulationsformen werden während der Auftragsabwicklung verwendet?**

❑ Angebotskalkulation ❑ Auftragskalkulation ❑ Arbeitskalkulation

❑ Nachtragskalkulation ❑ Nachkalkulation ❑ Sonstige: ______________________

3.3 **Welches Kalkulationsverfahren verwenden Sie in der Phase der Angebotskalkulation?**

❑ Zuschlagskalkulation mit vorbestimmten Zuschlägen auf Lohn

❑ Zuschlagskalkulation mit vorbestimmten Zuschlägen auf breiter Basis *

❑ Zuschlagskalkulation mit objektspezifischen Zuschlägen über Angebotsendsumme

❑ Sonstiges: ____

* **Hinweis:** Zuschlagsbasen sind Lohn, Gerät, die Gruppe aller anderen Einzelkosten und die Nachunternehmer.

3.4 **Auf welcher Datenbasis beruht in Ihrem Baubetrieb die Angebotskalkulation?**

❑ Orientierung an Submissionsergebnissen aus der Vergangenheit

❑ Orientierung an Aufträgen aus der Vergangenheit

❑ Standardgrößen aus Verbandsmitteilungen/-veranstaltungen

❑ eigene standardisierte Kalkulationspositionen

❑ in Abstimmung mit der Baubetriebsrechnung

❑ Sonstiges: ____

3.5 **Führen Sie Soll/Ist-Vergleiche auf Projektebene während der Leistungserstellung durch und welche Arten von Soll/Ist-Vergleichen verwenden Sie?**

❑ ja ❑ nein

Soll-/Ist-Vergleichsarten:			Baustellenbereich:			
			Baustelle:	Abschnitt:	BAS Nr.	Pos. Nr.
Soll/Ist-Zahlen	Mengen:	Arbeitsstunden:	❑	❑	❑	❑
		Stoffe:	❑	❑	❑	❑
		Gerätestunden:	❑	❑	❑	❑
	Werte:	Kosten:	❑	❑	❑	❑
		Erlöse:	❑	❑	❑	❑
		Ergebnisse:	❑	❑	❑	❑

3.6 **Wird nach der Leistungserstellung eine kaufmännische Nachkalkulation Durchgeführt?**

❑ nein, es wird keine kaufmännische Nachkalkulation durchgeführt

❑ ja, nach
- ❑ Arbeitsvorgang
- ❑ Auftragsabschnitt
- ❑ Auftrag
- ❑ Sparte
- ❑ Sonstiges: ____________________

3.7 **Fließen die Ergebnisse des Projekt-Controlling in eine Gesamtbeurteilung des Unternehmens ein?**

❑ nein, fließen nicht in eine Gesamtbeurteilung ein

❑ ja, in fließen in ein(e)
- ❑ Unternehmensplanung
- ❑ Unternehmens-Controlling
- ❑ Qualitätsmanagement
- ❑ Sonstiges: ____________________

4. Angaben zum Unternehmenscontrolling

4.1 **Ist die Finanzbuchhaltung Ihres Bauunternehmens auf einen externen Dienstleister ausgelagert?**

❑ ja ❑ nein

sofern: ja	
Wer führt die Finanzbuchhaltung in Ihrem Bauunternehmen aus?	Warum ist diese kaufmännische Tätigkeit ausgelagert?
❑ Kooperation mit anderen Unternehmen	❑ die fachlichen Voraussetzungen sind nicht gegeben
❑ Rechenzentrum	❑ die technischen Voraussetzungen sind nicht gegeben
❑ Steuerberater / Wirtschaftsprüfer	❑ finanzielle Erwägungen
❑ Sonstiges: ________________	❑ Sonstiges: ________________

4.2 **Ist Ihre Finanzbuchhaltung tagfertig und abrufbar?**

❑ ja ❑ nein, der Zeitrückstand beträgt _____ Tage

4.3 **Verfügt Ihre Finanzbuchhaltung über einen nach baubetriebswirtschaftlichen Gesichtspunkten aufgebauten Kontenrahmen?**

❑ ja, brachenbezogen nach:
- ❑ DATEV SKR 03 (Bau)
- ❑ DATEV SKR 04 (Bau)
- ❑ Baukontenrahmen (BKR) 87
- ❑ Musterkontenrahmen (MKR) Bau
- ❑ Sonstigen: ________________

❑ nein, nicht branchenbezogen:
- ❑ DATEV SKR 03
- ❑ DATEV SKR 04
- ❑ Sonstigen: ________________

❑ kann ich nicht beurteilen

4.4 **Erstellen Sie Finanzpläne (Gegenüberstellung von Einnahmen und Ausgaben)? Welche Planungszeiträume legen Sie zugrunde?**

❑ täglicher Finanzplan (1 bis 10 Tage im voraus, täglich erstellt)

❑ kurzfristiger Finanzplan (bis 1 Jahr, monatlich erstellt)

❑ langfristiger Finanzplan (2 bis 5 Jahre, halbjährlich oder jährlich erstellt)

❑ Finanzpläne werden nicht erstellt

4.5 **Wie viele Monate nach Abschluss des Geschäftsjahres liegt der Jahresabschluss vor?**

_____ Monate

4.6. **Wie hat sich in der Vergangenheit das Kostenbewusstsein - Ihrer persönlichen Einschätzung nach - in Ihrem Bauunternehmen entwickelt?**

❑ gesunken ❑ gestiegen ❑ gleich geblieben ❑ kann ich nicht beurteilen

4.7 **Verfügen Sie über eine betriebsindividuelle Baubetriebsrechnung?**

❑ ja, seit 19 _____ (/ seit 20 _____) ❑ nein (**sofern nein**: weiter mit **Frage 4.20**)

4.8 **Wie ist die Baubetriebsrechnung mit der Finanzbuchhaltung verbunden?**

❑ Ein-Kreissystem ❑ Zwei-Kreissystem ❑ losgelöst von der Finanzbuchhaltung

❑ Sonstiges: ______________________________

4.9 **Nach was orientiert sich der Aufbau Ihrer Baubetriebsrechnung?**

❑ eigenorientiert ❑ fremdorientiert nach: ______________________________

4.10 **Wie viele aufwandsgleiche Kostenarten aus der Finanzbuchhaltung verwenden Sie schätzungsweise für die Aufgaben der Baubetriebsrechnung?**

_____ Kostenarten, davon entfallen durchschnittlich auf die folgenden Kostenartengruppen:

_____ % Lohn-/Gehalt _____ % Material _____ % Nachunternehmer

_____ % Geräte _____ % Sonstige

4.11 **Welche kalkulatorischen Kostenarten berücksichtigen Sie in Ihrer Baubetriebsrechnung?**

❑ kalk. Unternehmerlohn ❑ kalk. Abschreibungen ❑ kalk. Miete/Pacht

❑ kalk. Baustellenwagnis ❑ kalk. Zinsen ❑ Sonstige

4.12 **Nach welchen Kriterien haben Sie Ihre Kostenstellen gebildet?**

❑ rechentechnischen Erwägungen ❑ räumlichen Gesichtspunkten ❑ Funktionen

❑ Verantwortungsbereichen ❑ Sonstigen: ____________________

4.13 **Geben Sie nachfolgend - evtl. unter Anfügung Ihres Betriebsabrechnungsbogens - Ihre Kostenstellen (z.B. Verwaltung, Fuhrpark, Werkstatt, Geräte, usw.) an:**

Kostenstellen:

4.14 **Wie werden die Verrechnungspreise angesetzt?**

❑ zu Kostenpreisen ❑ zu Marktpreisen ❑ andere Preise: ____________________

4.15 **Welches Verfahren der innerbetrieblichen Leistungsverrechnung setzen Sie ein?**

❑ Kostenartenverfahren ❑ Kostenstellenumlageverfahren ❑ Kostenträgerverfahren

❑ Sonstiges: ____________________

4.16 **Verfügt Ihre Bauunternehmung über eine strukturierte Bauleistungsrechnung?**

❑ nein, eine strukturierte Bauleistungsrechnung ist nicht vorhanden

❑ ja, nach ❑ Leistungsarten

❑ Leistungsstellen

❑ andere Strukturierung: ____________________

4.17 **Wie erfolgt die Bewertung der unfertigen (noch nicht abgerechneten) Bauleistung in Ihrem Baubetrieb?**

❑ progressive Methode * ❑ retrograde Methode *

* **Hinweis:** Bei der progressiven Methode werden die direkten Kosten für Löhne, Material, Geräte usw. pro Baustelle erfasst und dann aus der Vergangenheit errechnete Zuschläge für Gemeinkosten auf die zu bewertende Baustelle aufgeschlagen. Bei der Bewertung der unfertigen Bauleistung kann auch die retrograde Methode angewandt werden. Bei dieser Methode wird die unfertige Bauleistung nach dem Grad der Fertigstellung (Massenaufnahme) bewertet.

4.18 **Welches Verfahren verwenden Sie für eine kurzfristige Erfolgsrechnung?**

❑ Gesamtkostenverfahren

❑ Umsatzkostenverfahren auf Basis von ❑ Vollkosten / ❑ Teilkosten

❑ Sonstiges: ______________________________

4.19. **Wie oft im Jahr erstellen Sie eine kurzfristige Erfolgsrechnung?**

❑ wöchentlich ❑ monatlich ❑ quartalsmäßig ❑ jährlich

4.20. **Welche betriebswirtschaftlichen Instrumente setzen Sie derzeit eigenverantwortlich Ihrem Unternehmen ein und welche Bedeutung messen Sie diesen bei?**

Betriebswirtschaftliche Instrumente:							
Instrumente	**Verwendung**				**Entwicklungstendenz der Verwendung**		
	nie	selten	manchmal	oft			
a) Finanzbuchhaltung					↓	=	↑
b) Lohnbuchhaltung					↓	=	↑
c) Anlagenbuchhaltung					↓	=	↑
d) Bauauftragsrechnung					↓	=	↑
e) Deckungsbeitragsrechnung					↓	=	↑
f) Plankostenrechnung					↓	=	↑
g) Soll-/Ist-Vergleichsrechnung					↓	=	↑
h) Finanzplan					↓	=	↑
i) Kapitalflussrechnung					↓	=	↑
j) Investitionsrechnung					↓	=	↑
k) Kennzahlen					↓	=	↑
l) Budgetierung					↓	=	↑
m) Berichtswesen					↓	=	↑
n) Strategische Planungsinstrumente					↓	=	↑
o) Sonstige					↓	=	↑

↓ = Verringerung im Zeitablauf = = Konstanz im Zeitablauf ↑ = Erhöhung im Zeitablauf

Vielen Dank für Ihre Unterstützung !

Anhang 2: Auswertung der empirischen Untersuchung 1998

Grundgesamtheit 1998 Mitgliedsbetriebe des VBU Hessen im Jahr 1998	1.780	
Zusammensetzung der Grundgesamtheit 1998 Unternehmensgrößenklassen nach Beschäftigten	abs.	in %
< 20	1.394	78,3
20 - 99	352	19,8
> 99	34	1,9
Σ	1.780	100,0

Anzahl der zu berücksichtigenden Unternehmen 1998 Anzahl der angeschriebenen Unternehmen (Grundgesamtheit)	1.780	
Rücklauf 1998 Anzahl der Antwort gebenden Unternehmen (Stichprobe)	abs.	in %
insgesamt	142	8,0
auswertbar	139	7,8

Stichprobe 1998 Anzahl der Antwort gebenden Unternehmen (auswertbar)	139	
Zusammensetzung der Stichprobe 1998 Unternehmensgrößenklassen nach Beschäftigten	abs.	in %
< 20	60	43,2
20 - 99	67	48,2
> 99	12	8,6
Σ	139	100,0

Unternehmen	1998: Unternehmen insgesamt		Unternehmensgrößenklassen nach Beschäftigten					
			< 20		20 - 99		> 99	
	abs.	in %	abs.	in %	abs.	in %	abs.	in %
Totalerhebung Bauhauptgew. Hessen	5.199	100,0	4.508	86,7	610	11,7	81	1,6
Grundgesamtheit VBU Mitglieder	1.780	100,0	1.394	78,3	352	19,8	34	1,9
Stichprobe	139	100,0	60	43,2	67	48,2	12	8,6

In welcher Region befindet sich Ihr Bauunternehmen?	1998: Unternehmen insgesamt		Unternehmensgrößenklassen nach Beschäftigten					
			< 20		20 - 99		> 99	
	abs.	in %	abs.	in %	abs.	in %	abs.	in %
Nordhessen	33	23,7	11	18,3	18	26,9	4	33,3
Mittelhessen	32	23,0	11	18,3	17	25,4	4	33,3
Osthessen	18	12,9	6	10,0	10	14,9	2	16,7
Rhein/Main	38	27,3	22	36,7	14	20,9	2	16,7
Südhessen	18	12,9	10	16,7	8	11,9	0	0,0
Σ	139	100,0	60	100,0	67	100,0	12	100,0

Bei Ihrem Betrieb handelt es sich um ein(e):	1998: Unternehmen insgesamt		Unternehmensgrößenklassen nach Beschäftigten					
			< 20		20 - 99		> 99	
	abs.	in %	abs.	in %	abs.	in %	abs.	in %
Niederlassung	0	0,0	0	0,0	0	0,0	0	0,0
selbständiges Bauunternehmen	137	100,0	58	100,0	67	100,0	12	100,0
Σ	137	100,0	58	100,0	67	100,0	12	100,0

Bei Ihrem Betrieb handelt es sich um ein Bauunternehmen:	1998: Unternehmen insgesamt		Unternehmensgrößenklassen nach Beschäftigten					
			< 20		20 - 99		> 99	
	abs.	in %	abs.	in %	abs.	in %	abs.	in %
mit Organisationselementen	28	20,4	4	6,9	16	23,9	8	66,7
ohne Organisationselemente	109	79,6	54	93,1	51	76,1	4	33,3
Σ	137	100,0	58	100,0	67	100,0	12	100,0

Bei Ihrem Betrieb handelt es sich um ein Bauunternehmen mit folgenden Organisationselementen:	1998: Unternehmen insgesamt		Unternehmensgrößenklassen nach Beschäftigten					
			< 20		20 - 99		> 99	
Antwort gebende Unternehmen	abs.	in %	abs.	in %	abs.	in %	abs.	in %
	28	100,0	4	14,3	16	57,1	8	28,6
Nennungen	abs.	in %	abs.	in %	abs.	in %	abs.	in %
Niederlassung(en)	4	8,7	0	0,0	3	11,5	1	6,3
Spartentrennung	4	8,7	0	0,0	3	11,5	1	6,3
Nebenbetrieb(e)	14	30,4	0	0,0	8	30,8	6	37,5
Hilfsbetrieb(e)	7	15,2	0	0,0	3	11,5	4	25,0
Projektierung	6	13,0	1	25,0	2	7,7	3	18,8
Bauträger	10	21,7	3	75,0	6	23,1	1	6,3
Sonstige	1	2,2	0	0,0	1	3,8	0	0,0
Σ	46	100,0	4	100,0	26	100,0	16	100,0

Welche Rechtsform besitzt Ihr bauausführendes Unternehmen?	1998: Unternehmen insgesamt		Unternehmensgrößenklassen nach Beschäftigten					
			< 20		20 - 99		> 99	
	abs.	in %	abs.	in %	abs.	in %	abs.	in %
Einzelunternehmen	41	29,5	26	43,3	14	20,9	1	8,3
GbR	1	0,7	1	1,7	0	0,0	0	0,0
OHG	1	0,7	0	0,0	1	1,5	0	0,0
KG	6	4,3	2	3,3	3	4,5	1	8,3
GmbH	54	38,8	28	46,7	23	34,3	3	25,0
GmbH & Co. KG	29	20,9	0	0,0	23	34,3	6	50,0
mit Betriebsaufspaltung	7	5,0	3	5,0	3	4,5	1	8,3
AG	0	0,0	0	0,0	0	0,0	0	0,0
KGaA	0	0,0	0	0,0	0	0,0	0	0,0
Sonstige	0	0,0	0	0,0	0	0,0	0	0,0
Σ	139	100,0	60	100,0	67	100,0	12	100,0

a) Wo ordnen Sie Ihren Baubetrieb in der Bauwirtschaft ein?	1998: Unternehmen insgesamt		Unternehmensgrößenklassen nach Beschäftigten					
			< 20		20 - 99		> 99	
	abs.	in %	abs.	in %	abs.	in %	abs.	in %
Bauindustrie	3	2,9	0	0,0	1	2,0	2	20,0
Baugewerbe	51	48,6	18	40,9	27	52,9	6	60,0
Bauhandwerk	51	48,6	26	59,1	23	45,1	2	20,0
Σ	105	100,0	44	100,0	51	100,0	10	100,0

b) Wo ordnen Sie Ihren Baubetrieb in der Bauwirtschaft ein?	1998: Unternehmen insgesamt		Unternehmensgrößenklassen nach Beschäftigten					
			< 20		20 - 99		> 99	
	abs.	in %	abs.	in %	abs.	in %	abs.	in %
Bauhauptgewerbe	77	90,6	31	86,1	37	92,5	9	100,0
Baunebengewerbe	8	9,4	5	13,9	3	7,5	0	0,0
Σ	85	100,0	36	100,0	40	100,0	9	100,0

Wie viele Mitarbeiter waren in 1997 in Ihrem Bauunternehmen insgesamt beschäftigt? Welche Beschäftigungsstruktur lag vor?	1998: Unternehmen insgesamt		Unternehmensgrößenklassen nach Beschäftigten					
			< 20		20 - 99		> 99	
Antwort gebende Unternehmen	abs.	in %	abs.	in %	abs.	in %	abs.	in %
	139	100,0	60,0	43,2	67	48,2	12	8,6
Mitarbeiterverteilung	abs.	in %	abs.	in %	abs.	in %	abs.	in %
gewerbliche Mitarbeiter	4714,0	86,0	516,5	82,0	2414,5	86,2	1783	87,0
technische Angestellte	399,5	7,3	51,5	8,2	195	7,0	153	7,5
kaufmännische Angestellte	367,5	6,7	62,0	9,8	191,5	6,8	114	5,6
Σ	5481,0	100,0	630,0	100,0	2801	100,0	2050	100,0
Mitarbeiterstruktur	abs.	in %	abs.	in %	abs.	in %	abs.	in %
gewerbliche Mitarbeiter	33,9	86,0	8,6	80,9	36,0	86,2	148,6	87,0
technische Angestellte	2,9	7,3	1,0	9,4	2,9	7,0	12,8	7,5
kaufmännische Angestellte	2,6	6,7	1,0	9,7	2,9	6,8	9,5	5,6
Σ	39,4	100,0	10,6	100,0	41,8	100,0	170,8	100,0

Wie hoch war der Gesamtumsatz (netto) in 1997?	1998: Unternehmen insgesamt		Unternehmensgrößenklassen nach Beschäftigten					
			< 20		20 - 99		> 99	
1 DM = 0,51129 EUR	abs.	in %	abs.	in %	abs.	in %	abs.	in %
< 2 Mio. DM	42	30,4	41	69,5	1	1,5	0	0,0
2 Mio. DM < x < 5 Mio. DM	40	29,0	15	25,4	25	37,3	0	0,0
5 Mio. DM < x < 10 Mio. DM	25	18,1	1	1,7	24	35,8	0	0,0
10 Mio. DM < x < 20 Mio. DM	20	14,5	2	3,4	16	23,9	2	16,7
20 Mio. DM < x < 40 Mio. DM	9	6,5	0	0,0	1	1,5	8	66,7
> 40 Mio. DM	2	1,4	0	0,0	0	0,0	2	16,7
Σ	138	100,0	59	100,0	67	100,0	12	100,0

Wie groß ist der durchschnittliche Wirkungskreis Ihres Bauunternehmens?	1998: Unternehmen insgesamt		Unternehmensgrößenklassen nach Beschäftigten					
			< 20		20 - 99		> 99	
	abs.	in %	abs.	in %	abs.	in %	abs.	in %
< 25 km	28	20,3	21	35,0	7	10,6	0	0,0
25 km < x < 50 km	67	48,6	26	43,3	36	54,5	5	41,7
50 km < x < 75 km	17	12,3	6	10,0	9	13,6	2	16,7
75 km < x < 100 km	10	7,2	2	3,3	8	12,1	0	0,0
> 100 km	16	11,6	5	8,3	6	9,1	5	41,7
Σ	138	100,0	60	91,7	66	100,0	12	100,0

In welchen Sparten ist Ihr Bauunternehmen schwerpunktmäßig tätig? (Rohbau)	1998: Unternehmen insgesamt		Unternehmensgrößenklassen nach Beschäftigten					
			< 20		20 - 99		> 99	
Antwort gebende Unternehmen	abs.	in %	abs.	in %	abs.	in %	abs.	in %
	96	100,0	48	50,0	43	44,8	5	5,2
Nennungen	abs.	in %	abs.	in %	abs.	in %	abs.	in %
Hochbau	67	43,8	30	47,6	33	41,3	4	40,0
Tiefbau	33	21,6	8	12,7	21	26,3	4	40,0
Straßen- oder Bahnbau	19	12,4	6	9,5	11	13,8	2	20,0
Aus- und Spezialbau	13	8,5	6	9,5	7	8,8	0	0,0
Fertigteilbau	1	0,7	0	0,0	1	1,3	0	0,0
Sonstige	20	13,1	13	20,6	7	8,8	0	0,0
Σ	153	100,0	63	100,0	80	100,0	10	100,0

In welchen Sparten ist Ihr Bauunternehmen schwerpunktmäßig tätig? (Rohbau, GU/TU/SF)	1998: Unternehmen insgesamt		Unternehmensgrößenklassen nach Beschäftigten					
			< 20		20 - 99		> 99	
Antwort gebende Unternehmen	abs.	in %	abs.	in %	abs.	in %	abs.	in %
	22	100,0	2	9,1	15	68,2	5	22,7
Nennungen	abs.	in %	abs.	in %	abs.	in %	abs.	in %
Hochbau	11	33,3	0	0,0	8	44,4	3	23,1
Tiefbau	7	21,2	0	0,0	3	16,7	4	30,8
Straßen- oder Bahnbau	7	21,2	1	50,0	3	16,7	3	23,1
Aus- und Spezialbau	3	9,1	1	50,0	2	11,1	0	0,0
Fertigteilbau	3	9,1	0	0,0	1	5,6	2	15,4
Sonstige	2	6,1	0	0,0	1	5,6	1	7,7
Σ	33	100,0	2	100,0	18	100,0	13	100,0

In welchen Sparten ist Ihr Bauunternehmen schwerpunktmäßig tätig? (Rohbau, Bauträger)	1998: Unternehmen insgesamt		Unternehmensgrößenklassen nach Beschäftigten					
			< 20		20 - 99		> 99	
Antwort gebende Unternehmen	abs.	in %	abs.	in %	abs.	in %	abs.	in %
	8	100,0	6	75,0	2	25,0	0	0,0
Nennungen	abs.	in %	abs.	in %	abs.	in %	abs.	in %
Hochbau	7	77,8	5	83,3	2	66,7	0	0,0
Tiefbau	1	11,1	0	0,0	1	33,3	0	0,0
Straßen- oder Bahnbau	0	0,0	0	0,0	0	0,0	0	0,0
Aus- und Spezialbau	0	0,0	0	0,0	0	0,0	0	0,0
Fertigteilbau	1	11,1	1	16,7	0	0,0	0	0,0
Sonstige	0	0,0	0	0,0	0	0,0	0	0,0
Σ	9	100,0	6	100,0	3	100,0	0	0,0

In welchen Sparten ist Ihr Bauunternehmen schwerpunktmäßig tätig? (Rohbau, GU/TU/SF, Bauträger)	1998: Unternehmen insgesamt		Unternehmensgrößenklassen nach Beschäftigten					
			< 20		20 - 99		> 99	
Antwort gebende Unternehmen	abs.	in %	abs.	in %	abs.	in %	abs.	in %
	12	100,0	4	33,3	6	50,0	2	16,7
Nennungen	abs.	in %	abs.	in %	abs.	in %	abs.	in %
Hochbau	9	50,0	2	50,0	5	50,0	2	50,0
Tiefbau	4	22,2	0	0,0	3	30,0	1	25,0
Straßen- oder Bahnbau	3	16,7	0	0,0	2	20,0	1	25,0
Aus- und Spezialbau	2	11,1	2	50,0	0	0,0	0	0,0
Fertigteilbau	0	0,0	0	0,0	0	0,0	0	0,0
Sonstige	0	0,0	0	0,0	0	0,0	0	0,0
Σ	18	100,0	4	100,0	10	100,0	4	100,0

Wie verteilte sich Ihr Gesamtumsatz 1997 ca. auf die einzelnen Auftraggeber?	1998: Unternehmen insgesamt		Unternehmensgrößenklassen nach Beschäftigten					
			< 20		20 - 99		> 99	
Antwort gebende Unternehmen	abs.	in %	abs.	in %	abs.	in %	abs.	in %
	138	100,0	60	43,5	66	47,8	12	8,7
Verteilung	in %		in %		in %		in %	
Öffentliche Hand		36,6		20,6		33,8		52,7
Industrie & Wirtschaft		23,6		57,0		26,3		6,0
Gewerblicher Wohnungsbau		12,6		9,1		16,2		7,7
Privater Wohnungsbau		27,1		13,0		23,7		33,7
Σ		99,9		99,7		100,0		100,1

Was verbinden Sie mit dem Begriff Controlling?	1998: Unternehmen insgesamt		Unternehmensgrößenklassen nach Beschäftigten					
			< 20		20 - 99		> 99	
Antwort gebende Unternehmen	abs.	in %	abs.	in %	abs.	in %	abs.	in %
	137	100,0	58	42,3	67	48,9	12	8,8
Nennungen	abs.	in %	abs.	in %	abs.	in %	abs.	in %
Planung	72	20,6	25	18,5	38	21,6	9	23,7
Kontrolle	98	28,1	39	28,9	50	28,4	9	23,7
Organisation	92	26,4	43	31,9	41	23,3	8	21,1
Leitung	42	12,0	12	8,9	24	13,6	6	15,8
Informationsversorgung	39	11,2	14	10,4	19	10,8	6	15,8
Sonstiges	6	1,7	2	1,5	4	2,3	0	0,0
Σ	349	100,0	135	100,0	176	100,0	38	100,0

Woher erhalten Sie Informationen zum Themenfeld Controlling?	1998: Unternehmen insgesamt		Unternehmensgrößenklassen nach Beschäftigten					
			< 20		20 - 99		> 99	
Antwort gebende Unternehmen	abs.	in %	abs.	in %	abs.	in %	abs.	in %
	136	100,0	57	41,9	67	49,3	12	8,8
Nennungen	abs.	in %	abs.	in %	abs.	in %	abs.	in %
andere Unternehmen	9	3,8	4	4,3	3	2,5	2	7,7
Fachzeitschriften	90	37,5	34	36,2	46	38,3	10	38,5
Verbandsmitteilungen	80	33,3	31	33,0	41	34,2	8	30,8
Aus-/Fortbildung	36	15,0	8	8,5	22	18,3	6	23,1
keine Information	20	8,3	16	17,0	4	3,3	0	0,0
Sonstiges	5	2,1	1	1,1	4	3,3	0	0,0
Σ	240	100,0	94	100,0	120	100,0	26	100,0

Wie stufen Sie den Kenntnisstand zum Thema Controlling in Ihrem Baubetrieb ein?	1998: Unternehmen insgesamt		Unternehmensgrößenklassen nach Beschäftigten					
			< 20		20 - 99		> 99	
	abs.	in %	abs.	in %	abs.	in %	abs.	in %
sehr gering	26	19,0	21	36,2	5	7,5	0	0,0
gering	28	20,4	9	15,5	15	22,4	4	33,3
mittel	60	43,8	23	39,7	33	49,3	4	33,3
hoch	19	13,9	5	8,6	11	16,4	3	25,0
sehr hoch	4	2,9	0	0,0	3	4,5	1	8,3
Σ	137	100,0	58	100,0	67	100,0	12	100,0

Welche Bedeutung hat Controlling in Ihrem Bauunternehmen?	1998: Unternehmen insgesamt		Unternehmensgrößenklassen nach Beschäftigten					
			< 20		20 - 99		> 99	
	abs.	in %	abs.	in %	abs.	in %	abs.	in %
sehr gering	22	16,2	17	29,8	5	7,5	0	0,0
gering	29	21,3	9	15,8	16	23,9	4	33,3
mittel	46	33,8	19	33,3	23	34,3	4	33,3
hoch	29	21,3	11	19,3	15	22,4	3	25,0
sehr hoch	10	7,4	1	1,8	8	11,9	1	8,3
Σ	136	100,0	57	100,0	67	100,0	12	100,0

Wird in ihrem Bauunternehmen über die Einführung bzw. die Umsetzung von Controlling diskutiert?	1998: Unternehmen insgesamt		Unternehmensgrößenklassen nach Beschäftigten					
			< 20		20 - 99		> 99	
	abs.	in %	abs.	in %	abs.	in %	abs.	in %
ja	65	47,1	17	28,8	40	59,7	8	66,7
nein	73	52,9	42	71,2	27	40,3	4	33,3
Σ	138	100,0	59	100,0	67	100,0	12	100,0

Wird in Ihrem Bauunternehmen über die Einführung bzw. die Umsetzung von Controlling diskutiert? Ja, seit:	1998: Unternehmen insgesamt		Unternehmensgrößenklassen nach Beschäftigten					
			< 20		20 - 99		> 99	
	abs.	in %	abs.	in %	abs.	in %	abs.	in %
< 2 Jahre	9	16,4	3	23,1	5	13,9	1	16,7
2 - 5 Jahre	27	49,1	3	23,1	21	58,3	3	50,0
> 5 Jahre	19	34,5	7	53,8	10	27,8	2	33,3
Σ	55	100,0	13	100,0	36	100,0	6	100,0

Auf welche Gründe führen Sie die Notwendigkeit der Einführung bzw. Umsetzung von Controlling in Ihrem Bauunternehmen zurück?	1998: Unternehmen insgesamt		Unternehmensgrößenklassen nach Beschäftigten					
			< 20		20 - 99		> 99	
Antwort gebende Unternehmen	abs.	in %	abs.	in %	abs.	in %	abs.	in %
	65	100,0	17	26,2	40	61,5	8	12,3
Nennungen	abs.	in %	abs.	in %	abs.	in %	abs.	in %
Informationsdefizit	22	24,4	4	17,4	13	23,6	5	41,7
Kosten-/Leistungsdruck	61	67,8	16	69,6	38	69,1	7	58,3
stagnierende Nachfrage	7	7,8	3	13,0	4	7,3	0	0,0
Σ	90	100,0	23	100,0	55	100,0	12	100,0

Welche Gründe sprechen dafür, dass in Ihrem Baubetrieb die Einführung bzw. Umsetzung von Controlling abgelehnt wurde?	1998: Unternehmen insgesamt		Unternehmensgrößenklassen nach Beschäftigten					
			< 20		20 - 99		> 99	
Antwort gebende Unternehmen	abs.	in %	abs.	in %	abs.	in %	abs.	in %
	73	100,0	42	57,5	27	37,0	4	5,5
Nennungen	abs.	in %	abs.	in %	abs.	in %	abs.	in %
fehlende fachl. Voraussetzungen	20	24,4	10	21,7	8	26,7	2	33,3
fehlende techn. Voraussetzungen	11	13,4	5	10,9	4	13,3	2	33,3
keine wesentlichen Vorteile	32	39,0	18	39,1	12	40,0	2	33,3
finanzielle Erwägungen	19	23,2	13	28,3	6	20,0	0	0,0
Σ	82	100,0	46	100,0	30	100,0	6	100,0

Wie hoch ist die Erfolgsquote Ihrer Angebote?	1998: Unternehmen insgesamt		Unternehmensgrößenklassen nach Beschäftigten					
			< 20		20 - 99		> 99	
Antwort gebende Unternehmen	abs.	in %	abs.	in %	abs.	in %	abs.	in %
	130	100,0	57	43,8	61	46,9	12	9,2
Durchschnitt	in %		in %		in %		in %	
Erfolgsquote Angebote	23,5		43,8		18,5		9,2	

Wie hoch ist die Erfolgsquote Ihrer Angebote?	1998: Unternehmen insgesamt		Unternehmensgrößenklassen nach Beschäftigten					
			< 20		20 - 99		> 99	
	abs.	in %	abs.	in %	abs.	in %	abs.	in %
< 5 %	12	9,2	2	3,5	9	14,8	1	8,3
5 % < x < 10 %	20	15,4	7	12,3	8	13,1	5	41,7
10 % < x < 25 %	57	43,8	24	42,1	29	47,5	4	33,3
25 % < x < 50 %	25	19,2	11	19,3	13	21,3	1	8,3
> 50 %	16	12,3	13	22,8	2	3,3	1	8,3
Σ	130	100,0	57	77,2	61	100,0	12	100,0

Wie hoch ist die Erfolgsquote Ihrer Sondervorschläge?	1998: Unternehmen insgesamt		Unternehmensgrößenklassen nach Beschäftigten					
			< 20		20 - 99		> 99	
Antwort gebende Unternehmen	abs.	in %	abs.	in %	abs.	in %	abs.	in %
	67	100,0	22	32,8	33	49,3	12	17,9
Durchschnitt	in %		in %		in %		in %	
Erfolgsquote Sondervorschläge		23,5		35,8		18,1		16,0

Wie hoch ist die Erfolgsquote Ihrer Sondervorschläge?	1998: Unternehmen insgesamt		Unternehmensgrößenklassen nach Beschäftigten					
			< 20		20 - 99		> 99	
	abs.	in %	abs.	in %	abs.	in %	abs.	in %
< 5 %	15	11,5	3	13,6	10	30,3	2	16,7
5 % < x < 10 %	7	5,4	2	9,1	3	9,1	2	16,7
10 % < x < 25 %	24	18,5	5	22,7	13	39,4	6	50,0
25 % < x < 50 %	12	9,2	6	27,3	4	12,1	2	16,7
> 50 %	9	6,9	6	27,3	3	9,1	0	0,0
Σ	67	51,5	22	100,0	33	100,0	12	100,0

Welche Kalkulationsformen werden während der Auftragsabwicklung verwendet?	1998: Unternehmen insgesamt		Unternehmensgrößenklassen nach Beschäftigten					
			< 20		20 - 99		> 99	
Antwort gebende Unternehmen	abs.	in %	abs.	in %	abs.	in %	abs.	in %
	139	100,0	60	43,2	67	48,2	12	8,6
Nennungen	abs.	in %	abs.	in %	abs.	in %	abs.	in %
Angebotskalkulation	139	42,5	60	45,1	67	41,6	12	36,4
Auftragskalkulation	23	7,0	10	7,5	8	5,0	5	15,2
Arbeitskalkulation	23	7,0	8	6,0	13	8,1	2	6,1
Nachtragskalkulation	57	17,4	18	13,5	31	19,3	8	24,2
Nachkalkulation	83	25,4	35	26,3	42	26,1	6	18,2
Sonstiges	2	0,6	2	1,5	0	0,0	0	0,0
Σ	327	100,0	133	100,0	161	100,0	33	100,0

Welche Kalkulationsverfahren verwenden Sie in der Phase der Angebotskalkulation?	1998: Unternehmen insgesamt		Unternehmensgrößenklassen nach Beschäftigten					
			< 20		20 - 99		> 99	
Antwort gebende Unternehmen	abs.	in %	abs.	in %	abs.	in %	abs.	in %
	138	100,0	59	42,8	67	48,6	12	8,7
Nennungen	abs.	in %	abs.	in %	abs.	in %	abs.	in %
Zuschlagskalkulation (Lohn)	65	40,1	34	50,0	26	34,2	5	27,8
Zuschlagskalkulation (breite Basis)	61	37,7	20	29,4	34	44,7	7	38,9
Angebotsendsumme	29	17,9	10	14,7	13	17,1	6	33,3
Sonstiges	7	4,3	4	5,9	3	3,9	0	0,0
Σ	162	100,0	68	100,0	76	100,0	18	100,0

Auf welcher Datenbasis beruht in Ihrem Baubetrieb die Angebotskalkulation?	1998: Unternehmen insgesamt		Unternehmensgrößenklassen nach Beschäftigten					
			< 20		20 - 99		> 99	
Antwort gebende Unternehmen	abs.	in %	abs.	in %	abs.	in %	abs.	in %
	138	100,0	59	42,8	67	48,6	12	8,7
Nennungen	abs.	in %	abs.	in %	abs.	in %	abs.	in %
Submissionsergebnisse	74	26,1	30	27,0	37	25,9	7	24,1
Aufträge aus der Vergangenheit	85	30,0	39	35,1	39	27,3	7	24,1
Standardgrößen Verband	3	1,1	2	1,8	1	0,7	0	0,0
Standardisierte Kalkulationsposition	82	29,0	31	27,9	41	28,7	10	34,5
Baubetriebsrechnung	32	11,3	6	5,4	21	14,7	5	17,2
Sonstiges	7	2,5	3	2,7	4	2,8	0	0,0
Σ	283	100,0	111	100,0	143	100,0	29	100,0

Führen Sie Soll/Ist-Vergleiche während der Leistungserstellung durch?		1998: Unternehmen insgesamt		Unternehmensgrößenklassen nach Beschäftigten					
				< 20		20 - 99		> 99	
Antwort gebende Unternehmen		abs.	in %	abs.	in %	abs.	in %	abs.	in %
		76	100,0	25	32,9	43	56,6	8	10,5
Nennungen		abs.	in %	abs.	in %	abs.	in %	abs.	in %
Baustelle	Stunden	69	19,5	22	20,6	40	19,0	7	19,4
	Stoffe	56	15,8	20	18,7	31	14,7	5	13,9
	Geräte	44	12,4	14	13,1	25	11,8	5	13,9
	Kosten	66	18,6	19	17,8	40	19,0	7	19,4
	Erlöse	58	16,4	14	13,1	38	18,0	6	16,7
	Ergebnisse	61	17,2	18	16,8	37	17,5	6	16,7
	Σ	354	100,0	107	100,0	211	100,0	36	100,0
Bauabschnitt	Stunden	9	20,9	5	4,7	3	23,1	1	50,0
	Stoffe	7	16,3	5	4,7	2	15,4	0	0,0
	Geräte	2	4,7	1	0,9	1	7,7	0	0,0
	Kosten	9	20,9	6	5,6	2	15,4	1	50,0
	Erlöse	7	16,3	5	4,7	2	15,4	0	0,0
	Ergebnisse	9	20,9	6	5,6	3	23,1	0	0,0
	Σ	43	100,0	28	26,2	13	100,0	2	100,0

Führen Sie Soll/Ist-Vergleiche während der Leistungserstellung durch? (Fortsetzung)		1998: Unternehmen insgesamt		Unternehmensgrößenklassen nach Beschäftigten					
				< 20		20 - 99		> 99	
Antwort gebende Unternehmen		abs.	in %	abs.	in %	abs.	in %	abs.	in %
		76	100,0	25	32,9	43	56,6	8	10,5
Nennungen		abs.	in %	abs.	in %	abs.	in %	abs.	in %
BAS Nr.	Stunden	3	23,1	1	0,9	1	16,7	1	100,0
	Stoffe	2	15,4	1	0,9	1	16,7	0	0,0
	Geräte	2	15,4	1	0,9	1	16,7	0	0,0
	Kosten	2	15,4	1	0,9	1	16,7	0	0,0
	Erlöse	2	15,4	1	0,9	1	16,7	0	0,0
	Ergebnisse	2	15,4	1	0,9	1	16,7	0	0,0
	Σ	13	100,0	6	5,6	6	100,0	1	100,0
LV-Pos.	Stunden	15	21,4	7	6,5	5	19,2	3	25,0
	Stoffe	14	20,0	6	5,6	5	19,2	3	25,0
	Geräte	8	11,4	4	3,7	3	11,5	1	8,3
	Kosten	12	17,1	6	5,6	4	15,4	2	16,7
	Erlöse	11	15,7	4	3,7	5	19,2	2	16,7
	Ergebnisse	10	14,3	5	4,7	4	15,4	1	8,3
	Σ	70	100,0	32	29,9	26	100,0	12	100,0

Wird nach der Leistungserstellung eine kaufmännische Nachkalkulation durchgeführt?	1998: Unternehmen insgesamt		Unternehmensgrößenklassen nach Beschäftigten					
			< 20		20 - 99		> 99	
	abs.	in %	abs.	in %	abs.	in %	abs.	in %
ja	104	75,4	38	64,4	57	85,1	9	75,0
nein	34	24,6	21	35,6	10	14,9	3	25,0
Σ	138	100,0	59	100,0	67	100,0	12	100,0

Wird nach der Leistungserstellung eine kaufmännische Nachkalkulation durchgeführt? Ja, nach:	1998: Unternehmen insgesamt		Unternehmensgrößenklassen nach Beschäftigten					
			< 20		20 - 99		> 99	
Antwort gebende Unternehmen	abs.	in %	abs.	in %	abs.	in %	abs.	in %
	104	100,0	38	36,5	57	54,8	9	8,7
Nennungen	abs.	in %	abs.	in %	abs.	in %	abs.	in %
Arbeitsvorgang	19	14,0	11	22,4	7	9,2	1	9,1
Auftragsabschnitt	22	16,2	7	14,3	14	18,4	1	9,1
Auftragsabschnitt	84	61,8	29	59,2	49	64,5	6	54,5
Sparte	6	4,4	1	2,0	3	3,9	2	18,2
Sonstiges	5	3,7	1	2,0	3	3,9	1	9,1
Σ	136	100,0	49	100,0	76	100,0	11	100,0

Fließen die Ergebnisse des Projekt-controlling in eine Gesamtbeurteilung ein?	1998: Unternehmen insgesamt		Unternehmensgrößenklassen nach Beschäftigten					
			< 20		20 - 99		> 99	
	abs.	in %	abs.	in %	abs.	in %	abs.	in %
ja	63	46,3	18	31,6	39	58,2	6	50,0
nein	73	53,7	39	68,4	28	41,8	6	50,0
Σ	136	100,0	57	100,0	67	100,0	12	100,0

Fließen die Ergebnisse des Projekt-controlling in eine Gesamtbeurteilung ein? Ja, in ein(e):	1998: Unternehmen insgesamt		Unternehmensgrößenklassen nach Beschäftigten					
			< 20		20 - 99		> 99	
Antwort gebende Unternehmen	abs.	in %	abs.	in %	abs.	in %	abs.	in %
	63	100,0	18	28,6	39	61,9	6	9,5
Nennungen	abs.	in %	abs.	in %	abs.	in %	abs.	in %
Unternehmensplanung	50	55,6	15	65,2	30	51,7	5	55,6
Unternehmenscontrolling	30	33,3	4	17,4	23	39,7	3	33,3
Qualitätsmanagement	9	10,0	4	17,4	4	6,9	1	11,1
Sonstiges	1	1,1	0	0,0	1	1,7	0	0,0
Σ	90	100,0	23	100,0	58	100,0	9	100,0

Ist die Finanzbuchhaltung auf einen externen Dienstleister ausgelagert?	1998: Unternehmen insgesamt		Unternehmensgrößenklassen nach Beschäftigten					
			< 20		20 - 99		> 99	
	abs.	in %	abs.	in %	abs.	in %	abs.	in %
ja	71	51,1	42	70,0	28	41,8	1	8,3
nein	68	48,9	18	30,0	39	58,2	11	91,7
Σ	139	100,0	60	100,0	67	100,0	12	100,0

Wer führt die Finanzbuchhaltung für Ihr Bauunternehmen?	1998: Unternehmen insgesamt		Unternehmensgrößenklassen nach Beschäftigten					
			< 20		20 - 99		> 99	
Antwort gebende Unternehmen	abs.	in %	abs.	in %	abs.	in %	abs.	in %
	71	100,0	42	59,2	28	39,4	1	1,4
Nennungen	abs.	in %	abs.	in %	abs.	in %	abs.	in %
Kooperation	0	0,0	0	0,0	0	0,0	0	0,0
Rechenzentrum	13	17,8	5	11,6	8	27,6	0	0,0
Steuerberater	60	82,2	38	88,4	21	72,4	1	100,0
Sonstige	0	0,0	0	0,0	0	0,0	0	0,0
Σ	73	100,0	43	100,0	29	100,0	1	100,0

Warum ist die Finanzbuchhaltung ausgelagert?	1998: Unternehmen insgesamt		Unternehmensgrößenklassen nach Beschäftigten					
			< 20		20 - 99		> 99	
Antwort gebende Unternehmen	abs.	in %	abs.	in %	abs.	in %	abs.	in %
	71	100,0	42	59,2	28	39,4	1	1,4
Nennungen	abs.	in %	abs.	in %	abs.	in %	abs.	in %
fehlende fachliche Voraussetzungen	31	43,1	20	48,8	10	33,3	1	100,0
fehlende techn. Voraussetzungen	14	19,4	8	19,5	6	20,0	0	0,0
finanzielle Erwägungen	21	29,2	10	24,4	11	36,7	0	0,0
Sonstiges	6	8,3	3	7,3	3	10,0	0	0,0
Σ	72	100,0	41	100,0	30	100,0	1	100,0

Ist Ihre Finanzbuchhaltung tagfertig abrufbar?	1998: Unternehmen insgesamt		Unternehmensgrößenklassen nach Beschäftigten					
			< 20		20 - 99		> 99	
	abs.	in %	abs.	in %	abs.	in %	abs.	in %
ja	38	27,7	15	25,4	17	25,8	6	50,0
nein	99	72,3	44	74,6	49	74,2	6	50,0
Σ	137	100,0	59	100,0	66	100,0	12	100,0

Ist Ihre Finanzbuchhaltung tagfertig abrufbar? Nein, der Zeitrückstand beträgt:	1998: Unternehmen insgesamt		Unternehmensgrößenklassen nach Beschäftigten					
			< 20		20 - 99		> 99	
Antwort gebende Unternehmen	abs.	in %	abs.	in %	abs.	in %	abs.	in %
	92	100,0	41	44,6	45	48,9	6	6,5
Durchschnitt	abs.		abs.		abs.		abs.	
zeitlicher Rückstand (Tage)	26,5		35,9		20,1		10,2	

Ist Ihre Finanzbuchhaltung tagfertig abrufbar? Nein, der Zeitrückstand beträgt:	1998: Unternehmen insgesamt		Unternehmensgrößenklassen nach Beschäftigten					
			< 20		20 - 99		> 99	
	abs.	in %	abs.	in %	abs.	in %	abs.	in %
< 1 Woche	12	13,0	2	4,9	9	20,0	1	16,7
1 < x < 4 Wochen	29	31,5	10	24,4	14	31,1	5	83,3
4 < x < 8 Wochen	46	50,0	25	61,0	21	46,7	0	0,0
> 8 Wochen	5	5,4	4	9,8	1	2,2	0	0,0
Σ	92	100,0	41	100,0	45	100,0	6	100,0

Verfügt Ihre Finanzbuchhaltung über einen nach baubetriebswirtschaftlichen Gesichtspunkten aufgebauten Kontenrahmen?	1998: Unternehmen insgesamt		Unternehmensgrößenklassen nach Beschäftigten					
			< 20		20 - 99		> 99	
	abs.	in %	abs.	in %	abs.	in %	abs.	in %
Branchenbezogen	83	61,0	30	50,8	42	64,6	11	91,7
nicht branchenbezogen	35	25,7	15	25,4	19	29,2	1	8,3
keine Beurteilung möglich	18	13,2	14	23,7	4	6,2	0	0,0
Σ	136	100,0	59	100,0	65	100,0	12	100,0

Verfügt Ihre Finanzbuchhaltung über einen nach baubetriebswirtschaftlichen Gesichtspunkten aufgebauten Kontenrahmen? Ja:	1998: Unternehmen insgesamt		Unternehmensgrößenklassen nach Beschäftigten					
			< 20		20 - 99		> 99	
	abs.	in %	abs.	in %	abs.	in %	abs.	in %
Datev SKR 03 Bau	31	38,3	14	46,7	15	37,5	2	18,2
Datev SKR 04 Bau	9	11,1	3	10,0	6	15,0	0	0,0
BKR 87	24	29,6	8	26,7	11	27,5	5	45,5
MKR Bau	12	14,8	3	10,0	6	15,0	3	27,3
Sonstigen	5	6,2	2	6,7	2	5,0	1	9,1
Σ	81	100	30	100	40	100,0	11	100

Verfügt Ihre Finanzbuchhaltung über einen nach baubetriebswirtschaftlichen Gesichtspunkten aufgebauten Kontenrahmen? Nein:	1998: Unternehmen insgesamt		Unternehmensgrößenklassen nach Beschäftigten					
			< 20		20 - 99		> 99	
	abs.	in %	abs.	in %	abs.	in %	abs.	in %
Datev SKR 03	20	69,0	9	81,8	10	62,5	1	50,0
Datev SKR 04	7	24,1	1	9,1	5	31,3	1	50,0
Sonstigen	2	6,9	1	9,1	1	6,3	0	0,0
Σ	29	100,0	11	100,0	16	100,0	2	100,0

Erstellen Sie Finanzpläne?	1998: Unternehmen insgesamt		Unternehmensgrößenklassen nach Beschäftigten					
			< 20		20 - 99		> 99	
Antwort gebende Unternehmen	abs.	in %	abs.	in %	abs.	in %	abs.	in %
	136	100,0	59	43,4	65	47,8	12	8,8
Nennungen	abs.	in %	abs.	in %	abs.	in %	abs.	in %
täglicher Finanzplan	22	14,5	5	8,2	16	20,5	1	7,7
kurzfristiger Finanzplan	58	38,2	18	29,5	32	41,0	8	61,5
langfristiger Finanzplan	18	11,8	6	9,8	12	15,4	0	0,0
kein Finanzplan	54	35,5	32	52,5	18	23,1	4	30,8
Σ	152	100,0	61	100,0	78	100,0	13	100,0

Wie viele Monate nach Abschluss des Geschäftsjahres liegt der Jahresabschluss vor?	1998: Unternehmen insgesamt		Unternehmensgrößenklassen nach Beschäftigten					
			< 20		20 - 99		> 99	
Antwort gebende Unternehmen	abs.	in %	abs.	in %	abs.	in %	abs.	in %
	136	100,0	60	44,1	64	47,1	12	8,8
Durchschnitt	abs.		abs.		abs.		abs.	
zeitlicher Rückstand (Monate)	6,5		7,8		5,7		4,8	

Wie viele Monate nach Abschluss des Geschäftsjahres liegt der Jahresabschluss vor?	1998: Unternehmen insgesamt		Unternehmensgrößenklassen nach Beschäftigten					
			< 20		20 - 99		> 99	
	abs.	in %	abs.	in %	abs.	in %	abs.	in %
< 3 Monate	8	5,9	3	5,0	5	7,8	0	0,0
3 < x < 6 Monate	44	32,4	14	23,3	21	32,8	9	75,0
6 < x < 9 Monate	54	39,7	23	38,3	28	43,8	3	25,0
9 < x < 12 Monate	24	17,6	14	23,3	10	15,6	0	0,0
> 12 Monate	6	4,4	6	10,0	0	0,0	0	0,0
Σ	136	100,0	60	100,0	64	100,0	12	100,0

Wie hat sich in der Vergangenheit das Kostenbewusstsein - Ihrer persönlichen Einschätzung nach - in Ihrem Bauunternehmen entwickelt?	1998: Unternehmen insgesamt		Unternehmensgrößenklassen nach Beschäftigten					
			< 20		20 - 99		> 99	
	abs.	in %	abs.	in %	abs.	in %	abs.	in %
gesunken	16	11,5	8	13,3	8	11,9	0	0,0
gestiegen	88	63,3	34	56,7	42	62,7	12	100,0
gleich geblieben	27	19,4	17	28,3	10	14,9	0	0,0
keine Beurteilung möglich	8	5,8	1	1,7	7	10,4	0	0,0
Σ	139	100,0	60	100,0	67	100,0	12	100,0

Verfügen Sie über eine betriebsindividuelle Baubetriebsrechnung?	1998: Unternehmen insgesamt		Unternehmensgrößenklassen nach Beschäftigten					
			< 20		20 - 99		> 99	
	abs.	in %	abs.	in %	abs.	in %	abs.	in %
ja	48	36,1	7	12,7	32	48,5	9	75,0
nein (weiter mit der Frage 4.20)	85	63,9	48	87,3	34	51,5	3	25,0
Σ	133	100,0	55	100,0	66	100,0	12	100,0

Verfügen Sie über eine betriebsindividuelle Baubetriebsrechnung? Ja, seit:	1998: Unternehmen insgesamt		Unternehmensgrößenklassen nach Beschäftigten					
			< 20		20 - 99		> 99	
Antwort gebende Unternehmen	abs.	in %	abs.	in %	abs.	in %	abs.	in %
	36	100,0	5	13,9	23	63,9	8	22,2
Durchschnitt	abs.		abs.		abs.		abs.	
Einsatz seit (Jahre)	15,5		21,2		13,9		16,6	

Verfügen Sie über eine betriebsindividuelle Baubetriebsrechnung? Ja, seit:	1998: Unternehmen insgesamt		Unternehmensgrößenklassen nach Beschäftigten					
			< 20		20 - 99		> 99	
	abs.	in %	abs.	in %	abs.	in %	abs.	in %
< 2 Jahre	2	5,6	0	0,0	2	8,7	0	0,0
2 < x < 5 Jahre	5	13,9	0	0,0	3	13,0	2	25,0
> 5 Jahre	29	80,6	5	100,0	18	78,3	6	75,0
Σ	36	100,0	5	100,0	23	100,0	8	100,0

Wie ist die Baubetriebsrechnung mit der Finanzbuchhaltung verbunden?	1998: Unternehmen insgesamt		Unternehmensgrößenklassen nach Beschäftigten					
			< 20		20 - 99		> 99	
	abs.	in %	abs.	in %	abs.	in %	abs.	in %
Ein-Kreissystem	13	31,7	1	20,0	10	35,7	2	25,0
Zwei-Kreissystem	17	41,5	2	40,0	10	35,7	5	62,5
losgelöst	11	26,8	2	40,0	8	28,6	1	12,5
Sonstiges	0	0,0	0	0,0	0	0,0	0	0,0
Σ	41	100,0	5	100,0	28	100,0	8	100,0

Nach was orientiert sich der Aufbau Ihrer Baubetriebsrechnung?	1998: Unternehmen insgesamt		Unternehmensgrößenklassen nach Beschäftigten					
			< 20		20 - 99		> 99	
	abs.	in %	abs.	in %	abs.	in %	abs.	in %
eigenorientiert	42	93,3	5	100,0	28	90,3	9	100,0
fremdorientiert	3	6,7	0	0,0	3	9,7	0	0,0
Σ	45	100,0	5	100,0	31	100,0	9	100,0

Wie viele aufwandsgleiche Kostenarten aus der Finanzbuchhaltung verwenden Sie für die Aufgaben der Baubetriebsrechnung?	1998: Unternehmen insgesamt		Unternehmensgrößenklassen nach Beschäftigten					
			< 20		20 - 99		> 99	
Antwort gebende Unternehmen	abs.	in %	abs.	in %	abs.	in %	abs.	in %
	27	100,0	2	7,4	18	66,7	7	25,9
Durchschnitt	abs.		abs.		abs.		abs.	
aufwandsgleiche Kostenarten (Anzahl)	72,5		70,0		57,1		113,0	

Wie viele aufwandsgleiche Kostenarten aus der Finanzbuchhaltung verwenden Sie für die Aufgaben der Baubetriebsrechnung?	1998: Unternehmen insgesamt		Unternehmensgrößenklassen nach Beschäftigten					
			< 20		20 - 99		> 99	
	abs.	in %	abs.	in %	abs.	in %	abs.	in %
< 5 Kostenarten	1	3,7	0	0,0	1	5,6	0	0,0
5 < x < 10 Kostenarten	2	7,4	1	50,0	1	5,6	0	0,0
10 < x < 25 Kostenarten	2	7,4	0	0,0	2	11,1	0	0,0
25 < x < 50 Kostenarten	5	18,5	0	0,0	4	22,2	1	14,3
> 50 Kostenarten	17	63,0	1	50,0	10	55,6	6	85,7
Σ	27	100,0	2	100,0	18	100,0	7	100,0

Wie viele aufwandsgleiche Kostenarten aus der Finanzbuchhaltung verwenden Sie für die Aufgaben der Baubetriebsrechnung?	1998: Unternehmen insgesamt		Unternehmensgrößenklassen nach Beschäftigten					
			< 20		20 - 99		> 99	
Antwort gebende Unternehmen	abs.	in %	abs.	in %	abs.	in %	abs.	in %
	27	100,0	2	7,4	18	66,7	7	25,9
Verteilung	in %		in %		in %		in %	
Lohn / Gehalt	32,9		53,4		27,9		31,3	
Material	29,0		32,8		29,9		25,1	
Nachunternehmer	10,6		4,4		13,9		7,3	
Geräte	12,2		1,4		15,2		12,1	
Sonstige	15,3		8,0		13,1		24,2	
Σ	100,0		100,0		100,0		100,0	

Welche kalkulatorischen Kostenarten berücksichtigen Sie in Ihrer Baubetriebsrechnung?	1998: Unternehmen insgesamt		Unternehmensgrößenklassen nach Beschäftigten					
			< 20		20 - 99		> 99	
Antwort gebende Unternehmen	abs.	in %	abs.	in %	abs.	in %	abs.	in %
	46	100,0	6	13,0	31	67,4	9	19,6
Nennungen	abs.	in %	abs.	in %	abs.	in %	abs.	in %
kalk. Unternehmerlohn	20	15,0	2	15,4	16	16,7	2	8,3
kalk. Abschreibung	42	31,6	4	30,8	30	31,3	8	33,3
kalk. Miete / Pacht	24	18,0	2	15,4	16	16,7	6	25,0
kalk. Wagnis	19	14,3	3	23,1	15	15,6	1	4,2
kalk. Zinsen	20	15,0	2	15,4	13	13,5	5	20,8
Sonstige	8	6,0	0	0,0	6	6,3	2	8,3
Σ	133	100,0	13	100,0	96	100,0	24	100,0

Nach welchen Kriterien haben Sie Ihre Kostenstellen gebildet?	1998: Unternehmen insgesamt		Unternehmensgrößenklassen nach Beschäftigten					
			< 20		20 - 99		> 99	
Antwort gebende Unternehmen	abs.	in %	abs.	in %	abs.	in %	abs.	in %
	46	100,0	6	13,0	31	67,4	9	19,6
Nennungen	abs.	in %	abs.	in %	abs.	in %	abs.	in %
rechentechnischen Erwägungen	17	27,4	4	57,1	11	28,9	2	11,8
räumlichen Gesichtspunkten	5	8,1	1	14,3	2	5,3	2	11,8
Funktionen	24	38,7	0	0,0	19	50,0	5	29,4
Verantwortungsbereichen	9	14,5	1	14,3	3	7,9	5	29,4
Sonstige	7	11,3	1	14,3	3	7,9	3	17,6
Σ	62	100,0	7	100,0	38	100,0	17	100,0

Geben Sie nachfolgend Ihre Kostenstellen an:	1998: Unternehmen insgesamt		Unternehmensgrößenklassen nach Beschäftigten					
			< 20		20 - 99		> 99	
Antwort gebende Unternehmen	abs.	in %	abs.	in %	abs.	in %	abs.	in %
	31	100,0	4	12,9	21	67,7	6	19,4
Durchschnitt	abs.		abs.		abs.		abs.	
Kostenstellen (Anzahl)	9,9		3,8		11,8		7,3	

Geben Sie nachfolgend Ihre Kostenstellen an:	1998: Unternehmen insgesamt		Unternehmensgrößenklassen nach Beschäftigten					
			< 20		20 - 99		> 99	
	abs.	in %	abs.	in %	abs.	in %	abs.	in %
< 5 Kostenstellen	7	22,6	3	75,0	3	14,3	1	16,7
5 < x < 10 Kostenstellen	17	54,8	1	25,0	13	61,9	3	50,0
10 < x < 25 Kostenstellen	5	16,1	0	0,0	3	14,3	2	33,3
25 < x < 50 Kostenstellen	1	3,2	0	0,0	1	4,8	0	0,0
> 50 Kostenstellen	1	3,2	0	0,0	1	4,8	0	0,0
Σ	31	100,0	4	100,0	21	100,0	6	100,0

Wie werden die Verrechnungspreise angesetzt?	1998: Unternehmen insgesamt		Unternehmensgrößenklassen nach Beschäftigten					
			< 20		20 - 99		> 99	
Antwort gebende Unternehmen	abs.	in %	abs.	in %	abs.	in %	abs.	in %
	46	100,0	7	15,2	30	65,2	9	19,6
Nennungen	abs.	in %	abs.	in %	abs.	in %	abs.	in %
Kostenpreis	34	68,0	5	62,5	22	71,0	7	63,6
Marktpreis	15	30,0	3	37,5	9	29,0	3	27,3
anderer Preis	1	2,0	0	0,0	0	0,0	1	9,1
Σ	50	100,0	8	100,0	31	100,0	11	100,0

Welches Verfahren der innerbetrieblichen Leistungsverrechnung setzen Sie ein?	1998: Unternehmen insgesamt		Unternehmensgrößenklassen nach Beschäftigten					
			< 20		20 - 99		> 99	
Antwort gebende Unternehmen	abs.	in %	abs.	in %	abs.	in %	abs.	in %
	46	100,0	8	17,4	29	63,0	9	19,6
Nennungen	abs.	in %	abs.	in %	abs.	in %	abs.	in %
Kostenartenverfahren	14	28,6	2	28,6	11	33,3	1	11,1
Kostenstellenumlageverfahren	20	40,8	2	28,6	12	36,4	6	66,7
Kostenträgerverfahren	14	28,6	3	42,9	9	27,3	2	22,2
Sonstiges	1	2,0	0	0,0	1	3,0	0	0,0
Σ	49	100,0	7	100,0	33	100,0	9	100,0

Verfügt Ihr Bauunternehmen über eine strukturierte Bauleistungsrechnung?	1998: Unternehmen insgesamt		Unternehmensgrößenklassen nach Beschäftigten					
			< 20		20 - 99		> 99	
	abs.	in %	abs.	in %	abs.	in %	abs.	in %
ja	23	52,3	4	57,1	14	50,0	5	55,6
nein	21	47,7	3	42,9	14	50,0	4	44,4
Σ	44	100,0	7	100,0	28	100,0	9	100,0

Verfügt Ihr Bauunternehmen über eine strukturierte Bauleistungsrechnung? Ja, nach	1998: Unternehmen insgesamt		Unternehmensgrößenklassen nach Beschäftigten					
			< 20		20 - 99		> 99	
Antwort gebende Unternehmen	abs.	in %	abs.	in %	abs.	in %	abs.	in %
	23	100,0	4	17,4	14	60,9	5	21,7
Nennungen	abs.	in %	abs.	in %	abs.	in %	abs.	in %
Leistungsarten	12	38,7	3	60,0	4	26,7	5	45,5
Leistungsstellen	16	51,6	2	40,0	11	73,3	3	27,3
anderer Strukturierung	3	9,7	0	0,0	0	0,0	3	27,3
Σ	31	100,0	5	100,0	15	100,0	11	100,0

Wie erfolgt die Bewertung der unfertigen Bauleistung in Ihrem Baubetrieb?	1998: Unternehmen insgesamt		Unternehmensgrößenklassen nach Beschäftigten					
			< 20		20 - 99		> 99	
	abs.	in %	abs.	in %	abs.	in %	abs.	in %
progressive Methode	26	57,8	3	50,0	19	63,3	4	44,4
retrograde Methode	19	42,2	3	50,0	11	36,7	5	55,6
Σ	45	100,0	6	100,0	30	100,0	9	100,0

Welches Verfahren verwenden Sie für eine kurzfristige Erfolgsrechnung?	1998: Unternehmen insgesamt		Unternehmensgrößenklassen nach Beschäftigten					
			< 20		20 - 99		> 99	
	abs.	in %	abs.	in %	abs.	in %	abs.	in %
Gesamtkostenverfahren	39	81,3	5	71,4	27	84,4	7	77,8
Umsatzkostenverfahren (Vollkosten)	8	16,7	2	28,6	4	12,5	2	22,2
Umsatzkostenverfahren (Teilkosten)	0	0,0	0	0,0	0	0,0	0	0,0
Sonstige	1	2,1	0	0,0	1	3,1	0	0,0
Σ	48	100,0	7	100,0	32	100,0	9	100,0

Wie oft im Jahr erstellen Sie eine kurzfristige Erfolgsrechnung?	1998: Unternehmen insgesamt		Unternehmensgrößenklassen nach Beschäftigten					
			< 20		20 - 99		> 99	
	abs.	in %	abs.	in %	abs.	in %	abs.	in %
wöchentliche Erstellung	2	4,3	0	0,0	1	3,2	1	11,1
monatliche Erstellung	20	43,5	2	33,3	11	35,5	7	77,8
quartalsweise Erstellung	14	30,4	2	33,3	11	35,5	1	11,1
jährliche Erstellung	10	21,7	2	33,3	8	25,8	0	0,0
Σ	46	100,0	6	100,0	31	100,0	9	100,0

Welche betriebswirtschaftlichen Instrumente setzen Sie eigenverantwortlich in Ihrem Unternehmen?		1998: Unternehmen insgesamt		Unternehmensgrößenklassen nach Beschäftigten					
				< 20		20 - 99		> 99	
		abs.	in %	abs.	in %	abs.	in %	abs.	in %
Finanzbuchhaltung	intensive Nutzung	91	75,2	31	63,3	50	83,3	10	83,3
	gelegentliche Nutzung	22	18,2	11	22,4	9	15,0	2	16,7
	seltene Nutzung	6	5,0	5	10,2	1	1,7	0	0,0
	keine Nutzung	2	1,7	2	4,1	0	0,0	0	0,0
	Σ	121	100,0	49	100,0	60	100,0	12	100,0
Lohnbuchhaltung	intensive Nutzung	77	65,8	27	58,7	41	69,5	9	75,0
	gelegentliche Nutzung	24	20,5	9	19,6	13	22,0	2	16,7
	seltene Nutzung	12	10,3	7	15,2	4	6,8	1	8,3
	keine Nutzung	4	3,4	3	6,5	1	1,7	0	0,0
	Σ	117	100,0	46	100,0	59	100,0	12	100,0
Anlagenbuchhaltung	intensive Nutzung	19	20,9	3	9,1	13	27,1	3	30,0
	gelegentliche Nutzung	20	22,0	5	15,2	10	20,8	5	50,0
	seltene Nutzung	27	29,7	9	27,3	17	35,4	1	10,0
	keine Nutzung	25	27,5	16	48,5	8	16,7	1	10,0
	Σ	91	100,0	33	100,0	48	100,0	10	100,0
Bauauftragsrechnung	intensive Nutzung	39	42,4	12	33,3	21	46,7	6	54,5
	gelegentliche Nutzung	13	14,1	5	13,9	6	13,3	2	18,2
	seltene Nutzung	18	19,6	4	11,1	12	26,7	2	18,2
	keine Nutzung	22	23,9	15	41,7	6	13,3	1	9,1
	Σ	92	100,0	36	100,0	45	100,0	11	100,0

Welche betriebswirtschaftlichen Instrumente setzen Sie eigenverantwortlich in Ihrem Unternehmen? (Fortsetzung)		1998: Unternehmen insgesamt		Unternehmensgrößenklassen nach Beschäftigten					
				< 20		20 - 99		> 99	
		abs.	in %	abs.	in %	abs.	in %	abs.	in %
Deckungsbeitragsrechnung	intensive Nutzung	28	30,4	10	28,6	15	31,9	3	30,0
	gelegentliche Nutzung	18	19,6	6	17,1	11	23,4	1	10,0
	seltene Nutzung	23	25,0	7	20,0	13	27,7	3	30,0
	keine Nutzung	23	25,0	12	34,3	8	17,0	3	30,0
	Σ	92	100,0	35	100,0	47	100,0	10	100,0
Plankostenrechnung	intensive Nutzung	11	13,6	3	9,4	7	17,9	1	10,0
	gelegentliche Nutzung	7	8,6	2	6,3	4	10,3	1	10,0
	seltene Nutzung	23	28,4	6	18,8	11	28,2	6	60,0
	keine Nutzung	40	49,4	21	65,6	17	43,6	2	20,0
	Σ	81	100,0	32	100,0	39	100,0	10	100,0
Soll-/Ist-Vergleich	intensive Nutzung	46	46,5	16	43,2	26	52,0	4	33,3
	gelegentliche Nutzung	29	29,3	8	21,6	19	38,0	2	16,7
	seltene Nutzung	8	8,1	3	8,1	2	4,0	3	25,0
	keine Nutzung	16	16,2	10	27,0	3	6,0	3	25,0
	Σ	99	100,0	37	100,0	50	100,0	12	100,0
Finanzplan	intensive Nutzung	32	34,4	6	17,1	19	40,4	7	63,6
	gelegentliche Nutzung	18	19,4	4	11,4	13	27,7	1	9,1
	seltene Nutzung	15	16,1	8	22,9	6	12,8	1	9,1
	keine Nutzung	28	30,1	17	48,6	9	19,1	2	18,2
	Σ	93	100,0	35	100,0	47	100,0	11	100,0
Kapitalflussrechnung	intensive Nutzung	5	6,1	2	6,5	2	4,8	1	11,1
	gelegentliche Nutzung	13	15,9	5	16,1	8	19,0	0	0,0
	seltene Nutzung	25	30,5	6	19,4	15	35,7	4	44,4
	keine Nutzung	39	47,6	18	58,1	17	40,5	4	44,4
	Σ	82	100,0	31	100,0	42	100,0	9	100,0
Investitionsrechnung	intensive Nutzung	9	10,5	3	9,7	5	10,9	1	11,1
	gelegentliche Nutzung	19	22,1	3	9,7	13	28,3	3	33,3
	seltene Nutzung	20	23,3	4	12,9	14	30,4	2	22,2
	keine Nutzung	38	44,2	21	67,7	14	30,4	3	33,3
	Σ	86	100,0	31	100,0	46	100,0	9	100,0
Kennzahlen	intensive Nutzung	10	11,4	2	6,3	8	17,0	0	0,0
	gelegentliche Nutzung	28	31,8	3	9,4	21	44,7	4	44,4
	seltene Nutzung	23	26,1	6	18,8	14	29,8	3	33,3
	keine Nutzung	27	30,7	21	65,6	4	8,5	2	22,2
	Σ	88	100,0	32	100,0	47	100,0	9	100,0
Budgetierung	intensive Nutzung	4	5,1	0	0,0	4	10,3	0	0,0
	gelegentliche Nutzung	8	10,3	1	3,3	6	15,4	1	11,1
	seltene Nutzung	23	29,5	4	13,3	14	35,9	5	55,6
	keine Nutzung	43	55,1	25	83,3	15	38,5	3	33,3
	Σ	78	100,0	30	100,0	39	100,0	9	100,0

Welche betriebswirtschaftlichen Instrumente setzen Sie eigenverantwortlich in Ihrem Unternehmen? (Fortsetzung)		1998: Unternehmen insgesamt		Unternehmensgrößenklassen nach Beschäftigten					
				< 20		20 - 99		> 99	
		abs.	in %	abs.	in %	abs.	in %	abs.	in %
Berichtswesen	intensive Nutzung	22	26,5	4	13,3	15	34,1	3	33,3
	gelegentliche Nutzung	14	16,9	2	6,7	11	25,0	1	11,1
	seltene Nutzung	13	15,7	1	3,3	9	20,5	3	33,3
	keine Nutzung	34	41,0	23	76,7	9	20,5	2	22,2
	Σ	83	100,0	30	100,0	44	100,0	9	100,0
strategische Planungsinstr.	intensive Nutzung	9	10,1	2	6,1	7	14,9	0	0,0
	gelegentliche Nutzung	30	33,7	7	21,2	20	42,6	3	33,3
	seltene Nutzung	23	25,8	8	24,2	12	25,5	3	33,3
	keine Nutzung	27	30,3	16	48,5	8	17,0	3	33,3
	Σ	89	100,0	33	100,0	47	100,0	9	100,0

Welche betriebswirtschaftlichen Instrumente setzen Sie eigenverantwortlich in Ihrem Unternehmen? Entwicklungstendenz der Verwendung:		1998: Unternehmen insgesamt		Unternehmensgrößenklassen nach Beschäftigten					
				< 20		20 - 99		> 99	
		abs.	in %	abs.	in %	abs.	in %	abs.	in %
Finanzbuchhaltung	mehr Nutzung	28	32,9	7	23,3	16	35,6	5	50,0
	gleiche Nutzung	54	63,5	22	73,3	27	60,0	5	50,0
	weniger Nutzung	3	3,5	1	3,3	2	4,4	0	0,0
	Σ	85	100,0	30	100,0	45	100,0	10	100,0
Lohnbuchhaltung	mehr Nutzung	18	22,5	3	11,1	10	23,3	5	50,0
	gleiche Nutzung	58	72,5	23	85,2	30	69,8	5	50,0
	weniger Nutzung	4	5,0	1	3,7	3	7,0	0	0,0
	Σ	80	100,0	27	100,0	43	100,0	10	100,0
Anlagenbuchhaltung	mehr Nutzung	7	11,5	1	5,6	4	11,8	2	22,2
	gleiche Nutzung	51	83,6	17	94,4	28	82,4	6	66,7
	weniger Nutzung	3	4,9	0	0,0	2	5,9	1	11,1
	Σ	61	100,0	18	100,0	34	100,0	9	100,0
Bauauftragsrechnung	mehr Nutzung	19	31,1	4	20,0	10	30,3	5	62,5
	gleiche Nutzung	39	63,9	15	75,0	21	63,6	3	37,5
	weniger Nutzung	3	4,9	1	5,0	2	6,1	0	0,0
	Σ	61	100,0	20	100,0	33	100,0	8	100,0
Deckungsbeitragsrechnung	mehr Nutzung	24	38,1	7	36,8	13	37,1	4	44,4
	gleiche Nutzung	35	55,6	11	57,9	20	57,1	4	44,4
	weniger Nutzung	4	6,3	1	5,3	2	5,7	1	11,1
	Σ	63	100,0	19	100,0	35	100,0	9	100,0
Plankostenrechnung	mehr Nutzung	11	21,2	2	14,3	5	17,2	4	44,4
	gleiche Nutzung	36	69,2	10	71,4	22	75,9	4	44,4
	weniger Nutzung	5	9,6	2	14,3	2	6,9	1	11,1
	Σ	52	100,0	14	100,0	29	100,0	9	100,0

Welche betriebswirtschaftlichen Instrumente setzen Sie eigenverantwortlich in Ihrem Unternehmen? Entwicklungstendenz der Verwendung: (Fortsetzung)		1998: Unternehmen insgesamt		Unternehmensgrößenklassen nach Beschäftigten					
				< 20		20 - 99		> 99	
		abs.	in %	abs.	in %	abs.	in %	abs.	in %
Soll-/Ist-Vergleich	mehr Nutzung	28	41,2	6	26,1	18	50,0	4	44,4
	gleiche Nutzung	34	50,0	14	60,9	16	44,4	4	44,4
	weniger Nutzung	6	8,8	3	13,0	2	5,6	1	11,1
	Σ	68	100,0	23	100,0	36	100,0	9	100,0
Finanzplan	mehr Nutzung	16	27,1	3	16,7	9	27,3	4	50,0
	gleiche Nutzung	37	62,7	12	66,7	22	66,7	3	37,5
	weniger Nutzung	6	10,2	3	16,7	2	6,1	1	12,5
	Σ	59	100,0	18	100,0	33	100,0	8	100,0
Kapitalflussrechnung	mehr Nutzung	8	14,8	1	6,3	5	16,7	2	25,0
	gleiche Nutzung	39	72,2	12	75,0	22	73,3	5	62,5
	weniger Nutzung	7	13,0	3	18,8	3	10,0	1	12,5
	Σ	54	100,0	16	100,0	30	100,0	8	100,0
Investitionsrechnung	mehr Nutzung	11	19,6	0	0,0	9	28,1	2	25,0
	gleiche Nutzung	40	71,4	14	87,5	21	65,6	5	62,5
	weniger Nutzung	5	8,9	2	12,5	2	6,3	1	12,5
	Σ	56	100,0	16	100,0	32	100,0	8	100,0
Kennzahlen	mehr Nutzung	15	24,2	1	5,6	11	30,6	3	37,5
	gleiche Nutzung	39	62,9	14	77,8	22	61,1	3	37,5
	weniger Nutzung	8	12,9	3	16,7	3	8,3	2	25,0
	Σ	62	100,0	18	100,0	36	100,0	8	100,0
Budgetierung	mehr Nutzung	4	7,7	0	0,0	2	6,9	2	25,0
	gleiche Nutzung	38	73,1	9	60,0	25	86,2	4	50,0
	weniger Nutzung	10	19,2	6	40,0	2	6,9	2	25,0
	Σ	52	100,0	15	100,0	29	100,0	8	100,0
Berichtswesen	mehr Nutzung	9	17,3	0	0,0	6	20,0	3	37,5
	gleiche Nutzung	35	67,3	10	71,4	22	73,3	3	37,5
	weniger Nutzung	8	15,4	4	28,6	2	6,7	2	25,0
	Σ	52	100,0	14	100,0	30	100,0	8	100,0
strategische Planungsinstr.	mehr Nutzung	20	33,9	3	16,7	15	45,5	2	25,0
	gleiche Nutzung	35	59,3	13	72,2	17	51,5	5	62,5
	weniger Nutzung	4	6,8	2	11,1	1	3,0	1	12,5
	Σ	59	100,0	18	100,0	33	100,0	8	100,0

Anhang 3: Auswertung der empirischen Untersuchung 2006

Grundgesamtheit 2006 Mitgliedsbetriebe des VBU Hessen im Jahr 2006	1.227	
Zusammensetzung der Grundgesamtheit 2006 Unternehmensgrößenklassen nach Beschäftigten	abs.	in %
< 20	1.018	83,0
20 – 99	180	14,7
> 99	29	2,4
Σ	1.227	100,0

Anzahl der zu berücksichtigenden Unternehmen 2006 Anzahl der angeschriebenen Unternehmen (Grundgesamtheit)	1.227	
Rücklauf 2006 Anzahl der Antwort gebenden Unternehmen (Stichprobe)	abs.	in %
insgesamt	54	4,4
auswertbar	54	4,4

Stichprobe 2006 Anzahl der Antwort gebenden Unternehmen (auswertbar)	54	
Zusammensetzung der Stichprobe 2006 Unternehmensgrößenklassen nach Beschäftigten	abs.	in %
< 20	25	46,3
20 - 99	26	48,2
> 99	3	5,6
Σ	54	100,0

Unternehmen	2006: Unternehmen insgesamt		Unternehmensgrößenklassen nach Beschäftigten					
			< 20		20 - 99		> 99	
	abs.	in %	abs.	in %	abs.	in %	abs.	in %
Totalerhebung Bauhauptgew. Hessen	5.768	100,0	5.340	92,6	382	6,6	46	0,8
Grundgesamtheit VBU Mitglieder	1.227	100,0	1.018	83,0	180	14,7	29	2,4
Stichprobe	54	100,0	25	46,3	26	48,1	3	5,6

In welcher Region befindet sich Ihr Bauunternehmen?	2006: Unternehmen insgesamt		Unternehmensgrößenklassen nach Beschäftigten					
			< 20		20 - 99		> 99	
	abs.	in %	abs.	in %	abs.	in %	abs.	in %
Nordhessen	12	22,2	7	28,0	5	19,2	0	0,0
Mittelhessen	13	24,1	7	28,0	4	15,4	2	66,7
Osthessen	11	20,4	4	16,0	7	26,9	0	0,0
Rhein/Main	13	24,1	4	16,0	8	30,8	1	33,3
Südhessen	5	9,3	3	12,0	2	7,7	0	0,0
Σ	54	100,0	25	100,0	26	100,0	3	100,0

Bei Ihrem Betrieb handelt es sich um ein(e):	2006: Unternehmen insgesamt		Unternehmensgrößenklassen nach Beschäftigten					
			< 20		20 - 99		> 99	
	abs.	in %	abs.	in %	abs.	in %	abs.	in %
Niederlassung	0	0,0	0	0,0	0	0,0	0	0,0
selbständiges Bauunternehmen	28	100,0	25	100,0	0	0,0	3	100,0
Σ	28	100,0	25	100,0	0	0,0	3	100,0

Bei Ihrem Betrieb handelt es sich um ein Bauunternehmen:	2006: Unternehmen insgesamt		Unternehmensgrößenklassen nach Beschäftigten					
			< 20		20 - 99		> 99	
	abs.	in %	abs.	in %	abs.	in %	abs.	in %
mit Organisationselementen	10	18,5	1	4,0	6	23,1	3	100,0
ohne Organisationselemente	44	81,5	24	96,0	20	76,9	0	0,0
Σ	54	100,0	25	100,0	26	100,0	3	100,0

Bei Ihrem Betrieb handelt es sich um ein Bauunternehmen mit folgenden Organisationselementen:	2006: Unternehmen insgesamt		Unternehmensgrößenklassen nach Beschäftigten					
			< 20		20 - 99		> 99	
Antwort gebende Unternehmen	abs.	in %	abs.	in %	abs.	in %	abs.	in %
	10	100,0	1	10,0	6	60,0	3	30,0
Nennungen	abs.	in %	abs.	in %	abs.	in %	abs.	in %
Niederlassung(en)	0	0,0	0	0,0	0	0,0	0	0,0
Spartentrennung	3	16,7	0	0,0	2	20,0	1	14,3
Nebenbetrieb(e)	4	22,2	0	0,0	1	10,0	3	42,9
Hilfsbetrieb(e)	2	11,1	0	0,0	1	10,0	1	14,3
Projektierung	4	22,2	0	0,0	3	30,0	1	14,3
Bauträger	5	27,8	1	100,0	3	30,0	1	14,3
Sonstige	0	0,0	0	0,0	0	0,0	0	0,0
Σ	18	100,0	1	100,0	10	100,0	7	100,0

Welche Rechtsform besitzt Ihr bauausführendes Unternehmen?	2006: Unternehmen insgesamt		Unternehmensgrößenklassen nach Beschäftigten					
			< 20		20 - 99		> 99	
	abs.	in %	abs.	in %	abs.	in %	abs.	in %
Einzelunternehmen	14	25,9	13	52,0	1	3,8	0	0,0
GbR	0	0,0	0	0,0	0	0,0	0	0,0
OHG	0	0,0	0	0,0	0	0,0	0	0,0
KG	1	1,9	0	0,0	1	3,8	0	0,0
GmbH	21	38,9	10	40,0	10	38,5	1	33,3
GmbH & Co. KG	15	27,8	2	8,0	11	42,3	2	66,7
mit Betriebsaufspaltung	3	5,6	0	0,0	3	11,5	0	0,0
AG	0	0,0	0	0,0	0	0,0	0	0,0
KGaA	0	0,0	0	0,0	0	0,0	0	0,0
Sonstige	0	0,0	0	0,0	0	0,0	0	0,0
Σ	54	100,0	25	100,0	26	100,0	3	100,0

a) Wo ordnen Sie Ihren Baubetrieb in der Bauwirtschaft ein?	2006: Unternehmen insgesamt		Unternehmensgrößenklassen nach Beschäftigten					
			< 20		20 - 99		> 99	
	abs.	in %	abs.	in %	abs.	in %	abs.	in %
Bauindustrie	1	2,2	0	0,0	0	0,0	1	50,0
Baugewerbe	24	52,2	10	43,5	13	61,9	1	50,0
Bauhandwerk	21	45,7	13	56,5	8	38,1	0	0,0
Σ	46	100,0	23	100,0	21	100,0	2	100,0

b) Wo ordnen Sie Ihren Baubetrieb in der Bauwirtschaft ein?	2006: Unternehmen insgesamt		Unternehmensgrößenklassen nach Beschäftigten					
			< 20		20 - 99		> 99	
	abs.	in %	abs.	in %	abs.	in %	abs.	in %
Bauhauptgewerbe	33	97,1	12	100,0	19	95,0	2	100,0
Baunebengewerbe	1	2,9	0	0,0	1	5,0	0	0,0
Σ	34	100,0	12	100,0	20	100,0	2	100,0

Wie viele Mitarbeiter waren 2005 in Ihrem Bauunternehmen insgesamt beschäftigt? Welche Beschäftigungsstruktur lag vor?	2006: Unternehmen insgesamt		Unternehmensgrößenklassen nach Beschäftigten					
			< 20		20 - 99		> 99	
Antwort gebende Unternehmen	abs.	in %	abs.	in %	abs.	in %	abs.	in %
	54	100,0	25,0	46,3	26	48,1	3	5,6
Mitarbeiterverteilung	abs.	in %	abs.	in %	abs.	in %	abs.	in %
gewerbliche Mitarbeiter	1.448,0	182,0	195,0	78,8	925	80,5	328	73,9
technische Angestellte	225,0	18,0	19,0	7,7	129	11,2	77	17,3
kaufmännische Angestellte	167,0	32,5	33,5	13,5	94,5	8,2	39	8,8
Σ	1.840,0	232,5	247,5	100,0	1148,5	100,0	444	100,0
Mitarbeiterstruktur	abs.	in %	abs.	in %	abs.	in %	abs.	in %
gewerbliche Mitarbeiter	26,8	78,7	7,8	76,9	35,6	80,5	109,3	73,9
technische Angestellte	4,2	12,2	1,0	9,9	5,0	11,2	25,7	17,3
kaufmännische Angestellte	3,1	9,1	1,3	13,2	3,6	8,2	13,0	8,8
Σ	34,1	100,0	10,1	100,0	44,2	100,0	148,0	100,0

Wie hoch war der Gesamtumsatz (netto) in 2005?	2006: Unternehmen insgesamt		Unternehmensgrößenklassen nach Beschäftigten					
			< 20		20 - 99		> 99	
	abs.	in %	abs.	in %	abs.	in %	abs.	in %
< 1 Mio. EUR	11	20,4	11	44,0	0	0,0	0	0,0
1 Mio. EUR < x < 2,5 Mio. EUR	22	40,7	13	52,0	9	34,6	0	0,0
2,5 Mio. EUR < x < 5 Mio. EUR	10	18,5	1	4,0	9	34,6	0	0,0
5 Mio. EUR < x < 10 Mio. EUR	3	5,6	0	0,0	3	11,5	0	0,0
10 Mio. EUR < x < 20 Mio. EUR	5	9,3	0	0,0	4	15,4	1	33,3
> 20 Mio. EUR	3	5,6	0	0,0	1	3,8	2	66,7
Σ	54	100,0	25	100,0	26	100,0	3	100,0

Wie groß ist der durchschnittliche Wirkungskreis Ihres Bauunternehmens?	2006: Unternehmen insgesamt		Unternehmensgrößenklassen nach Beschäftigten					
			< 20		20 - 99		> 99	
	abs.	in %	abs.	in %	abs.	in %	abs.	in %
< 25 km	11	20,8	8	32,0	3	12,0	0	0,0
25 km < x < 50 km	26	49,1	14	56,0	10	40,0	2	66,7
50 km < x < 75 km	6	11,3	1	4,0	5	20,0	0	0,0
75 km < x < 100 km	7	13,2	2	8,0	5	20,0	0	0,0
> 100 km	3	5,7	0	0,0	2	8,0	1	33,3
Σ	53	100,0	25	100,0	25	100,0	3	100,0

In welchen Sparten ist Ihr Bauunternehmen schwerpunktmäßig tätig? (Rohbau)	2006: Unternehmen insgesamt		Unternehmensgrößenklassen nach Beschäftigten					
			< 20		20 - 99		> 99	
Antwort gebende Unternehmen	abs.	in %	abs.	in %	abs.	in %	abs.	in %
	32	100,0	19	59,4	12	37,5	1	3,1
Nennungen	abs.	in %	abs.	in %	abs.	in %	abs.	in %
Hochbau	20	40,0	13	41,9	7	43,8	0	0,0
Tiefbau	15	30,0	9	29,0	5	31,3	1	33,3
Straßen- oder Bahnbau	7	14,0	4	12,9	2	12,5	1	33,3
Aus- und Spezialbau	3	6,0	1	3,2	1	6,3	1	33,3
Fertigteilbau	0	0,0	0	0,0	0	0,0	0	0,0
Sonstige	5	10,0	4	12,9	1	6,3	0	0,0
Σ	50	100,0	31	100,0	16	100,0	3	100,0

In welchen Sparten ist Ihr Bauunternehmen schwerpunktmäßig tätig? (Rohbau, GU/TU/SF)	2006: Unternehmen insgesamt		Unternehmensgrößenklassen nach Beschäftigten					
			< 20		20 - 99		> 99	
Antwort gebende Unternehmen	abs.	in %	abs.	in %	abs.	in %	abs.	in %
	13	100,0	2	15,4	11	84,6	0	0,0
Nennungen	abs.	in %	abs.	in %	abs.	in %	abs.	in %
Hochbau	7	30,4	1	33,3	6	30,0	0	0,0
Tiefbau	7	30,4	1	33,3	6	30,0	0	0,0
Straßen- oder Bahnbau	4	17,4	1	33,3	3	15,0	0	0,0
Aus- und Spezialbau	3	13,0	0	0,0	3	15,0	0	0,0
Fertigteilbau	0	0,0	0	0,0	0	0,0	0	0,0
Sonstige	2	8,7	0	0,0	2	10,0	0	0,0
Σ	23	100,0	3	100,0	20	100,0	0	0,0

In welchen Sparten ist Ihr Bauunternehmen schwerpunktmäßig tätig? (Rohbau, Bauträger)	2006: Unternehmen insgesamt		Unternehmensgrößenklassen nach Beschäftigten					
			< 20		20 - 99		> 99	
Antwort gebende Unternehmen	abs.	in %	abs.	in %	abs.	in %	abs.	in %
	4	100,0	2	50,0	2	50,0	0	0,0
Nennungen	abs.	in %	abs.	in %	abs.	in %	abs.	in %
Hochbau	2	33,3	0	0,0	2	50,0	0	0,0
Tiefbau	1	16,7	0	0,0	1	25,0	0	0,0
Straßen- oder Bahnbau	1	16,7	0	0,0	1	25,0	0	0,0
Aus- und Spezialbau	2	33,3	2	100,0	0	0,0	0	0.0
Fertigteilbau	0	0,0	0	0,0	0	0,0	0	0,0
Sonstige	0	0,0	0	0,0	0	0,0	0	0,0
Σ	6	100,0	2	100,0	4	100,0	0	0,0

In welchen Sparten ist Ihr Bauunternehmen schwerpunktmäßig tätig? (Rohbau, GU/TU/SF, Bauträger)	2006: Unternehmen insgesamt		Unternehmensgrößenklassen nach Beschäftigten					
			< 20		20 - 99		> 99	
Antwort gebende Unternehmen	abs.	in %	abs.	in %	abs.	in %	abs.	in %
	5	100,0	2	40,0	1	20,0	2	40,0
Nennungen	abs.	in %	abs.	in %	abs.	in %	abs.	in %
Hochbau	5	55,6	2	100,0	1	33,3	2	50,0
Tiefbau	2	22,2	0	0,0	1	33,3	1	25,0
Straßen- oder Bahnbau	2	22,2	0	0,0	1	33,3	1	25,0
Aus- und Spezialbau	0	0,0	0	0,0	0	0,0	0	0,0
Fertigteilbau	0	0,0	0	0,0	0	0,0	0	0,0
Sonstige	0	0,0	0	0,0	0	0,0	0	0,0
Σ	9	100,0	2	100,0	3	100,0	4	100,0

Wie verteilte sich Ihr Gesamtumsatz 2005 ca. auf die einzelnen Auftraggeber?	2006: Unternehmen insgesamt		Unternehmensgrößenklassen nach Beschäftigten					
			< 20		20 - 99		> 99	
Antwort gebende Unternehmen	abs.	in %	abs.	in %	abs.	in %	abs.	in %
	53	100,0	25	47,2	25	47,2	3	5,7
Verteilung	in %		in %		in %		in %	
Öffentliche Hand	40,4		37,7		43,8		36,7	
Industrie & Wirtschaft	20,3		11,2		26,8		40,0	
Gewerblicher Wohnungsbau	6,8		5,4		6,4		13,3	
Privater Wohnungsbau	32,4		45,7		23,0		10,0	
Σ	100,0		100,0		100,0		100,0	

Was verbinden Sie mit dem Begriff Controlling?	2006: Unternehmen insgesamt		Unternehmensgrößenklassen nach Beschäftigten					
			< 20		20 - 99		> 99	
Antwort gebende Unternehmen	abs.	in %	abs.	in %	abs.	in %	abs.	in %
	53	100,0	24	45,3	26	49,1	3	5,7
Nennungen	abs.	in %	abs.	in %	abs.	in %	abs.	in %
Planung	26	17,1	11	17,5	14	16,9	1	16,7
Kontrolle	44	28,9	20	31,7	22	26,5	2	33,3
Organisation	33	21,7	12	19,0	21	25,3	0	0,0
Leitung	19	12,5	7	11,1	11	13,3	1	16,7
Informationsversorgung	25	16,4	10	15,9	13	15,7	2	33,3
Sonstiges	5	3,3	3	4,8	2	2,4	0	0,0
Σ	152	100,0	63	100,0	83	100,0	6	100,0

Woher erhalten Sie Informationen zum Themenfeld Controlling?	2006: Unternehmen insgesamt		Unternehmensgrößenklassen nach Beschäftigten					
			< 20		20 - 99		> 99	
Antwort gebende Unternehmen	abs.	in %	abs.	in %	abs.	in %	abs.	in %
	53	100,0	24	45,3	26	49,1	3	5,7
Nennungen	abs.	in %	abs.	in %	abs.	in %	abs.	in %
andere Unternehmen	6	6,3	0	0,0	6	12,5	0	0,0
Fachzeitschriften	30	31,6	16	39,0	12	25,0	2	33,3
Verbandsmitteilungen	35	36,8	16	39,0	17	35,4	2	33,3
Aus-/Fortbildung	19	20,0	7	17,1	10	20,8	2	33,3
keine Information	3	3,2	1	2,4	2	4,2	0	0,0
Sonstiges	2	2,1	1	2,4	1	2,1	0	0,0
Σ	95	100,0	41	100,0	48	100,0	6	100,0

Wie stufen Sie den Kenntnisstand zum Thema Controlling in ihrem Baubetrieb ein?	2006: Unternehmen insgesamt		Unternehmensgrößenklassen nach Beschäftigten					
			< 20		20 - 99		> 99	
	abs.	in %	abs.	in %	abs.	in %	abs.	in %
sehr gering	4	7,4	2	8,0	2	7,7	0	0,0
gering	11	20,4	7	28,0	4	15,4	0	0,0
mittel	29	53,7	12	48,0	14	53,8	3	100,0
hoch	7	13,0	3	12,0	4	15,4	0	0,0
sehr hoch	3	5,6	1	4,0	2	7,7	0	0,0
Σ	54	100,0	25	100,0	26	100,0	3	100,0

Welche Bedeutung hat Controlling in Ihrem Bauunternehmen?	2006: Unternehmen insgesamt		Unternehmensgrößenklassen nach Beschäftigten					
			< 20		20 - 99		> 99	
	abs.	in %	abs.	in %	abs.	in %	abs.	in %
sehr gering	5	9,3	2	8,0	3	11,5	0	0,0
gering	12	22,2	8	32,0	4	15,4	0	0,0
mittel	19	35,2	7	28,0	9	34,6	3	100,0
hoch	12	22,2	6	24,0	6	23,1	0	0,0
sehr hoch	6	11,1	2	8,0	4	15,4	0	0,0
Σ	54	100,0	25	100,0	26	100,0	3	100,0

Wird in Ihrem Bauunternehmen über die Einführung bzw. die Umsetzung von Controlling diskutiert?	2006: Unternehmen insgesamt		Unternehmensgrößenklassen nach Beschäftigten					
			< 20		20 - 99		> 99	
	abs.	in %	abs.	in %	abs.	in %	abs.	in %
ja	30	57,7	10	43,5	19	73,1	1	33,3
nein	22	42,3	13	56,5	7	26,9	2	66,7
Σ	52	100,0	23	100,0	26	100,0	3	100,0

Wird in ihrem Bauunternehmen über die Einführung bzw. die Umsetzung von Controlling diskutiert? Ja, seit:	2006: Unternehmen insgesamt		Unternehmensgrößenklassen nach Beschäftigten					
			< 20		20 - 99		> 99	
	abs.	in %	abs.	in %	abs.	in %	abs.	in %
< 2 Jahre	1	3,4	0	0,0	1	5,6	0	0,0
2 - 5 Jahre	8	27,6	3	30,0	4	22,2	1	100,0
> 5 Jahre	20	69,0	7	70,0	13	72,2	0	0,0
Σ	29	100,0	10	100,0	18	100,0	1	100,0

Auf welche Gründe führen Sie die Notwendigkeit der Einführung bzw. Umsetzung von Controlling in Ihrem Bauunternehmen zurück?	2006: Unternehmen insgesamt		Unternehmensgrößenklassen nach Beschäftigten					
			< 20		20 - 99		> 99	
Antwort gebende Unternehmen	abs.	in %	abs.	in %	abs.	in %	abs.	in %
	30	100,0	10	33,3	19	63,3	1	3,3
Nennungen	abs.	in %	abs.	in %	abs.	in %	abs.	in %
Informationsdefizit	13	27,7	5	31,3	8	26,7	0	0,0
Kosten-/Leistungsdruck	28	59,6	9	56,3	18	60,0	1	100,0
stagnierende Nachfrage	6	12,8	2	12,5	4	13,3	0	0,0
Σ	47	100,0	16	100,0	30	100,0	1	100,0

Welche Gründe sprechen dafür, dass in Ihrem Baubetrieb die Einführung bzw. Umsetzung von Controlling abgelehnt wurde?	2006: Unternehmen insgesamt		Unternehmensgrößenklassen nach Beschäftigten					
			< 20		20 - 99		> 99	
Antwort gebende Unternehmen	abs.	in %	abs.	in %	abs.	in %	abs.	in %
	22	100,0	13	59,1	7	31,8	2	9,1
Nennungen	abs.	in %	abs.	in %	abs.	in %	abs.	in %
fehlende fachl. Voraussetzungen	8	26,7	4	28,6	4	30,8	0	0,0
fehlende techn. Voraussetzungen	5	16,7	2	14,3	3	23,1	0	0,0
keine wesentlichen Vorteile	12	40,0	7	50,0	3	23,1	2	66,7
finanzielle Erwägungen	5	16,7	1	7,1	3	23,1	1	33,3
Σ	30	100,0	14	100,0	13	100,0	3	100,0

Wie hoch ist die Erfolgsquote Ihrer Angebote?	2006: Unternehmen insgesamt		Unternehmensgrößenklassen nach Beschäftigten					
			< 20		20 - 99		> 99	
Antwort gebende Unternehmen	abs.	in %	abs.	in %	abs.	in %	abs.	in %
	47	100,0	22	46,8	22	46,8	3	6,4
Durchschnitt	in %		in %		in %		in %	
Erfolgsquote Angebote		27,6		37,8		18,0		14,7

Wie hoch ist die Erfolgsquote Ihrer Angebote?	2006: Unternehmen insgesamt		Unternehmensgrößenklassen nach Beschäftigten					
			< 20		20 - 99		> 99	
	abs.	in %	abs.	in %	abs.	in %	abs.	in %
< 5 %	2	4,3	1	4,5	1	4,5	0	0,0
5 % < x < 10 %	3	6,4	1	4,5	2	9,1	0	0,0
10 % < x < 25 %	23	48,9	6	27,3	14	63,6	3	100,0
25 % < x < 50 %	12	25,5	8	36,4	4	18,2	0	0,0
> 50 %	7	14,9	6	27,3	1	4,5	0	0,0
Σ	47	100,0	22	72,7	22	100,0	3	100,0

Wie hoch ist die Erfolgsquote Ihrer Sondervorschläge?	2006: Unternehmen insgesamt		Unternehmensgrößenklassen nach Beschäftigten					
			< 20		20 - 99		> 99	
Antwort gebende Unternehmen	abs.	in %	abs.	in %	abs.	in %	abs.	in %
	26	100,0	11	42,3	13	50,0	2	7,7
Durchschnitt	in %		in %		in %		in %	
Erfolgsquote Sondervorschläge		26,9		29,1		23,4		15,0

Wie hoch ist die Erfolgsquote Ihrer Sondervorschläge?	2006: Unternehmen insgesamt		Unternehmensgrößenklassen nach Beschäftigten					
			< 20		20 - 99		> 99	
	abs.	in %	abs.	in %	abs.	in %	abs.	in %
< 5 %	5	10,6	1	9,1	4	30,8	0	0,0
5 % < x < 10 %	2	4,3	2	18,2	0	0,0	0	0,0
10 % < x < 25 %	7	14,9	1	9,1	4	30,8	2	100,0
25 % < x < 50 %	10	21,3	6	54,5	4	30,8	0	0,0
> 50 %	2	4,3	1	9,1	1	7,7	0	0,0
Σ	26	55,3	11	100,0	13	100,0	2	100,0

Welche Kalkulationsformen werden während der Auftragsabwicklung verwendet?	2006: Unternehmen insgesamt		Unternehmensgrößenklassen nach Beschäftigten					
			< 20		20 - 99		> 99	
Antwort gebende Unternehmen	abs.	in %	abs.	in %	abs.	in %	abs.	in %
	51	100,0	24	47,1	24	47,1	3	5,9
Nennungen	abs.	in %	abs.	in %	abs.	in %	abs.	in %
Angebotskalkulation	36	32,7	17	35,4	16	29,1	3	42,9
Auftragskalkulation	11	10,0	6	12,5	3	5,5	2	28,6
Arbeitskalkulation	9	8,2	6	12,5	3	5,5	0	0,0
Nachtragskalkulation	25	22,7	8	16,7	15	27,3	2	28,6
Nachkalkulation	28	25,5	11	22,9	17	30,9	0	0,0
Sonstiges	1	0,9	0	0,0	1	1,8	0	0,0
Σ	110	100,0	48	100,0	55	100,0	7	100,0

Welche Kalkulationsverfahren verwenden Sie in der Phase der Angebotskalkulation?	2006: Unternehmen insgesamt		Unternehmensgrößenklassen nach Beschäftigten					
			< 20		20 - 99		> 99	
Antwort gebende Unternehmen	abs.	in %	abs.	in %	abs.	in %	abs.	in %
	51	100,0	24	47,1	24	47,1	3	5,9
Nennungen	abs.	in %	abs.	in %	abs.	in %	abs.	in %
Zuschlagskalkulation (Lohn)	21	32,8	13	50,0	7	21,9	1	16,7
Zuschlagskalkulation (breite Basis)	30	46,9	9	34,6	18	56,3	3	50,0
Angebotsendsumme	12	18,8	4	15,4	6	18,8	2	33,3
Sonstiges	1	1,6	0	0,0	1	3,1	0	0,0
Σ	64	100,0	26	100,0	32	100,0	6	100,0

Auf welcher Datenbasis beruht in Ihrem Baubetrieb die Angebotskalkulation?	2006: Unternehmen insgesamt		Unternehmensgrößenklassen nach Beschäftigten					
			< 20		20 - 99		> 99	
Antwort gebende Unternehmen	abs.	in %	abs.	in %	abs.	in %	abs.	in %
	52	100,0	24	46,2	25	48,1	3	5,8
Nennungen	abs.	in %	abs.	in %	abs.	in %	abs.	in %
Submissionsergebnisse	28	22,6	10	19,6	16	24,6	2	25,0
Aufträge aus der Vergangenheit	37	29,8	17	33,3	18	27,7	2	25,0
Standardgrößen Verband	6	4,8	4	7,8	2	3,1	0	0,0
standardisierte Kalkulationsposition	35	28,2	15	29,4	18	27,7	2	25,0
Baubetriebsrechnung	17	13,7	4	7,8	11	16,9	2	25,0
Sonstiges	1	0,8	1	2,0	0	0,0	0	0,0
Σ	124	100,0	51	100,0	65	100,0	8	100,0

Führen Sie Soll/Ist-Vergleiche während der Leistungserstellung durch?		2006: Unternehmen insgesamt		Unternehmensgrößenklassen nach Beschäftigten					
				< 20		20 - 99		> 99	
Antwort gebende Unternehmen		abs.	in %	abs.	in %	abs.	in %	abs.	in %
		31	100,0	10	32,3	19	61,3	2	6,5
Nennungen		abs.	in %	abs.	in %	abs.	in %	abs.	in %
Baustelle	Stunden	25	18,0	8	16,3	17	20,2	0	0,0
	Stoffe	20	14,4	7	14,3	13	15,5	0	0,0
	Geräte	15	10,8	7	14,3	8	9,5	0	0,0
	Kosten	29	20,9	9	18,4	18	21,4	2	33,3
	Erlöse	26	18,7	9	18,4	15	17,9	2	33,3
	Ergebnisse	24	17,3	9	18,4	13	15,5	2	33,3
	Σ	139	100,0	49	100,0	84	100,0	6	100,0
Bauabschnitt	Stunden	3	75,0	1	2,0	2	100,0	0	0,0
	Stoffe	0	0,0	0	0,0	0	0,0	0	0,0
	Geräte	0	0,0	0	0,0	0	0,0	0	0,0
	Kosten	1	25,0	1	2,0	0	0,0	0	0,0
	Erlöse	0	0,0	0	0,0	0	0,0	0	0,0
	Ergebnisse	0	0,0	0	0,0	0	0,0	0	0,0
	Σ	4	100,0	2	4,1	2	100,0	0	0,0

Führen Sie Soll/Ist-Vergleiche während der Leistungserstellung durch? (Fortsetzung)		2006: Unternehmen insgesamt		Unternehmensgrößenklassen nach Beschäftigten					
				< 20		20 - 99		> 99	
Antwort gebende Unternehmen		abs.	in %	abs.	in %	abs.	in %	abs.	in %
		31	100,0	10	32,3	19	61,3	2	6,5
Nennungen		abs.	in %	abs.	in %	abs.	in %	abs.	in %
BAS Nr.	Stunden	0	0,0	0	0,0	0	0,0	0	0,0
	Stoffe	0	0,0	0	0,0	0	0,0	0	0,0
	Geräte	0	0,0	0	0,0	0	0,0	0	0,0
	Kosten	0	0,0	0	0,0	0	0,0	0	0,0
	Erlöse	0	0,0	0	0,0	0	0,0	0	0,0
	Ergebnisse	0	0,0	0	0,0	0	0,0	0	0,0
	Σ	0	0,0	0	0,0	0	0,0!	0	0,0
LV-Pos.	Stunden	7	26,9	3	6,1	4	25,0	0	0,0
	Stoffe	5	19,2	2	4,1	3	18,8	0	0,0
	Geräte	5	19,2	2	4,1	3	18,8	0	0,0
	Kosten	3	11,5	1	2,0	2	12,5	0	0,0
	Erlöse	4	15,4	1	2,0	3	18,8	0	0,0
	Ergebnisse	2	7,7	1	2,0	1	6,3	0	0,0
	Σ	26	100,0	10	20,4	16	100,0	0	0,0

Wird nach der Leistungserstellung eine kaufmännische Nachkalkulation durchgeführt?	2006: Unternehmen insgesamt		Unternehmensgrößenklassen nach Beschäftigten					
			< 20		20 - 99		> 99	
	abs.	in %	abs.	in %	abs.	in %	abs.	in %
Ja	39	75,0	17	70,8	21	84,0	1	33,3
Nein	13	25,0	7	29,2	4	16,0	2	66,7
Σ	52	100,0	24	100,0	25	100,0	3	100,0

Wird nach der Leistungserstellung eine kaufmännische Nachkalkulation durchgeführt? Ja, nach:	2006: Unternehmen insgesamt		Unternehmensgrößenklassen nach Beschäftigten					
			< 20		20 - 99		> 99	
Antwort gebende Unternehmen	abs.	in %	abs.	in %	abs.	in %	abs.	in %
	38	100,0	16	42,1	21	55,3	1	2,6
Nennungen	abs.	in %	abs.	in %	abs.	in %	abs.	in %
Arbeitsvorgang	7	15,6	4	20,0	3	13,0	0	0,0
Auftragsabschnitt	6	13,3	4	20,0	2	8,7	0	0,0
Auftrag	30	66,7	12	60,0	17	73,9	1	50,0
Sparte	2	4,4	0	0,0	1	4,3	1	50,0
Sonstiges	0	0,0	0	0,0	0	0,0	0	0,0
Σ	45	100,0	20	100,0	23	100,0	2	100,0

Fließen die Ergebnisse des Projektcontrolling in eine Gesamtbeurteilung ein?	2006: Unternehmen insgesamt		Unternehmensgrößenklassen nach Beschäftigten					
			< 20		20 - 99		> 99	
	abs.	in %	abs.	in %	abs.	in %	abs.	in %
ja	26	51,0	9	37,5	16	66,7	1	33,3
nein	25	49,0	15	62,5	8	33,3	2	66,7
Σ	51	100,0	24	100,0	24	100,0	3	100,0

Fließen die Ergebnisse des Projektcontrolling in eine Gesamtbeurteilung ein? Ja, in ein(e):	2006: Unternehmen insgesamt		Unternehmensgrößenklassen nach Beschäftigten					
			< 20		20 - 99		> 99	
Antwort gebende Unternehmen	abs.	in %	abs.	in %	abs.	in %	abs.	in %
	26	100,0	9	34,6	16	61,5	1	3,8
Nennungen	abs.	in %	abs.	in %	abs.	in %	abs.	in %
Unternehmensplanung	14	41,2	5	45,5	8	36,4	1	100,0
Unternehmenscontrolling	14	41,2	4	36,4	10	45,5	0	0,0
Qualitätsmanagement	3	8,8	2	18,2	1	4,5	0	0,0
Sonstiges	3	8,8	0	0,0	3	13,6	0	0,0
Σ	34	100,0	11	100,0	22	100,0	1	100,0

Ist die Finanzbuchhalter auf einen externen Dienstleister ausgelagert?	2006: Unternehmen insgesamt		Unternehmensgrößenklassen nach Beschäftigten					
			< 20		20 - 99		> 99	
	abs.	in %	abs.	in %	abs.	in %	abs.	in %
ja	23	42,6	15	60,0	8	30,8	0	0,0
nein	31	57,4	10	40,0	18	69,2	3	100,0
Σ	54	100,0	25	100,0	26	100,0	3	100,0

Wer führt die Finanzbuchhaltung für Ihr Bauunternehmen?	2006: Unternehmen insgesamt		Unternehmensgrößenklassen nach Beschäftigten					
			< 20		20 - 99		> 99	
Antwort gebende Unternehmen	abs.	in %	abs.	in %	abs.	in %	abs.	in %
	22	100,0	14	63,6	8	36,4	0	0,0
Nennungen	abs.	in %	abs.	in %	abs.	in %	abs.	in %
Kooperation (andere Unternehmen)	3	12,0	0	0,0	3	30,0	0	0,0
Rechenzentrum	3	12,0	0	0,0	3	30,0	0	0,0
Steuerberater	18	72,0	14	93,3	4	40,0	0	0,0
Sonstige	1	4,0	1	6,7	0	0,0	0	0,0
Σ	25	100,0	15	100,0	10	100,0	0	0,0

Warum ist die Finanzbuchhaltung ausgelagert?	2006: Unternehmen insgesamt		Unternehmensgrößenklassen nach Beschäftigten					
			< 20		20 - 99		> 99	
Antwort gebende Unternehmen	abs.	in %	abs.	in %	abs.	in %	abs.	in %
	17	100,0	13	76,5	4	23,5	0	0,0
Nennungen	abs.	in %	abs.	in %	abs.	in %	abs.	in %
fehlende fachl. Voraussetzungen	12	44,4	9	50,0	3	33,3	0	0,0
fehlende techn. Voraussetzungen	6	22,2	4	22,2	2	22,2	0	0,0
finanzielle Erwägungen	9	33,3	5	27,8	4	44,4	0	0,0
Sonstiges	0	0,0	0	0,0	0	0,0	0	0,0
Σ	27	100,0	18	100,0	9	100,0	0	0,0

Ist Ihre Finanzbuchhaltung tagfertig abrufbar?	2006: Unternehmen insgesamt		Unternehmensgrößenklassen nach Beschäftigten					
			< 20		20 - 99		> 99	
	abs.	in %	abs.	in %	abs.	in %	abs.	in %
ja	19	35,2	6	24,0	10	38,5	3	100,0
nein	35	64,8	19	76,0	16	61,5	0	0,0
Σ	54	100,0	25	100,0	26	100,0	3	100,0

Ist Ihre Finanzbuchhaltung tagfertig abrufbar? Nein, der Zeitrückstand beträgt:	2006: Unternehmen insgesamt		Unternehmensgrößenklassen nach Beschäftigten					
			< 20		20 - 99		> 99	
Antwort gebende Unternehmen	abs.	in %	abs.	in %	abs.	in %	abs.	in %
	34	100,0	18	52,9	16	47,1	0	0,0
Durchschnitt	abs.		abs.		abs.		abs.	
zeitlicher Rückstand (Tage)	18,2		19,4		16,1		0,0	

Ist Ihre Finanzbuchhaltung tagfertig abrufbar? Nein, der Zeitrückstand beträgt:	2006: Unternehmen insgesamt		Unternehmensgrößenklassen nach Beschäftigten					
			< 20		20 - 99		> 99	
	abs.	in %	abs.	in %	abs.	in %	abs.	in %
< 1 Woche	4	11,8	2	11,1	2	12,5	0	0,0
1 < x < 4 Wochen	3	8,8	1	5,6	2	12,5	0	0,0
4 < x < 8 Wochen	18	52,9	9	50,0	9	56,3	0	0,0
> 8 Wochen	9	26,5	6	33,3	3	18,8	0	0,0
Σ	34	100,0	18	100,0	16	100,0	0	0,0

Verfügt Ihre Finanzbuchhaltung über einen nach baubetriebswirtschaftlichen Gesichtspunkten aufgebauten Kontenrahmen?	2006: Unternehmen insgesamt		Unternehmensgrößenklassen nach Beschäftigten					
			< 20		20 - 99		> 99	
	abs.	in %	abs.	in %	abs.	in %	abs.	in %
ja	36	67,9	14	58,3	20	76,9	2	66,7
nein	4	7,5	4	16,7	0	0,0	0	0,0
keine Beurteilung möglich	13	24,5	6	25,0	6	23,1	1	33,3
Σ	53	100,0	24	100,0	26	100,0	3	100,0

Verfügt Ihre Finanzbuchhaltung über einen nach baubetriebswirtschaftlichen Gesichtspunkten aufgebauten Kontenrahmen? Ja:	2006: Unternehmen insgesamt		Unternehmensgrößenklassen nach Beschäftigten					
			< 20		20 - 99		> 99	
	abs.	in %	abs.	in %	abs.	in %	abs.	in %
Datev SKR 03 Bau	14	42,4	8	61,5	6	33,3	0	0,0
Datev SKR 04 Bau	1	3,0	1	7,7	0	0,0	0	0,0
BKR 87	8	24,2	2	15,4	5	27,8	1	50,0
MKR Bau	2	6,1	1	7,7	1	5,6	0	0,0
Sonstigen	8	24,2	1	7,7	6	33,3	1	50,0
Σ	33	100	13	100	18	100,0	2	100

Verfügt Ihre Finanzbuchhaltung über einen nach baubetriebswirtschaftlichen Gesichtspunkten aufgebauten Kontenrahmen? Nein:	2006: Unternehmen insgesamt		Unternehmensgrößenklassen nach Beschäftigten					
			< 20		20 - 99		> 99	
	abs.	in %	abs.	in %	abs.	in %	abs.	in %
Datev SKR 03	2	50,0	2	50,0	0	0,0	0	0,0
Datev SKR 04	1	25,0	1	25,0	0	0,0	0	0,0
Sonstigen	1	25,0	1	25,0	0	0,0	0	0,0
Σ	4	100,0	4	100,0	0	0,0	0	0,0

Erstellen Sie Finanzpläne?	2006: Unternehmen insgesamt		Unternehmensgrößenklassen nach Beschäftigten					
			< 20		20 - 99		> 99	
Antwort gebende Unternehmen	abs.	in %	abs.	in %	abs.	in %	abs.	in %
	54	100,0	25	46,3	26	48,1	3	5,6
Nennungen	abs.	in %	abs.	in %	abs.	in %	abs.	in %
täglicher Finanzplan	9	15,8	2	8,0	5	17,2	2	66,7
kurzfristiger Finanzplan	21	36,8	9	36,0	11	37,9	1	33,3
langfristiger Finanzplan	5	8,8	2	8,0	3	10,3	0	0,0
kein Finanzplan	22	38,6	12	48,0	10	34,5	0	0,0
Σ	57	100,0	25	100,0	29	100,0	3	100,0

Wie viele Monate nach Abschluss des Geschäftsjahres liegt der Jahresabschluss vor?	2006: Unternehmen insgesamt		Unternehmensgrößenklassen nach Beschäftigten					
			< 20		20 - 99		> 99	
Antwort gebende Unternehmen	abs.	in %	abs.	in %	abs.	in %	abs.	in %
	53	100,0	24	45,3	26	49,1	3	5,7
Durchschnitt	abs.		abs.		abs.		abs.	
zeitlicher Rückstand (Monate)	5,6		5,6		5,8		6,0	

Wie viele Monate nach Abschluss des Geschäftsjahres liegt der Jahresabschluss vor?	2006: Unternehmen insgesamt		Unternehmensgrößenklassen nach Beschäftigten					
			< 20		20 - 99		> 99	
	abs.	in %	abs.	in %	abs.	in %	abs.	in %
< 3 Monate	7	13,2	4	16,7	3	11,5	0	0,0
3 < x < 6 Monate	16	30,2	7	29,2	8	30,8	1	33,3
6 < x < 9 Monate	20	37,7	10	41,7	8	30,8	2	66,7
9 < x < 12 Monate	10	18,9	3	12,5	7	26,9	0	0,0
> 12 Monate	0	0,0	0	0,0	0	0,0	0	0,0
Σ	53	100,0	24	100,0	26	100,0	3	100,0

Wie hat sich in der Vergangenheit das Kostenbewusstsein - Ihrer persönlichen Einschätzung nach - in Ihrem Bauunternehmen entwickelt?	2006: Unternehmen insgesamt		Unternehmensgrößenklassen nach Beschäftigten					
			< 20		20 - 99		> 99	
	abs.	in %	abs.	in %	abs.	in %	abs.	in %
gesunken	1	1,9	1	4,0	0	0,0	0	0,0
gestiegen	33	61,1	16	64,0	15	57,7	2	66,7
gleich geblieben	17	31,5	5	20,0	11	42,3	1	33,3
keine Beurteilung möglich	3	5,6	3	12,0	0	0,0	0	0,0
Σ	54	100,0	25	100,0	26	100,0	3	100,0

Verfügen Sie über eine betriebsindividuelle Baubetriebsrechnung?	2006: Unternehmen insgesamt		Unternehmensgrößenklassen nach Beschäftigten					
			< 20		20 - 99		> 99	
	abs.	in %	abs.	in %	abs.	in %	abs.	in %
ja	24	44,4	7	28,0	15	57,7	2	66,7
nein (weiter mit der Frage 4.20)	30	55,6	18	72,0	11	42,3	1	33,3
Σ	54	100,0	25	100,0	26	100,0	3	100,0

Verfügen Sie über eine betriebsindividuelle Baubetriebsrechnung? Ja, seit:	2006: Unternehmen insgesamt		Unternehmensgrößenklassen nach Beschäftigten					
			< 20		20 - 99		> 99	
Antwort gebende Unternehmen	abs.	in %	abs.	in %	abs.	in %	abs.	in %
	22	100,0	6	27,3	14	63,6	2	9,1
Durchschnitt	abs.		abs.		abs.		abs.	
Einsatz seit (Jahre)				11,3		18,8		23,0

Verfügen Sie über eine betriebsindividuelle Baubetriebsrechnung? Ja, seit:	2006: Unternehmen insgesamt		Unternehmensgrößenklassen nach Beschäftigten					
			< 20		20 - 99		> 99	
	abs.	in %	abs.	in %	abs.	in %	abs.	in %
< 2 Jahre	0	0,0	0	0,0	0	0,0	0	0,0
2 < x < 5 Jahre	2	9,1	2	33,3	0	0,0	0	0,0
> 5 Jahre	20	90,9	4	66,7	14	100,0	2	100,0
Σ	22	100,0	6	100,0	14	100,0	2	100,0

Wie ist die Baubetriebsrechnung mit der Finanzbuchhaltung verbunden?	2006: Unternehmen insgesamt		Unternehmensgrößenklassen nach Beschäftigten					
			< 20		20 - 99		> 99	
	abs.	in %	abs.	in %	abs.	in %	abs.	in %
Ein-Kreissystem	7	33,3	2	40,0	5	35,7	0	0,0
Zwei-Kreissystem	7	33,3	0	0,0	6	42,9	1	50,0
losgelöst	6	28,6	3	60,0	2	14,3	1	50,0
Sonstiges	1	4,8	0	0,0	1	7,1	0	0,0
Σ	21	100,0	5	100,0	14	100,0	2	100,0

Nach was orientiert sich der Aufbau Ihrer Baubetriebsrechnung?	2006: Unternehmen insgesamt		Unternehmensgrößenklassen nach Beschäftigten					
			< 20		20 - 99		> 99	
	abs.	in %	abs.	in %	abs.	in %	abs.	in %
eigenorientiert	23	95,8	6	85,7	15	100,0	2	100,0
fremdorientiert	1	4,2	1	14,3	0	0,0	0	0,0
Σ	24	100,0	7	100,0	15	100,0	2	100,0

Wie viele aufwandsgleiche Kostenarten aus der Finanzbuchhaltung verwenden Sie für die Aufgaben der Baubetriebsrechnung?	2006: Unternehmen insgesamt		Unternehmensgrößenklassen nach Beschäftigten					
			< 20		20 - 99		> 99	
Antwort gebende Unternehmen	abs.	in %	abs.	in %	abs.	in %	abs.	in %
	17	100,0	6	35,3	9	52,9	2	11,8
Durchschnitt	abs.		abs.		abs.		abs.	
aufwandsgleiche Kostenarten (Anzahl)	61,3		33,8		79,1		100,0	

Wie viele aufwandsgleiche Kostenarten aus der Finanzbuchhaltung verwenden Sie für die Aufgaben der Baubetriebsrechnung?	2006: Unternehmen insgesamt		Unternehmensgrößenklassen nach Beschäftigten					
			< 20		20 - 99		> 99	
	abs.	in %	abs.	in %	abs.	in %	abs.	in %
< 5 Kostenarten	0	0,0	0	0,0	0	0,0	0	0,0
5 < x < 10 Kostenarten	2	11,8	1	16,7	1	11,1	0	0,0
10 < x < 25 Kostenarten	3	17,6	3	50,0	0	0,0	0	0,0
25 < x < 50 Kostenarten	6	35,3	1	16,7	5	55,6	0	0,0
> 50 Kostenarten	6	35,3	1	16,7	3	33,3	2	100,0
Σ	17	100,0	6	100,0	9	100,0	2	100,0

Wie viele aufwandsgleiche Kostenarten aus der Finanzbuchhaltung verwenden Sie für die Aufgaben der Baubetriebsrechnung?	2006: Unternehmen insgesamt		Unternehmensgrößenklassen nach Beschäftigten					
			< 20		20 - 99		> 99	
Antwort gebende Unternehmen	abs.	in %	abs.	in %	abs.	in %	abs.	in %
	16	100,0	6	37,5	8	50,0	2	12,5
Verteilung	in %		in %		in %		in %	
Lohn / Gehalt	19,6		20,7		15,4		25,0	
Material	26,7		19,8		27,8		32,5	
Nachunternehmer	12,6		11,7		18,6		22,5	
Geräte	16,3		15,5		16,5		10,0	
Sonstige	24,8		32,3		21,8		10,0	
Σ	100,0		100,0		100,0		100,0	

Welche kalkulatorischen Kostenarten berücksichtigen Sie in Ihrer Baubetriebsrechnung?	2006: Unternehmen insgesamt		Unternehmensgrößenklassen nach Beschäftigten					
			< 20		20 - 99		> 99	
Antwort gebende Unternehmen	abs.	in %	abs.	in %	abs.	in %	abs.	in %
	23	100,0	7	30,4	14	60,9	2	8,7
Nennungen	abs.	in %	abs.	in %	abs.	in %	abs.	in %
kalk. Unternehmerlohn	13	19,1	4	17,4	8	20,0	1	20,0
kalk. Abschreibung	20	29,4	6	26,1	12	30,0	2	40,0
kalk. Miete / Pacht	14	20,6	3	13,0	10	25,0	1	20,0
kalk. Wagnis	11	16,2	6	26,1	5	12,5	0	0,0
kalk. Zinsen	7	10,3	2	8,7	4	10,0	1	20,0
Sonstige	3	4,4	2	8,7	1	2,5	0	0,0
Σ	68	100,0	23	100,0	40	100,0	5	100,0

Nach welchen Kriterien haben Sie Ihre Kostenstellen gebildet?	2006: Unternehmen insgesamt		Unternehmensgrößenklassen nach Beschäftigten					
			< 20		20 - 99		> 99	
Antwort gebende Unternehmen	abs.	in %	abs.	in %	abs.	in %	abs.	in %
	22	100,0	7	31,8	13	59,1	2	9,1
Nennungen	abs.	in %	abs.	in %	abs.	in %	abs.	in %
rechentechnischen Erwägungen	4	13,3	2	18,2	2	12,5	0	0,0
räumlichen Gesichtspunkten	3	10,0	1	9,1	1	6,3	1	33,3
Funktionen	12	40,0	4	36,4	7	43,8	1	33,3
Verantwortungsbereichen	6	20,0	2	18,2	3	18,8	1	33,3
Sonstige	5	16,7	2	18,2	3	18,8	0	0,0
Σ	30	100,0	11	100,0	16	100,0	3	100,0

Geben Sie nachfolgend Ihre Kostenstellen an:	2006: Unternehmen insgesamt		Unternehmensgrößenklassen nach Beschäftigten					
			< 20		20 - 99		> 99	
Antwort gebende Unternehmen	abs.	in %	abs.	in %	abs.	in %	abs.	in %
	12	100,0	3	25,0	8	66,7	1	8,3
Durchschnitt	abs.		abs.		abs.		abs.	
Kostenstellen (Anzahl)			5,0		20,4		7,0	

Geben Sie nachfolgend Ihre Kostenstellen an:	2006: Unternehmen insgesamt		Unternehmensgrößenklassen nach Beschäftigten					
			< 20		20 - 99		> 99	
	abs.	in %	abs.	in %	abs.	in %	abs.	in %
< 5 Kostenstellen	2	16,7	1	33,3	1	12,5	0	0,0
5 < x < 10 Kostenstellen	8	66,7	2	66,7	5	62,5	1	100,0
10 < x < 25 Kostenstellen	0	0,0	0	0,0	0	0,0	0	0,0
25 < x < 50 Kostenstellen	0	0,0	0	0,0	0	0,0	0	0,0
> 50 Kostenstellen	2	16,7	0	0,0	2	25,0	0	0,0
Σ	12	100,0	3	100,0	8	100,0	1	100,0

Wie werden die Verrechnungspreise angesetzt?	2006: Unternehmen insgesamt		Unternehmensgrößenklassen nach Beschäftigten					
			< 20		20 - 99		> 99	
Antwort gebende Unternehmen	abs.	in %	abs.	in %	abs.	in %	abs.	in %
	23	100,0	7	30,4	14	60,9	2	8,7
Nennungen	abs.	in %	abs.	in %	abs.	in %	abs.	in %
Kostenpreis	18	51,4	4	57,1	13	50,0	1	50,0
Marktpreis	16	45,7	3	42,9	12	46,2	1	50,0
anderer Preis	1	2,9	0	0,0	1	3,8	0	0,0
Σ	35	100,0	7	100,0	26	100,0	2	100,0

Welches Verfahren der innerbetrieblichen Leistungsverrechnung setzen Sie ein?	2006: Unternehmen insgesamt		Unternehmensgrößenklassen nach Beschäftigten					
			< 20		20 - 99		> 99	
Antwort gebende Unternehmen	abs.	in %	abs.	in %	abs.	in %	abs.	in %
	21	100,0	5	23,8	14	66,7	2	9,5
Nennungen	abs.	in %	abs.	in %	abs.	in %	abs.	in %
Kostenartenverfahren	6	20,7	1	20,0	4	19,0	1	33,3
Kostenstellenumlageverfahren	15	51,7	3	60,0	11	52,4	1	33,3
Kostenträgerverfahren	7	24,1	1	20,0	5	23,8	1	33,3
Sonstiges	1	3,4	0	0,0	1	4,8	0	0,0
Σ	29	100,0	5	100,0	21	100,0	3	100,0

Verfügt Ihr Bauunternehmen über eine strukturierte Bauleistungsrechnung?	2006: Unternehmen insgesamt		Unternehmensgrößenklassen nach Beschäftigten					
			< 20		20 - 99		> 99	
	abs.	in %	abs.	in %	abs.	in %	abs.	in %
ja	7	29,2	3	42,9	4	26,7	0	0,0
nein	17	70,8	4	57,1	11	73,3	2	100,0
Σ	24	100,0	7	100,0	15	100,0	2	100,0

Verfügt Ihr Bauunternehmen über eine strukturierte Bauleistungsrechnung? Ja, nach	2006: Unternehmen insgesamt		Unternehmensgrößenklassen nach Beschäftigten					
			< 20		20 - 99		> 99	
Antwort gebende Unternehmen	abs.	in %	abs.	in %	abs.	in %	abs.	in %
	7	100,0	3	42,9	4	57,1	0	0,0
Nennungen	abs.	in %	abs.	in %	abs.	in %	abs.	in %
Leistungsarten	2	22,2	1	25,0	1	20,0	0	0,0
Leistungsstellen	7	77,8	3	75,0	4	80,0	0	0,0
anderer Strukturierung	0	0,0	0	0,0	0	0,0	0	0,0
Σ	9	100,0	4	100,0	5	100,0	0	0,0

Wie erfolgt die Bewertung der unfertigen Bauleistung in Ihrem Baubetrieb?	2006: Unternehmen insgesamt		Unternehmensgrößenklassen nach Beschäftigten					
			< 20		20 - 99		> 99	
	abs.	in %	abs.	in %	abs.	in %	abs.	in %
progressive Methode	12	54,5	2	33,3	9	64,3	1	50,0
retrograde Methode	10	45,5	4	66,7	5	35,7	1	50,0
Σ	22	100,0	6	100,0	14	100,0	2	100,0

Welches Verfahren verwenden Sie für eine kurzfristige Erfolgsrechnung?	2006: Unternehmen insgesamt		Unternehmensgrößenklassen nach Beschäftigten					
			< 20		20 - 99		> 99	
	abs.	in %	abs.	in %	abs.	in %	abs.	in %
Gesamtkostenverfahren	15	68,2	4	57,1	10	76,9	1	50,0
Umsatzkostenverfahren (Vollkosten)	3	13,6	2	28,6	1	7,7	0	0,0
Umsatzkostenverfahren (Teilkosten)	3	13,6	1	14,3	1	7,7	1	50,0
Sonstige	1	4,5	0	0,0	1	7,7	0	0,0
Σ	22	100,0	7	100,0	13	100,0	2	100,0

Wie oft im Jahr erstellen Sie eine kurzfristige Erfolgsrechnung?	2006: Unternehmen insgesamt		Unternehmensgrößenklassen nach Beschäftigten					
			< 20		20 - 99		> 99	
	abs.	in %	abs.	in %	abs.	in %	abs.	in %
wöchentlich	0	0,0	0	0,0	0	0,0	0	0,0
monatlich	15	62,5	6	85,7	8	53,3	1	50,0
quartalsweise	9	37,5	1	14,3	7	46,7	1	50,0
jährlich	0	0,0	0	0,0	0	0,0	0	0,0
Σ	24	100,0	7	100,0	15	100,0	2	100,0

Welche betriebswirtschaftlichen Instrumente setzen Sie eigenverantwortlich in Ihrem Unternehmen?		2006: Unternehmen insgesamt		Unternehmensgrößenklassen nach Beschäftigten					
				< 20		20 - 99		> 99	
		abs.	in %	abs.	in %	abs.	in %	abs.	in %
Finanzbuchhaltung	intensive Nutzung	39	78,0	14	63,6	22	88,0	3	100,0
	gelegentliche Nutzung	7	14,0	5	22,7	2	8,0	0	0,0
	seltene Nutzung	3	6,0	3	13,6	0	0,0	0	0,0
	keine Nutzung	1	2,0	0	0,0	1	4,0	0	0,0
	Σ	50	100,0	22	100,0	25	100,0	3	100,0
Lohnbuchhaltung	intensive Nutzung	32	65,3	10	47,6	19	76,0	3	100,0
	gelegentliche Nutzung	10	20,4	7	33,3	3	12,0	0	0,0
	seltene Nutzung	4	8,2	2	9,5	2	8,0	0	0,0
	keine Nutzung	3	6,1	2	9,5	1	4,0	0	0,0
	Σ	49	100,0	21	100,0	25	100,0	3	100,0
Anlagenbuchhaltung	intensive Nutzung	12	26,7	5	29,4	6	24,0	1	33,3
	gelegentliche Nutzung	10	22,2	2	11,8	6	24,0	2	66,7
	seltene Nutzung	13	28,9	4	23,5	9	36,0	0	0,0
	keine Nutzung	10	22,2	6	35,3	4	16,0	0	0,0
	Σ	45	100,0	17	100,0	25	100,0	3	100,0
Bauauftragsrechnung	intensive Nutzung	15	35,7	5	27,8	9	42,9	1	33,3
	gelegentliche Nutzung	10	23,8	6	33,3	2	9,5	2	66,7
	seltene Nutzung	6	14,3	3	16,7	3	14,3	0	0,0
	keine Nutzung	11	26,2	4	22,2	7	33,3	0	0,0
	Σ	42	100,0	18	100,0	21	100,0	3	100,0

Welche betriebswirtschaftlichen Instrumente setzen Sie eigenverantwortlich in Ihrem Unternehmen? (Fortsetzung)		2006: Unternehmen insgesamt		Unternehmensgrößenklassen nach Beschäftigten					
				< 20		20 - 99		> 99	
		abs.	in %	abs.	in %	abs.	in %	abs.	in %
Deckungsbeitragsrechnung	intensive Nutzung	13	30,2	5	27,8	6	27,3	2	66,7
	gelegentliche Nutzung	15	34,9	6	33,3	8	36,4	1	33,3
	seltene Nutzung	5	11,6	1	5,6	4	18,2	0	0,0
	keine Nutzung	10	23,3	6	33,3	4	18,2	0	0,0
	Σ	43	100,0	18	100,0	22	100,0	3	100,0
Plankostenrechnung	intensive Nutzung	5	12,5	2	12,5	3	14,3	0	0,0
	gelegentliche Nutzung	11	27,5	2	12,5	7	33,3	2	66,7
	seltene Nutzung	7	17,5	4	25,0	3	14,3	0	0,0
	keine Nutzung	17	42,5	8	50,0	8	38,1	1	33,3
	Σ	40	100,0	16	100,0	21	100,0	3	100,0
Soll-/Ist-Vergleich	intensive Nutzung	25	55,6	8	47,1	15	60,0	2	66,7
	gelegentliche Nutzung	13	28,9	5	29,4	8	32,0	0	0,0
	seltene Nutzung	5	11,1	3	17,6	1	4,0	1	33,3
	keine Nutzung	2	4,4	1	5,9	1	4,0	0	0,0
	Σ	45	100,0	17	100,0	25	100,0	3	100,0
Finanzplan	intensive Nutzung	14	32,6	4	25,0	8	33,3	2	66,7
	gelegentliche Nutzung	14	32,6	7	43,8	6	25,0	1	33,3
	seltene Nutzung	8	18,6	3	18,8	5	20,8	0	0,0
	keine Nutzung	7	16,3	2	12,5	5	20,8	0	0,0
	Σ	43	100,0	16	100,0	24	100,0	3	100,0
Kapitalflussrechnung	intensive Nutzung	5	12,2	3	18,8	2	9,1	0	0,0
	gelegentliche Nutzung	9	22,0	2	12,5	5	22,7	2	66,7
	seltene Nutzung	9	22,0	3	18,8	5	22,7	1	33,3
	keine Nutzung	18	43,9	8	50,0	10	45,5	0	0,0
	Σ	41	100,0	16	100,0	22	100,0	3	100,0
Investitionsrechnung	intensive Nutzung	4	9,8	2	12,5	2	9,1	0	0,0
	gelegentliche Nutzung	10	24,4	3	18,8	5	22,7	2	66,7
	seltene Nutzung	13	31,7	4	25,0	8	36,4	1	33,3
	keine Nutzung	14	34,1	7	43,8	7	31,8	0	0,0
	Σ	41	100,0	16	100,0	22	100,0	3	100,0
Kennzahlen	intensive Nutzung	9	21,4	2	13,3	7	29,2	0	0,0
	gelegentliche Nutzung	16	38,1	4	26,7	9	37,5	3	100,0
	seltene Nutzung	8	19,0	3	20,0	5	20,8	0	0,0
	keine Nutzung	9	21,4	6	40,0	3	12,5	0	0,0
	Σ	42	100,0	15	100,0	24	100,0	3	100,0
Budgetierung	intensive Nutzung	6	15,4	2	14,3	3	13,6	1	33,3
	gelegentliche Nutzung	7	17,9	1	7,1	6	27,3	0	0,0
	seltene Nutzung	12	30,8	5	35,7	6	27,3	1	33,3
	keine Nutzung	14	35,9	6	42,9	7	31,8	1	33,3
	Σ	39	100,0	14	100,0	22	100,0	3	100,0

Welche betriebswirtschaftlichen Instrumente setzen Sie eigenverantwortlich in Ihrem Unternehmen? (Fortsetzung)		2006: Unternehmen insgesamt		Unternehmensgrößenklassen nach Beschäftigten					
				< 20		20 - 99		> 99	
		abs.	in %	abs.	in %	abs.	in %	abs.	in %
Berichtswesen	intensive Nutzung	15	34,1	5	31,3	9	36,0	1	33,3
	gelegentliche Nutzung	8	18,2	1	6,3	6	24,0	1	33,3
	seltene Nutzung	10	22,7	5	31,3	4	16,0	1	33,3
	keine Nutzung	11	25,0	5	31,3	6	24,0	0	0,0
	Σ	44	100,0	16	100,0	25	100,0	3	100,0
strategische Planungsinstr.	intensive Nutzung	3	7,9	1	6,7	2	10,0	0	0,0
	gelegentliche Nutzung	6	15,8	2	13,3	3	15,0	1	33,3
	seltene Nutzung	14	36,8	7	46,7	5	25,0	2	66,7
	keine Nutzung	15	39,5	5	33,3	10	50,0	0	0,0
	Σ	38	100,0	15	100,0	20	100,0	3	100,0

Welche betriebswirtschaftlichen Instrumente setzen Sie eigenverantwortlich in Ihrem Unternehmen? Entwicklungstendenz der Verwendung:		2006: Unternehmen insgesamt		Unternehmensgrößenklassen nach Beschäftigten					
				< 20		20 - 99		> 99	
		abs.	in %	abs.	in %	abs.	in %	abs.	in %
Finanzbuchhaltung	mehr Nutzung	14	33,3	7	38,9	6	28,6	1	33,3
	gleiche Nutzung	27	64,3	10	55,6	15	71,4	2	66,7
	weniger Nutzung	1	2,4	1	5,6	0	0,0	0	0,0
	Σ	42	100,0	18	100,0	21	100,0	3	100,0
Lohnbuchhaltung	mehr Nutzung	14	35,0	9	52,9	4	20,0	1	33,3
	gleiche Nutzung	26	65,0	8	47,1	16	80,0	2	66,7
	weniger Nutzung	0	0,0	0	0,0	0	0,0	0	0,0
	Σ	40	100,0	17	100,0	20	100,0	3	100,0
Anlagenbuchhaltung	mehr Nutzung	4	10,8	1	7,1	2	10,0	1	33,3
	gleiche Nutzung	32	86,5	13	92,9	18	90,0	1	33,3
	weniger Nutzung	1	2,7	0	0,0	0	0,0	1	33,3
	Σ	37	100,0	14	100,0	20	100,0	3	100,0
Bauauftragsrechnung	mehr Nutzung	4	12,1	1	7,1	3	18,8	0	0,0
	gleiche Nutzung	27	81,8	11	78,6	13	81,3	3	100,0
	weniger Nutzung	2	6,1	2	14,3	0	0,0	0	0,0
	Σ	33	100,0	14	100,0	16	100,0	3	100,0
Deckungsbeitragsrechnung	mehr Nutzung	12	33,3	5	35,7	5	26,3	2	66,7
	gleiche Nutzung	23	63,9	8	57,1	14	73,7	1	33,3
	weniger Nutzung	1	2,8	1	7,1	0	0,0	0	0,0
	Σ	36	100,0	14	100,0	19	100,0	3	100,0
Plankostenrechnung	mehr Nutzung	2	6,7	1	9,1	1	5,9	0	0,0
	gleiche Nutzung	26	86,7	8	72,7	16	94,1	2	100,0
	weniger Nutzung	2	6,7	2	18,2	0	0,0	0	0,0
	Σ	30	100,0	11	100,0	17	100,0	2	100,0

Welche betriebswirtschaftlichen Instrumente setzen Sie eigenverantwortlich in Ihrem Unternehmen? Entwicklungstendenz der Verwendung: (Fortsetzung)		2006: Unternehmen insgesamt		Unternehmensgrößenklassen nach Beschäftigten					
				< 20		20 - 99		> 99	
		abs.	in %	abs.	in %	abs.	in %	abs.	in %
Soll-/Ist-Vergleich	mehr Nutzung	12	32,4	5	35,7	7	35,0	0	0,0
	gleiche Nutzung	25	67,6	9	64,3	13	65,0	3	100,0
	weniger Nutzung	0	0,0	0	0,0	0	0,0	0	0,0
	Σ	37	100,0	14	100,0	20	100,0	3	100,0
Finanzplan	mehr Nutzung	7	18,4	4	28,6	3	14,3	0	0,0
	gleiche Nutzung	31	81,6	10	71,4	18	85,7	3	100,0
	weniger Nutzung	0	0,0	0	0,0	0	0,0	0	0,0
	Σ	38	100,0	14	100,0	21	100,0	3	100,0
Kapitalflussrechnung	mehr Nutzung	5	16,1	4	33,3	1	5,9	0	0,0
	gleiche Nutzung	25	80,6	7	58,3	16	94,1	2	100,0
	weniger Nutzung	1	3,2	1	8,3	0	0,0	0	0,0
	Σ	31	100,0	12	100,0	17	100,0	2	100,0
Investitionsrechnung	mehr Nutzung	4	12,1	2	16,7	2	10,5	0	0,0
	gleiche Nutzung	28	84,8	9	75,0	17	89,5	2	100,0
	weniger Nutzung	1	3,0	1	8,3	0	0,0	0	0,0
	Σ	33	100,0	12	100,0	19	100,0	2	100,0
Kennzahlen	mehr Nutzung	5	14,3	1	7,7	4	21,1	0	0,0
	gleiche Nutzung	29	82,9	11	84,6	15	78,9	3	100,0
	weniger Nutzung	1	2,9	1	7,7	0	0,0	0	0,0
	Σ	35	100,0	13	100,0	19	100,0	3	100,0
Budgetierung	mehr Nutzung	4	12,1	2	16,7	2	10,5	0	0,0
	gleiche Nutzung	28	84,8	9	75,0	17	89,5	2	100,0
	weniger Nutzung	1	3,0	1	8,3	0	0,0	0	0,0
	Σ	33	100,0	12	100,0	19	100,0	2	100,0
Berichtswesen	mehr Nutzung	8	23,5	3	25,0	5	25,0	0	0,0
	gleiche Nutzung	26	76,5	9	75,0	15	75,0	2	100,0
	weniger Nutzung	0	0,0	0	0,0	0	0,0	0	0,0
	Σ	34	100,0	12	100,0	20	100,0	2	100,0
strategische Planungsinstr.	mehr Nutzung	4	13,3	2	18,2	2	11,8	0	0,0
	gleiche Nutzung	25	83,3	8	72,7	15	88,2	2	100,0
	weniger Nutzung	1	3,3	1	9,1	0	0,0	0	0,0
	Σ	30	100,0	11	100,0	17	100,0	2	100,0

Literaturverzeichnis

Adam, Dietrich (1998)
Fixe und variable Kosten, in: Busse von Colbe, Walther (Hrsg.): Lexikon des Rechnungswesens, 4. Aufl., München und Wien 1998, S. 438-441

Aeberhard, Kurt (1996)
Strategische Analyse: Empfehlungen zum Vorgehen und zu sinnvollen Methodenkombinationen, Bern u.a. 1996

Ansoff, H.I. (1965)
Corporate Strategy, New York 1965

Arbeitskreis Controlling (1998)
Planung und Steuerung des Baubetriebes, in: Zentralverband des deutschen Baugewerbes e.V. (Hrsg.): Bauorg: Unternehmer-Handbuch für Bauorganisation und Baubetriebsführung, 2. Aufl., Berlin 1998, S. X/1-X/33

Baum, Heinz-Georg/ Coenenberg, Adolf G./ Günther, Thomas (2007)
Strategisches Controlling, 4.Aufl., Stuttgart 2007

Baumbusch, R. (1988)
Normative-deskriptive Kennzahlen-Systeme im Management, Frankfurt am Main 1988

Becker, Wolfgang (1990)
Funktionsprinzipien des Controlling, in: ZfB, 60. Jg. (1990), S. 297-318

Becker, Wolfgang (1996a)
Stabilitätspolitik für Unternehmen: Zukunftssicherung durch integrierte Kosten- und Leistungsführerschaft, Wiesbaden 1996

Becker, Wolfgang (1996b)
Funktionsprinzipien des Controlling, in: Schulte, Christof (Hrsg.): Lexikon des Controlling, München u.a. 1996, S. 271-275

Becker, Wolfgang / Benz, Karsten (1996)
Begriff und Effizienz des Controlling, Bamberg 1996

Becker, Wolfgang (1999)
Begriff und Funktionen des Controlling, Nachdruck, Bamberg 1999

Becker, Wolfgang (2004)
Strategisches Management, 6. Aufl., Bamberg 2004

Bleicher, Knut (1993)
Führung, in: Wittman, Waldemar (Hrsg.): Handwörterbuch der Betriebswirtschaftslehre, 5. Aufl., Stuttgart 1993, S. 1270-1286

Bramsemann, Rainer (1993)
Handbuch Controlling: Methoden und Techniken, 3.Aufl., München u.a. 1993

Brüssel, Wolfgang (2007)
Baubetrieb von A bis Z, 5. Aufl., Köln 2007

Busse von Colbe, Walther (Hrsg., 1998)
Lexikon des Rechnungswesens, 4. Aufl., München und Wien 1998

Corsten, Hans (1998)
Grundlagen der Wettbewerbsstrategie, Stuttgart und Leipzig 1998

Diederichs, Claus Jürgen (1996a)
Ziele und Philosophien für Bauunternehmen, in: Diederichs, Claus Jürgen (Hrsg.): Handbuch der strategischen und taktischen Bauunternehmensführung, Wiesbaden und München 1996, S. 1-24

Diederichs, Claus Jürgen (1996b)
Grundlagen der strategischen und taktischen Bauunternehmensführung, in: Diederichs, Claus Jürgen (Hrsg.): Handbuch der strategischen und taktischen Bauunternehmensführung, Wiesbaden und München 1996, S. 47-82

Diederichs, Claus Jürgen (2002)
EU-ADAPT-Projekt: Erfolgsfaktoren für kleine und mittlere Bauunternehmen zur Bewältigung des Strukturwandels, 2. Aufl., Wuppertal 2002

Diederichs, Claus Jürgen (2005)
Führungswissen für Bau- und Immobilienfachleute 1, 2. Aufl., Heidelberg 2005

Diekmann, Christian (1987)
Kapitalbedarf und seine Deckung in der mittelständischen Bauwirtschaft, Düsseldorf 1987

Diemand, Franz (2001)
Strategisches und operatives Controlling im Bauunternehmen, Dissertation, Karlsruhe 2001

Drees, Gerhard (1980)
Baubetriebswirtschaft, Wiesbaden und Berlin 1980

Drees, Gerhard / Paul, Wolfgang (2006)
Kalkulation von Baupreisen, 9. Aufl., Berlin 2006

Eisele, Wolfgang (2002)
Technik des betrieblichen Rechnungswesens, 7. Aufl., München 2002

Eschenbach, Rolf (1997)
Strategisches Controlling, in: Gleich, Roland / Seidenschwarz, Werner (Hrsg.): Die Kunst des Controlling, München 1997, S. 93-114

Fischer, Thomas M. (2000)
Erfolgspotentiale und Erfolgsfaktoren im strategischen Management, in: Welge, Martin K. / Al-Laham, Andreas / Kajüter, Peter (Hrsg.): Praxis des strategischen Managements, Wiesbaden 2000, S. 71-94

Gabele, Eduard / Fischer, Philip (1992)
Kosten- und Erlösrechnung, München 1992

Gälweiler, Aloys (2005)
Strategische Unternehmensführung, Frankfurt am Main und New York 2005

Gantzel, Klaus-Jürgen (1962)
Wesen und Begriff der mittelständischen Unternehmung, Köln und Opladen 1962

Gehri, Markus (1991)
Computerunterstützte Baustellenführung, Dissertation, Zürich 1991

Götze, Uwe / Mikus, Barbara (1999)
Strategisches Management, Chemnitz 1999

Götze, Uwe (2007)
Kostenrechnung und Kostenmanagement, 4. Aufl., Berlin und Heidelberg 2007

Grochla, Erwin (1978)
Einführung in die Organisationstheorie, Stuttgart 1978

Haas, Albrecht (1996)
Ertragsorientierte Unternehmenssteuerung, Wiesbaden 1996

Hahn, Dietger (1987)
Planung und Kontrolle als Führungsaufgaben in Bauunternehmen, in: BWI-Bau (Hrsg.): Betriebswirtschaftliche Jahrestagung 1987, Düsseldorf 1987, S.11-54

Hahn, Dietger / Hungenberg, Harald (2001)
PuK-Wertorientierte Controllingkonzepte, 6. Aufl., Wiesbaden 2001

Hake, Bruno (2004)
Positionierung – Richtiges Marktsegment finden, in: Baugewerbe (2004) Nr. 12, S. 44-45

Haller, Christioph (1993)
Controlling: Herausforderung für die Baubranche, in: Industrielle Organisation Management Zeitschrift, 62. Jg. (1993), Nr. 3, S. 53-58

Hans, Lothar / Warschburger, Volker (1999)
Controlling, 2. Aufl., München und Wien 1999

Happel, Markus A. (2001)
Wertorientiertes Controlling in der Praxis: Eine empirische Überprüfung, Lohmar-Köln 2001

Hauptverband der Deutschen Bauindustrie e.V. / Zentralverband des Deutschen Baugewerbes e.V. (Hrsg., 2001)
KLR Bau: Kosten- und Leistungsrechnung der Bauunternehmen, 7. Aufl., Wiesbaden und Berlin 2001

Hedfeld, Klaus-Peter (1994)
Aufbau und Ablauf einer praktikablen Kosten- und Leistungsrechnung, Eschborn 1994

Hedfeld, Klaus-Peter (1995)
Führungszahlen für das Bauunternehmen, Eschborn 1995

Hedfeld, Klaus-Peter (1998)
Einkauf, in: Zentralverband des Deutschen Baugewerbes e.V. (Hrsg.): Bauorg: Unternehmer-Handbuch für Bauorganisation und Baubetriebsführung, 2. Aufl., Berlin 1998, S. VIII/1-VIII/19

Heigl, Anton (1989)
Controlling - Interne Revision, 2. Aufl., Stuttgart und New York 1989

Heil, Paul (1992)
Angebotsbearbeitung nach „Daumenmethode" bedeutet: „Vorprogrammierte Misserfolge", in: Hedfeld, Klaus-Peter (Hrsg.): 10 Schwachstellen in der Ablauforganisation eines Bauunternehmens - 10 Hinweisblätter zusammengestellt von Klaus-Peter Hedfeld, Eschborn 1992, S. 17-22

Heim, Harald Michael (2005)
Aspekte des Einsatzes von Controllinginstrumenten in der mittelständischen Bauwirtschaft, Dissertation, Berlin 2005

Heitkamp, Engelbert (1985)
Controlling in der Bauindustrie, in: Haberland, Günther (Hrsg.): Handbuch Revision, Controlling, Consulting, 10. Nachlieferung, Landsberg/Lech 1985, S. 1-16

Heß, Anke / Zacher, Michael (1997)
Zur Sicherung von Zahlungsansprüchen der Bauunternehmen, in: BWI-Bau (Hrsg.): Bauwirtschaftliche Informationen, 1997, S. 14-21

Horváth, Peter (2006)
Controlling, 10. Aufl., München 2006

Horváth, Peter & Partners (2006)
Das Controllingkonzept: Ein Weg zum wirkungsvollen Controlling-System, 6. Aufl., München 2006

Hübers-Kemink, Rainer (1987)
Angebotspreiskalkulation in der Bauwirtschaft, in: Kostenrechnungspraxis (1987) Nr. 5, S. 199-203

Hübers-Kemink, Rainer (1992)
Formen der Preiskalkulation in der Bauwirtschaft, in: Männel, Wolfgang (Hrsg.): Handbuch Kostenrechnung, Wiesbaden 1992, S. 1017-1027

Hummel, Siegfried (1998)
Kostenrechnungssysteme, in: Busse von Colbe, Walther (Hrsg.): Lexikon des Rechnungswesens, 4. Aufl., München und Wien 1998, S. 453-457

Hürlimann, W. (1990)
Kennzahlen als Führungshilfe, in: Industrielle Organisation Management Zeitschrift, 59. Jg. (1990) Nr. 6, S. 86-89

Jacob, Dieter (2000)
Strategie und Controlling in der mittelständischen Bauwirtschaft, in: Baumarkt (2000) Nr. 3, S. 52-57

Jacob, Dieter / Winter, Christoph / Stuhr, Constanze (2002)
Kalkulationsformen im Ingenieurbau, Berlin 2002

Jacob, Dieter / Mollenhauer, A. (2002)
EU-Ostererweiterung – Betriebliche Strategien zur Marktbehauptung im Inland, in: Zentralverbande des deutschen Baugewerbes e.V. (Hrsg.): EU-Osterweiterung - Chancen und Risiken für Bauunternehmen, Berlin 2002, S. 52-71

Jacob, Dieter / Heinzelmann, Siegfried / Klinke, Dirk A. (2003)
Besteuerung und Rechnungslegung von Bauunternehmen und baunahen Dienstleistern, in: Jacob, Dieter / Ring, Gerhard / Wolf, Rainer (Hrsg.): Freiberger Handbuch zum Baurecht, 2. Aufl., Bonn 2003, S. 1201-1314

Jacob, Dieter / Stuhr, Constanze (2006)
Finanzierung und Bilanzierung in der Bauwirtschaft, Wiesbaden 2006

Jacob, Matthias (1995)
Strategische Unternehmensplanung in Bauunternehmen, Dissertation, Dortmund 1995

Keidel, Christian (2002)
Unternehmenscontrolling speziell für mittelständische Bauunternehmen, in: Jacob, Dieter / Winter, Christoph / Stuhr, Constanze (Hrsg.): Kalkulationsformen im Ingenieurbau, Berlin 2002, S. 343-361

Keidel, Christian / Kuhn, Otto / Mohn, Peter (2007)
Controlling im kleinen und mittelständischen Baubetrieb, 2. Aufl., Neu-Isenburg 2007

Keil, Wolfram / Martinsen, Ulfert / u.a. (2004)
Einführung in die Kostenrechnung für Bauingenieure, 10. Aufl., München-Unterschleißheim 2004

Klinke, Dirk Andreas (2002)
Finanzcontrolling als Teil des operativen Unternehmenscontrolling in mittelständischen Bauunternehmen mit integrierten IV-Systemen unter Einsatz baubetrieblicher Standardsoftware, Dissertation, Freiberg 2002

Koeder, Kurt W. / Egerer, Egid (1992)
Kostenrechnung im Handwerk, in: Männel, Wolfgang (Hrsg.): Handbuch Kostenrechnung, Wiesbaden 1992, S. 1029-1039

Kosmider, Andreas (1994)
Controlling im Mittelstand, 2. Aufl., Stuttgart 1994

Koukoudis, Panagiotis (2002a)
Wege aus der Krise, Teil 2 - Spezialisierung ist Trumpf, in: Baugewerbe (2002) Nr. 17, S. 48-50

Koukoudis, Panagiotis (2002b)
Wege aus der Krise, Teil 3 - Bauen ist ein regionaler Markt, in: Baugewerbe (2002) Nr. 18, S. 42-45

Kreikebaum, Hartmut (1997)
Strategische Unternehmensplanung, 6. Aufl., Stuttgart u.a. 1997

Küpper, Hans-Ulrich / Weber, Jürgen / Zünd, André (1990)
Zum Verständnis und Selbstverständnis des Controlling - Thesen zur Konsensbildung, in: Zeitschrift für Betriebswirtschaft, 60. Jg. (1990) Nr. 3, S. 281-293

Küpper, Hans-Ulrich (1991)
Betriebswirtschaftliche Steuerungs- und Lenkungsmechanismen organisationsinterner Kooperation, in: Wunderer, Rolf (Hrsg.): Kooperation - Gestaltungsprinzipien und Steuerung der Zusammenarbeit zwischen Organisationseinheiten, Stuttgart 1991, S. 175-203

Küpper, Hans-Ulrich (1993)
Controlling, in: Wittmann, Waldemar (Hrsg.): Handwörterbuch der Betriebswirtschaftslehre, 5. Aufl., Stuttgart 1993, S. 647-661

Küpper, Hans-Ulrich / Weber, Jürgen (1995)
Grundbegriffe des Controlling, Stuttgart 1995

Küpper, Hans-Ulrich (1998)
Kalkulatorische Kosten, in: Busse von Colbe, Walther (Hrsg.): Lexikon des Rechnungswesens, 4. Aufl., München und Wien 1998, S. 441-442.

Küpper, Hans-Ulrich (2005)
Controlling: Konzeption, Aufgaben und Instrumente, 4. Aufl., Stuttgart 2005

Lachnit, Laurenz (1989)
EDV-gestützte Unternehmensführung in mittelständischen Betrieben, München 1989

Langguth, Heike (1994)
Strategisches Controlling, Berlin 1994

Lanz, Rolf (1992)
Controlling in kleinen und mittleren Unternehmen, 3.Aufl., Stuttgart 1992

Legenhausen, Claas (1998)
Controllinginstrumente für den Mittelstand, Wiesbaden 1998

Leimböck, Egon (2005)
Bauwirtschaft, 2. Aufl., Stuttgart und Leipzig 2005

Leimböck, Egon / Schönnenbeck, Hermann (1992)
KLR Bau und Baubilanz, Wiesbaden und Berlin 1992

Marhold, Knut (2001)
Grundlagen bauspezifischen Marketings... oder: Ist der Bau wirklich etwas Besonderes?, in: Baumarkt (2001) Nr. 5, S. 2-8

Maurer, Gerd J.U. (1994)
Unternehmenssteuerung im mittelständischen Bauunternehmen, Renningen-Malmsheim 1994

Mayer, Elmar / Neunkirchen, Peter (1998)
Deckungsbeitragsrechnung im Handwerk, 4.Aufl., Stuttgart 1998

Merk, Michael (1983)
Unternehmerische Planung in Baubetrieben, Köln-Braunsfeld 1983

Mertens, Frank (1998)
Einsatz von Controlling-Instrumenten im Bauunternehmen, Berlin 1998

Miegel, Meinhard (2002)
Gesellschaftliche Megatrends - Auswirkungen auf die deutsche Bauwirtschaft, in: Verband der Baumaschineningenieure und Meister e.V. (VDBUM) Informationen, 30. Jg. (2002) Nr. 2, S. 47-51

Mugler, Josef (1998)
Betriebswirtschaftslehre der Klein- und Mittelbetriebe, Band 1, 3. Aufl., Wien und New York 1998

Müller, Armin (1996)
Grundzüge eines ganzheitlichen Controlling, München u.a. 1996

Müller-Stewens, Günter / Lechner, Christoph (2005)
Strategisches Management: Wie strategische Initiativen zum Wandel führen, 3. Aufl., Stuttgart 2005

Nestler, Roland (2004)
Umsätze steigern, Kosten senken!, in: Baugewerbe (2004) Nr. 1-2, S. 45-46

Oepen, Ralf (2002)
Phasenorientiertes Bauprojekt-Controlling in bauausführenden Unternehmen, Dissertation, Freiberg 2002

Opitz, Gerhard (1949)
Preisermittlung für Bauleistungen, Düsseldorf-Lohausen 1949

Ossadnik, Wolfgang (1998)
Controlling, 2.Aufl., München u.a. 2003

Peemöller, Volker H. (2005)
Controlling: Grundlagen und Einsatzgebiete, 5.Aufl., Herne und Berlin 2005

Pekrul, Steffen (2006)
Strategien und Maßnahmen zur Steigerung der Wettbewerbsfähigkeit deutscher Bauunternehmen: Ein Branchenvergleich mit dem Anlagenbau, Dissertation, Berlin 2006

Pfohl, Hans-Christian / Zettelmeyer, Bernd (1987)
Strategisches Controlling? , in: ZfB, 57. Jg. (1987), S. 145-175

Pfohl, Hans-Christian (2006)
Abgrenzung der Klein- und Mittelbetriebe von Großbetrieben, in: Pfohl, Hans-Christian (Hrsg.): Betriebswirtschaftslehre der Mittel- und Kleinbetriebe, 4 Aufl., Berlin 2006, S. 1-24

Porter, Michael E. (1991)
Nationale Wettbewerbsvorteile, Frankfurt 1991

Porter, Michael E. (1999)
Wettbewerbsstrategie, 10. Aufl., Frankfurt/Main und New York 1999

Preißer, Peter R. (2007)
Controlling: Lehrbuch und Intensivkurs, 13. Aufl., München und Wien 2007

Rebmann, Andree (2001)
Akquisitionscontrolling in Bauunternehmen bei Funktionalausschreibungen, Dissertation, Braunschweig 2001

Refisch, Bruno (1988)
Thesen zur Bauunternehmensführung unter veränderten Rahmenbedingungen, in: Bauwirtschaft, 42. Jg. (1988), S. 96-98

Rehkugler, Heinz / Schindel, Volker (1994)
Finanzierung, 6. Aufl., München 1994

Reithmeir, Herbert (2006)
Bilanzkennzahlen - Auf Kurs bleiben, in: Baugewerbe (2006) Nr. 17, S. 38-40

Rheindorf, Michael (1991)
Controlling in der Bauindustrie: eine praxisorientierte Darstellung, Dissertation, Bonn 1991

Riebel, Paul (1994)
Einzelkosten- und Deckungsbeitragsrechnung: Grundfragen einer markt- und entscheidungsorientierten Unternehmensrechnung, 7. Aufl., Wiesbaden 1994

Robl, Karl (1985)
Marketing in der Bauindustrie, in: BWI-Bau (Hrsg.): Bauwirtschaftliche Informationen, Düsseldorf 1985, S. 1-7

Rogler, Silvia (2002)
Risikomanagement im Industriebetrieb, Wiesbaden 2002

Scheld, Guido A. (2002)
Controlling: unter besonderer Berücksichtigung mittelständischer Unternehmen, 2. Aufl., Büren 2000

Schiemenz, B. (1996)
Steuerung, in: Schulte, Christof (Hrsg.): Lexikon des Controlling, München u.a. 1996, S. 707-712

Schmitt, Peter (1993)
Entwurf einer Sollkonzeption für ein produktionswirtschaftliches Controllingsystem in der Bauindustrie, Düsseldorf 1993

Schoenfeld, Martin (1998)
Kurzfristige Erfolgsrechnung, in: Busse von Colbe, Walther (Hrsg.): Lexikon des Rechnungswesens, 4. Aufl., München und Wien 1998, S. 223-228

Schröcksnadl, Franz (1998)
Finanzwesen, in: Zentralverband des deutschen Baugewerbes e.V. (Hrsg.): Bauorg: Unternehmer-Handbuch für Bauorganisation und Baubetriebsführung, 2. Aufl., Berlin 1998, S. IX/1-IX/29

Schröder, Ernst (1993)
Operatives Controlling, in: Mayer, Elmar (Hrsg.): Controlling-Konzepte, 3. Aufl., Wiesbaden 1993, S. 75-116

Schulte, Karl-Werner / Väth, Arno (1996)
Finanzierung und Liquiditätssicherung, in: Diederichs, Claus Jürgen (Hrsg.): Handbuch der strategischen und taktischen Bauunternehmensführung, Wiesbaden und München 1996, S. 466-512

Schwarz, Wolfgang U. (1998)
Strategische Unternehmensführung im Handwerk, München 1998

Schweitzer, Marcel / Küpper, Hans Ulrich (2003)
Systeme der Kosten- und Erlösrechnung, 8. Aufl., München 2003

Seeling, Reinhard (1995)
Unternehmensplanung im Baubetrieb, Stuttgart 1995

Serfling, K. (1992)
Controlling, 2. Aufl., Stuttgart u.a. 1992

Spranz, D. (1998)
Organisatorische Voraussetzungen für den Aufbau eines Controllingsystems, in: Wirth, Volker (Hrsg.): Baustellen-Controlling: EDV-gestützte Planung, Kontrolle und Informationsversorgung unter Berücksichtigung des Unternehmenscontrolling, 3. Aufl., Renningen-Malmsheim 1998, S. 17-35

Steinmann, Horst / Schreyögg, Georg (2005)
Management: Grundlagen der Unternehmensführung, 6. Aufl., Wiesbaden 2005

Talaj, Robert (1993)
Operatives Controlling für bauausführende Unternehmen, Wiesbaden 1993

Termühlen, B. (1982)
Controlling als Wertinformations-System und Führungsinstrument der Bauunternehmung, Dissertation, Aachen 1982

Toffel, Rolf F. (1994)
Kosten- und Leistungsrechnung in Bauunternehmungen, 2. Aufl., Stuttgart 1994

Verband baugewerblicher Unternehmer Hessen e.V. (Hrsg., 2006)
Totalerhebung im hessischen Bauhauptgewerbe vom Juni 1982-2006, Arbeitsbericht vom 22.11.2006, Frankfurt/Main 2006

Voigt, Horst (1998a)
Unternehmensrechnung, in: Zentralverband des Deutschen Baugewerbes e.V. (Hrsg.): Bauorg: Unternehmer-Handbuch für Bauorganisation und Baubetriebsführung, 2. Aufl., Berlin 1998, S. II/1-II/23

Voigt, Horst (1998b)
Baubetriebsrechnung, in: Zentralverband des Deutschen Baugewerbes e.V. (Hrsg.): Bauorg: Unternehmer-Handbuch für Bauorganisation und Baubetriebsführung, 2. Aufl., Berlin 1998, S. III/1-III/33

Voigt, Horst (1998c)
Bauauftragsrechnung, in: Zentralverband des Deutschen Baugewerbes e.V. (Hrsg.): Bauorg: Unternehmer-Handbuch für Bauorganisation und Baubetriebsführung, 2. Aufl., Berlin 1998, S. IV/1-IV/29

Vollmuth, Hilmar J. (2001)
Führungsinstrument Controlling – Planung, Kontrolle, Steuerung, 6. Aufl., Planegg 2001

Walter, Ralf I.(1992)
Die Entwicklung der baubetrieblichen Kosten- und Leistungsrechnung von der Aufschreibungsfunktion im Mittelalter zum modernen Controllinginstrument, Dissertation, Augsburg 1992

Waterstradt, Rudolf / u.a. (1991)
Bauunternehmensführung: Bauauftragsabwicklung, Rechnungsführung und Controlling, Gewinn- und Kostenanalyse, Berlin 1991

Weber, Hans (1998)
Wertschöpfung, in: Busse von Colbe, Walther (Hrsg.): Lexikon des Rechnungswesens, 4. Aufl., München und Wien 1998, S. 748-751

Weber, Helmut Kurt (1996)
Einzel- und Gemeinkosten sowie variable und fixe Kosten, 2. Aufl., Göttingen 1996

Weber, Helmut Kurt / Rogler, Silvia (2004)
Betriebswirtschaftliches Rechnungswesen - Band 1: Bilanz sowie Gewinn- und Verlustrechnung, 5. Aufl., München 2004

Weber, Helmut Kurt / Rogler, Silvia (2006)
Betriebswirtschaftliches Rechnungswesen - Band 2: Kosten- und Leistungsrechnung sowie kalkulatorische Bilanz, 4. Aufl., München 2006

Weber, Jürgen (1992)
Controlling - Sprechen Theorie und Praxis eine unterschiedliche Sprache, in: Controlling, 4. Jg. (1992), S. 188-194

Wehrer, K. (1996)
Betriebsvergleich als außerbetriebliches Controllinginstrument des Bauunternehmens, in: Wirth, Volker (Hrsg.): Unternehmenscontrolling im Baubetrieb: zielorientierte Informationsverarbeitung für ganzheitliche Unternehmenssteuerung mit EDV-Unterstützung, Renningen-Malmsheim 1996, S. 195-209

Welge, Martin K. / Al-Laham, Andreas (2003)
Strategisches Management: Grundlagen, Prozess, Implementierung, 4. Aufl. Wiesbaden 2003

Werner, Joachim (1994)
Die kurzfristige Erfolgsrechnung als Steuerungsinstrument in divisional organisierten Unternehmen, Frankfurt am Main u.a. 1994

Wild, Jürgen (1982)
Grundlagen der Unternehmensplanung, 4. Aufl., Opladen 1982

Witt, Frank-Jürgen (1991)
Deckungsbeitragsmanagement, München 1991

Wöhe, Günther (2005)
Einführung in die Allgemeine Betriebswirtschaftslehre, 22. Aufl., München 2005

Zentralverband des Deutschen Baugewerbes e.V. (Hrsg., 1997)
Baujahr '96: Jahrbuch des Deutschen Baugewerbes, Band 47, Bonn 1997

Zentralverband des Deutschen Baugewerbes e.V. (Hrsg., 1999)
Baujahr 1998: Jahrbuch des Deutschen Baugewerbes, Band 48, Berlin1999

Zentralverband des Deutschen Baugewerbes e.V. (Hrsg., 2007)
Baumarkt 2006: Ergebnisse, Entwicklungen, Tendenzen, Berlin 2007